建筑工程管理与造价审计

索玉萍 李扬 王鹏 著

吉林科学技术出版社

图书在版编目（CIP）数据

建筑工程管理与造价审计 / 索玉萍, 李扬, 王鹏著. -- 长春 : 吉林科学技术出版社, 2018.4（2025.4重印）
 ISBN 978-7-5578-3968-0

Ⅰ.①建… Ⅱ.①索… ②李… ③王… Ⅲ.①建筑工程－施工管理②建筑造价管理－审计 Ⅳ.①TU71 ②F239.63

中国版本图书馆CIP数据核字(2018)第076000号

建筑工程管理与造价审计

著	索玉萍　李 扬　王 鹏
出 版 人	李 梁
责任编辑	孙 默
装帧设计	孙 梅
开　　本	889mm×1194mm　1/16
字　　数	270千字
印　　张	15.75
印　　数	1-3000册
版　　次	2019年5月第1版
印　　次	2025年4月第4次印刷

出　　版	吉林出版集团
	吉林科学技术出版社
发　　行	吉林科学技术出版社
地　　址	长春市人民大街4646号
邮　　编	130021
发行部电话/传真	0431-85635177　85651759　85651628
	85677817　85600611　85670016
储运部电话	0431-84612872
编辑部电话	0431-85635186
网　　址	www.jlstp.net
印　　刷	三河市天润建兴印务有限公司

书　　号	ISBN 978-7-5578-3968-0
定　　价	108.00元

如有印装质量问题　可寄出版社调换
版权所有　翻印必究　举报电话：0431-85659498

前言

随着我国市场经济的飞速发展和城市化进程的日益加快，人们对居住环境的要求不断提高，这在一定程度上大大提高了施工的难度，并且形成了现代建筑行业的激烈竞争。在我国的建筑工程中还存在很多问题，所以我们应该大大加强对建筑工程管理的投资和研究。而建筑工程造价又是与建筑工程管理紧密不可分割的部分。众所周知，工程造价审计是建筑工程的核心，对建筑工程具有重要的意义，只有有效的管理和控制好工程造价，才能更好地实施建筑的所有步骤。由此可见，两者与建筑工程的质量息息相关，而建筑工程的质量不仅关系到企业的生死存亡，也时刻关系着人们的生命财产安全，只有两者协调并进的良好发展，才能使建筑行业得到更快的发展与提高。所以对两者的结合研究就显得尤为重要。

本书主要对建筑工程项目的质量管理、成本造价、审核审计等方面知识进行了系统介绍。深入研究分析了工程项目的建设特点、程序，以及质量控制与监理的措施方法，突出强调了工程建设中项目成本与造价的控制和监管。系统讲解了工程造价的内容、构成等知识，重点围绕工程验收、结算、决算等程序内容，对各个阶段造价审核的不同情况进行了分类介绍。特别是区分定额计价方式和工程量清单计价方式两种主要方式，对造价审核进行了深入讲解。

全书体系结构完整，内容设计合理，最大的亮点特色就是从经济效益的基本立场出发，将建筑工程中管理与工程造价成本审核有机结合起来进行系统研究，有助于读者掌握建筑工程管理和造价设计方面的研究成果，从而更加系统专业地学习理解建筑工程中有关管理和审计等方面的知识内容。希望对广大读者有所帮助。

目 录

第一章 绪 论 ……………………………………………………………………1

第一节 项目的概念及意义 ………………………………………………2

第二节 工程项目及其特点 ………………………………………………5

第三节 工程质量及其控制 ………………………………………………9

第四节 项目周期及其程序 ………………………………………………12

第五节 工程项目立项阶段的管理 ………………………………………16

第二章 施工项目管理及创新 …………………………………………………23

第一节 工程项目管理 ……………………………………………………24

第二节 工程项目承发包模式 ……………………………………………30

第三节 工程项目管理及其组织结构 ……………………………………31

第四节 项目施工及管理创新 ……………………………………………32

第五节 项目施工管理的内容与程序 ……………………………………37

第三章 施工项目质量管理 ……………………………………………………65

第一节 施工项目质量管理概述 …………………………………………66

第二节 工程质量控制与监理工作 ………………………………………67

第三节 验收阶段质量控制与索赔 ………………………………………75

第四节 工程质量管理措施与目标 ………………………………………79

第五节 施工阶段质量控制 ………………………………………………87

第四章　建筑工程项目进度管理 ……93

第一节　建筑工程项目进度管理概述 ……94
第二节　施工项目进度计划的编制与实施 ……98
第三节　进度控制方法及进度计划的调整 ……107

第五章　建筑工程项目资源管理 ……115

第一节　建筑工程项目资源管理概述 ……116
第二节　建筑工程项目人力资源管理 ……119
第三节　建筑工程项目材料管理 ……124
第四节　建筑工程项目机械设备管理 ……128
第五节　建筑工程项目技术管理 ……131
第六节　建筑工程项目资金管理 ……135

第六章　建筑工程项目成本管理 ……139

第一节　建筑工程项目成本管理概述 ……140
第二节　建筑工程项目成本预测 ……146
第三节　建筑工程项目成本计划 ……149
第四节　建筑工程项目成本控制 ……154
第五节　建筑项目成本核算 ……159
第六节　建筑工程项目成本分析与考核 ……162

第七章　工程造价类型及其构成 ……169

第一节　建设工程造价构成 ……170
第二节　建筑安装工程费用 ……183

第八章　工程结算、决算及其审核 ……189

第一节　工程竣工验收 ……190
第二节　工程结算及其审查 ……193

第三节　竣工决算 196
　　第四节　工程竣工阶段的审计 198

第九章　工程造价审核 201
　　第一节　工程造价审核概述 202
　　第二节　定额计价方式下的造价审核 215
　　第三节　工程量清单计价方式下的造价审核 235

结束语 239

参考文献 241

第一章

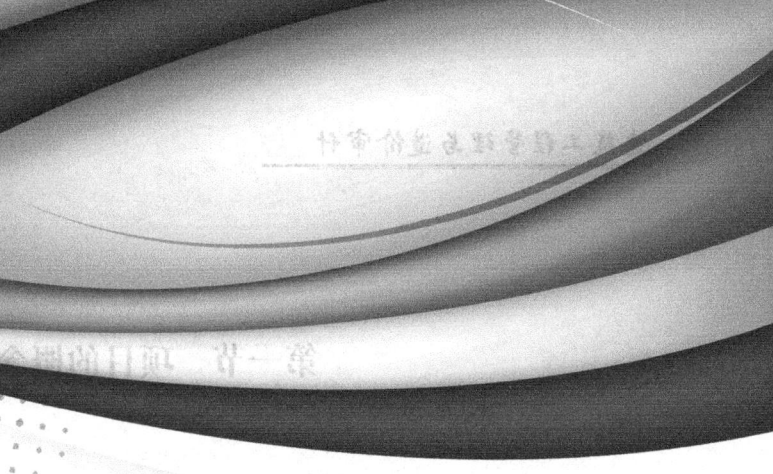

绪　论

第一节　项目的概念及意义

一、项目

项目是指一系列独特的、复杂的并相互关联的活动，这些活动有着一个明确的目标或目的，必须在特定的时间、预算、资源限定内，依据规范完成。

项目参数包括项目范围、质量、成本、时间、资源。项目是一系列临时性的活动，目的是创造一个独特的产品或服务。

项目的目标就是满足客户、管理层和供应商在时间、费用和性能（质量）上的不同要求。投资项目是在规定的期限内，为完成某项或某组开发目标而独立进行的投资活动。首先，投资项目是一个过程。作为一个具体的工程项目，包含了立项、评估、设计、开工、施工、竣工、运行等7个连续阶段，完成从"资产投入"至"效益产出"的一个完整的循环。其次，投资项目是一个体系。

项目的特征：一是在一个设计任务书范围内进行施工，二是经济上实行统一核算，三是行政上实行统一管理。项目的基本属性：一次性；独特性；目标的确定性；组织的临时性和开放性；成果的不可挽回性。项目管理就是把各种资源应用于目标，以实现项目的目标，满足各方面既定的需求。项目管理首先是管理，只不过管理的对象很专一，就是项目；管理的方式是目标管理；项目的组织通常是临时性、柔性、扁平化的组织；管理过程贯穿着系统工程的思想；管理的方法工具和手段具有先进性和开放性，用到多学科的知识和工具。

项目的分类：按性质分，可分新建项目和改扩建与更新改造项目两大类。改扩建与更新改造项目是指改建、扩建、恢复、迁建及固定资产更新和技术改造项目。按经济用途分，可分为经营性项目、非经营性项目。按建设规模分，可分为大型项目、中型项目和小型项目。

"改进"型项目产生的原因通常与企业提高运营过程的效率、增强竞争能力相关联。例如，工作流程的改进、组织结构的变更等。

"合同"型项目产生的原因是因为与客户签订了完成某交付物的合同。"开发"型项目产生的原因通常与企业的发展战略有关。

二、项目管理

项目管理（Project management，pm）是美国最早的曼哈顿计划开始的名称，后由华罗庚教授20世纪50年代引进中国（由于历史原因叫统筹法和优选法）。项目管理是"管理科学与工程"学科的一个分支，是介于自然科学和社会科学之间的一门边缘学科。项目管理是基于被接受的管理原则的一套技术方法，这些技术或方法用于计划、评估、控制工作活动，以按时、按预算、依据规范达到理想的最终效果。项目管理是一套原则和惯例，它用有效管理以项目为导向。它将相关的知识、技术、工具、技能等应用于项目任务，以达到或超过项目关系人对项目的需求和期望的过程。项目管理的对象是项目或被当作项目来处理的运作项目管理的全过程；项目管理的组织具有特殊性，项目管理的体制是一种基于团队管理的个人负责制。项目管理的方式是目标管理。项目管理的要点是创造一种使项目顺利进行的环境；项目管理的方法、工具和手段具有先进性和开放性。当需求被客户确定时，就诞生一个项目。项目周期的长度是不同的，从几周到若干年，并不是所有项目一定经历项目周期的四个阶段。第一阶段，需求、问题和机会的识别，具体的要求通常由客户在需求建议书RFP的文件中说明；第二阶段，提出解决问题方案或开发阶段，个人或组织（承约商）向客户提交申请书，客户和中标的承约商将协商签署合同；第三阶段，执行项目，使用不同的资源，导致项目目标的最终实现；第四阶段，结束项目阶段，执行收尾工作，评估项目绩效，获取顾客反馈。

同步项目管理是指项目的所有利益方从项目概念的产生到项目完成的整个过程中，都有代表参加到项目中，因此，各方面的利益都能够得到考虑。项目对社会、对企业、对个人的意义都是非常重要的，所以项目管理被视为未来二十年的黄金职业也不无道理。第一，项目是解决社会供需矛盾的主要手段。需求与供给的矛盾是社会与经济发展的动力，而解决这一矛盾的策略之一是扩大需求，如商家促销、政府鼓励个人贷款消费、鼓励社会投资、加大政府投资等都属于扩大需求，这类策略是我国目前为促进社会发展而采取的主要策略。另一策略就是改善供给，改善供给需要企业不断推陈出新，推出个性化服务和产品，降低产品价格，提高产品功能。而这类策略的采用，就要求政府和企业不断启动、完成新项目来实现，这也向项目管理提出了新的要求和挑战。第二，项目是知识转化为生产力的重要途径，是知识经济的一个主要业务手段。知识经济可以理解为把知识转化为效益的经济。知识产生新的创意，形成新的科研成果，新的科研成果需要通过一个项目的启动、策划、实施、经营才能最终变为财富，否则，知识永远是躺在书本上的白纸黑字。因此，从知识到效益的转化要依赖于项目来实现，企业买专利、搞预研，最终都需要通过项目实现利润。第三，项目是实现企业发展战略的载体。企业的使命、企业的愿景、企业的战略目标都需要通过一个一个成功的项目来具体实现。成功的项目不仅能够实现企业的发展目标和利润、扩大企业的规模，而且能强化企业的品牌效应，锻炼企业的研发团队，留住企业的人才。第四，项目是项目经理社会价值的体现。大部分工程技术人员的人生是由一个个项目堆积而成的，技术人员和项目管理人员的价值只能透过项目的成果来反映。参与有重大影响的项目本身就是工程技术和项目管理人员莫大的荣誉。当今建筑市场日益开放，实行企业自主报价，竞争更加日趋激烈，企业的竞争优势和综合实力应体现在质优、快速、安全、低耗前提下的价廉。无论是项目管理还是更高层次的管理，必须对所有建筑工程施工活动的成本非常敏感。

三、项目的过程管理

人们的需要就是急待解决的问题。项目的实施过程一般包括四个方面的工作：把需求归纳成项目概念模型；根据概念模型将项目分解为若干个相对独立的任务；完成各个任务；将各个任务的成果物组装集成为项目的成果。项目的生命周期项目管理知识体系里也把项目实施过程分为四个阶段，即概念阶段（Conception Phase）、开发阶段（Development Phase）、实施阶段（Execute Phase）及结束阶段（Finish Phase），项目在不同阶段，其管理的内容也不相同。

C——概念阶段，提出并论证项目是否可行。很多大的软件研发公司都有产品预研部专门负责新产品的预研，预研工作包括需求的收集、项目策划、可行性研究、风险评估以及项目建议书等工作。这个阶段部需要投入的人力、物力不多，但对后期的影响很大。概念阶段的重要性可以用一句话概括：一个有价值的需求被策划成项目得以实现无疑可以取得很好的经济效益，而一个价值不大的项目被及时中止却可以减少企业的直接损失。所以很多企业更重视后者，IBM公司、华为公司采用的集成产品开发（Integrated Product Development，简称IPD）项目管理模式，取得的最显著的成效之一就是花费在中途废止项目上的费用明显减少。一般的招标项目，概念阶段的大部分工作已经由业主完成了。

D——开发阶段，对可行项目作好开工前的人财物及一切软硬件准备，是对项目的总体策划。开发阶段是项目成功实施的重要保证，其主要任务是对项目任务和资源进行详尽计划和配置，包括定范围和目标、确立项目组主要成员、确立技术路线、工作分解、确定主计划、转项计划（费用、质量保证、风险控制、沟通）等工作。在项目管理实践中，策划工作不到位是我国项目管理水平底下的根本原因，在软件开发行业，我们一直呼唤系统分析师、架构师和IT蓝领，却不能真正实现软件开发项目中工作完全按层次分开的现状，一个很重要的原因是我国软件行业高层设计人员还达不到应有的策划和设计水平，以至于底层的开发人员还要担负一定的设计任务。这一点和中西方文化差异有关系，中国人习惯定性的、粗放式的工作不仅仅表现在做项目上，我们要善于运用其他方面（如团队默契）来弥补这一缺点。

E——实施阶段，按项目计划实施项目的工作。执行阶段是项目生命周期中时间最长、完成的工作量最大、资源消耗最多的阶段。这个阶段要根据项目的工作分解结构（WBS）和网络计划来组织协调，确保各项任务保质量、按时间完成。指导、监督、预测、控制是这一时期的管理重点。实施阶段需要项目管理者能够现场管理；及时发现问题并做出决策；及时化解各项任务和各个成员间的冲突，解决矛盾；及时解决项目实施困难，疏通渠道。这个阶段的管理工作需要底层管理者完成，所以管理者和项目组人员需要高度的目标认同感。

F——结束阶段，项目结束的有关工作，完成心目的工作，最终产品成型。项目组织者要对项目进行财务清算、文档总结、评估验收、最终交付客户使用和对项目总结评价。结束阶段的工作不多但很重要，一个项目成功的经验能够得到复制和失败的教训能够避免，对后续项目产生很好的影响。前面讲的中国人在项目策划和团队默契度上欠缺都需要通过深入的项目总结和评价。按不同生命周期阶段来分析项目管理的具体内容，可以对项目管理有一个全面系统的认识，也是一般介绍项目管理的主要侧重点。

四、项目的阶段和里程碑

美国Standish Group对于IT行业8400个项目（投资250亿美元）的研究结果表明：项目总平均预算超出量为90%，进度超出量为120%，项目总数的33%既超出预算，又推迟进度，在大公司，有9%的项目按预算、按进度完成。造成项目周期拖延或费用超过预算的原因很多，但没有好的阶段和里程碑划分无疑是其中最重要的原因。项目的成功需要走很长的路程，从开始到成果完成之间并没有现成的路可走（项目的一次性），如果追求一步到位而不做阶段划分，难免走不少弯路还不容易觉察（不好比对），当感觉到偏离目标时再校正便走了很多弯路。如把项目实施过程分为若干个阶段，每个阶段都有标志性里程碑，那么每个阶段都有明确的目标，虽然每个阶段仍免不了走弯路，但由于目标相对较近，不至于绕很大的弯子。做项目的人很容易成为温水里的青蛙，在不知不觉中被置于死地，要时刻警惕近期目标不明的风险。过程评审项目的过程评审是质量保证的重要环节，一个很简单的道理——质量是做出来的而不是查出来的。过程评审的意义就在于及时发现问题，及时纠正，阶段评审不仅是为了保证质量，还可以达到控制项目成本的作用。随着市场的规范和业主的成熟，建筑项目的监理制度也逐渐被IT项目所采纳，这是社会的进步，项目管理中称为第三方项目管理。

第二节　工程项目及其特点

一、工程项目

工程项目是指在一定的约束条件下（如限定资源、时间和规定质量标准等），具有特定的明确目标和完善的组织结构的一次性事业。它在生产过程具有明显的单件性的特点，它既不同于现代工业产品的大批量重复生产,也不同于企业或行政部门周而复始的管理过程。工程项目是指在一个总体设计或总预算范围内,由一个或几个互有内在联系的单项工程组成,建成后在经济上可以独立核算经营,在行政上又可以统一管理的工程单位。工程项目是最为常见的项目类型,工程项目建设是一种融投资行为和建设活动为一体的项目决策与实施活动,在工程项目的实施过程中,两者是密切结合在一起的。工程项目建设,实质上就是将人力、物力、财力等投资要素转为实物资产的经济活动过程。工程项目种类繁多,可以从不同的角度进行分类。不同类别的工程项目,包含的建设内容不一样,也就要求进行不同的管理。本书在分析了工程项目特点的基础上提出了工程项目的管理策略。工程项目已经成为我国当前经济发展的重要构成因素,工程项目实施得好坏已成为国家和企业最为关心的问题。项目管理作为管理科学的重要分支已渗透到各行各业,并对管理实践做出了重要的贡献,从而引起了广泛的重视。文章在论述了工程项目特点的基础上提出了工程项目管理的相关策略。

二、工程项目的特点

工程项目的综合性。工程项目的综合性是工程项目的内在要求,综合性表现为工程项目建设过程中工作关系的广泛性及项目操作的复杂性。工程项目建设经历的环节多,涉及的部门与关系复杂,不仅涉及规划、设计、施工、供电、供水、电讯、交通、教育、卫生、消防、环境和园林等部门,此外,工程项目的综合性还体现在它作为一个基本的物质生产部门,必须与本国、本地区各产业部门的发展相协调,脱离了国情、区情,发展速度过快或过缓,规模过大或过小都会给经济及社会发展带来不良影响。

工程项目实施的时序性。尽管工程项目是一项涉及面广、比较复杂的经济活动,但是实施过程具有严格的操作程序。从项目的可行性分析到土地的获取、从资金的融通到项目的实施以及到后期的销售、使用管理等,虽然头绪繁多,但先后有序。这不仅是由于各部门的行政管理使许多工作受到审批程序的制约,而且也与工程项目这种生产活动的内在要求有关。因此,工程项目的实施必须要有周密的计划,使各个环节紧密衔接,协调进行,以缩短周期,降低风险。

工程项目的地域性。工程项目是不可移动的。因此,工程项目的投资建设和效益的发挥具有强烈的地域性。在工程项目投资决策、勘探设计和可行性研究的过程中,也必须充分考虑工程项目所在地区和区域的各项影响因素。这些因素,从微观来看,牵涉到诸如交通运输、地形地质、升值潜力等很多与工程有关的因素,这些因素对工程项目的选址影响极大,从宏观上看,工程项目的地域性因素主要表现在投资地区的社会经济特征对项目的影响。每一个地区的投资开发政策、市场需求状况、消费者的支付能力等都不一样,这就需要认真研究当地市场,制订相应工程项目建设方案。

工程项目的风险性。与一般项目相比,工程项目的根本特征是投资额巨大、需要大量资金投入，在市场经济条件下，筹集巨额资金是有风险的。由于建设周期长，很多因素有可能变化，也会给工程项目带来一定的市场风险。工程项目的产品或者供人们居住，或者供人们从事商业经营，或者供人们进行工业生产。但无论是何种产品，都是具有很强的刚性。也就是说，工程项目一旦建成，在相当长的时间里几乎没有重新建造的可能性。因此，工程项目建设是一项高风险的投资行为。

三、工程项目管理策略分析

工程项目管理是为了实现预定目标，对工程项目从决策、建设、使用及售后的全过程进行计划、组织、指挥、协调和控制等活动，以有效地利用有限的人力、物力、财力、信息、时间和空间，并以最低消耗获得最佳经济效益、社会效益和环境效益的过程。主要可以从以下几方面入手来进行工程项目的管理。

实行建设项目管理制。建设项目管理制是一种科学的、也为各国实践证明效果很好的一种工程管理模式。它是通过系统管理与主动控制对工程建设项目进行全过程、全方位的规划、组织、控制与协调，实现建设工程投资、质量与进度三大目标。要改进铁路建设工程管理，也要适应项目管理的要求，淘汰过去的指挥部模式，实行铁路建设项目管理制。建设单位要组建工程项目管理中心，形成固定机构，优化人员设置，完善管理职能，提高管理效率。施工单位也相应取消工程指挥部形式，改为施工项目管理部，实行项目管理，建设单位与施工单位自主权增大，协调环节减少，均能实现人员机构的精简，实现精干高效，有利于强化对工程的合同管理与工程建设信息管理，加强组织协调，同时将促使项目管理部门优化完善相关的控制管理办法，建立强有力的制度措施来保证工程的进度、质量和造价等均能满足同要求。

落实监理单位的责权利。目前，监理单位的责权利仍有些地方需改进，监理费率的取费标准相比国际通行标准是明显偏低的，而且存在不少有责而无权的状况，这在很大程度上影响了监理工作的全面开展，影响监理单位的技术装备水平，在全面履行其职责上难以避免地打了折扣。因此有必要进一步完善监理单位的责权利。同时强化监理单位的资质管理，抓好监理培训和监理工程师执业资格考试和注册工作，完善监理法规，争取早日与国际接轨，促进监理对工程项目前期工作的介入，逐步实现监理工作的标准化、规范化、科学化。强化项目后评价管理。很多工程项目立项决策不科学，建设过程管理不规范，投资失控严重，项目建成投产并没有达到预期效果等。这些问题往往重复出现在多个项目建设中。

项目的后评价就是对一个工程项目建成并投入生产运营后，通过对项目前期工作、实施过程和运营情况等全过程进行综合研究，分析项目的实际情况与预测的差异，确定有关项目的预测和决策是否正确并分析其原因，为以后的决策提供经验和教训。后评价是实现闭环管理与可持续改进的必要一环，它是一种科学的评价方法，有利于提高项目的决策与管理水平。

落实工程回访制度。工程回访虽已形成制度,但实际操作中大多都是流于形式,各级对此重视不够。大多认为项目工程已竣工,回不回访意义不大。既很少正式组织参建各方共同回访,同时对工程回访也无硬性的规定约束,使参建各方觉得似乎可做可不做。这样就很容易造成工程回访制度成了形式,走了过场,而没有达到建立工程回访制度所要实现的目的和初衷。工程建设中的不少问题在建设过程中不一定能及时暴露,需要一段时间的运行实际检验。因此进行工程回访有利于对全面认识和总结工程建设与管理中的经验与教训,同时通过回访也有利于比较客观公正地评价各参建单位的工程质量,对各参建单位增强过程质量控制也是一种有益的督促,对提高工程建设管理水平意义重大。

我国建设项目管理体制由于受计划经济的影响,项目管理技术水平还比较低,提高项目管理技术水平是我国工程建设界的当务之急。为此应大力提倡和推进项目管理技术的研究、开发和应用推广。

四、工程项目管理

工程项目管理是指在工程项目的生命周期内,用系统工程的理论、观点和方法,进行有效的规划、决策、组织、协调、控制等系统性的、科学的管理活动,从而按工程项目既定的质量、工期、投资额、限定的资源和环境条件圆满地实现工程项目建设目标,它是为进行项目管理,实现组织职能而进行的项目组织系统的设计与建立,组织运行和组织调整等三方面工作的总称。

工程项目管理的任务是指最优地实现项目的质量、投资/成本、工期。也就是有效利用有限的资源,用尽可能少的费用、尽可能快的速度和优良的工程质量建成工程项目,使其实现预定的功能。主要有以下六个方面:组织工作、合同工作、进度控制、质量控制、费用控制及财务管理、信息管理。

工程项目组织形式:

(1)独立的项目组织形式是在企业中成立专门的项目机构,独立地承担项目管理任务,对项目目标负责;

(2)直线型项目组织是最简单的工程项目组织形式,是一种线性组织结构。它适用独立的项目和单个中小型工程项目管理;

(3)矩阵式项目组织是现代大型工程管理中广泛采用的一种组织形式。它将管理的职能原则和对象原则结合起来,形成工程项目管理的组织机构,使其既能发挥职能部门纵向优势,又能发挥项目组织的横向优势。

工程项目的生命周期:是指一个建设项目从策划开始到项目报废或交给业主的整个过程。生命周期成本计算的目标是找出几种符合业主要求的备选方案,其中一个方案使得建筑物在生命周期中成本最小。直接费用+间接费用=工程成本;工程成本+按百分比确定的公司管理费和利润＝业主的总费用；材料费、人工费和设备费的总和就是直接费用，施工现场工作的管理费用为间接费用。直接费用是指产品制造过程中，直接用于产品生产的材料、生产工人的工资和福利费、其他费用等，它直接计入产品的生产成本。

第三节　工程质量及其控制

一、工程质量的宏观控制

要把工程质量管理好，必须有一个健全的、有效的质量控制管理体制。这个体制不外乎三个层次：一是政府监管，二是建设单位（业主）负责，三是建筑产品的直接生产者负责。由这三个层次构成对整个工程质量进行控制、监督、管理的体制。

（一）政府对工程质量的控制、监督包含宏观和微观两个层次

1.宏观层次就是政府通过立法、建制，构造一个市场的运行规则。作为政府宏观控制职能，控制工程质量就是要构筑一个市场运行规则，并保证这个规则的正常实施。从建设市场整体来看，市场规则还不完善，执法不严、违法不究的现象很普遍。建设市场混乱直接危害工程质量。所以，一方面要构造这个市场，健全运行规则，同时要保证这些运行规则实施。在政府对质量进行控制、监督的层次上，要进一步加强法制建设。一是制订《建筑施工许可证管理办法》，二是制订《工程质量管理条例》，三是合同管理要搞新的合同示范文本，研究制订合同管理当中的担保制度。工程风险管理包括保险、担保，保险涉及的问题比较多，但是担保是有基础的，因为事实上许多地方已经在实施这种制度，比如现在实行的投标保函、履约保函、预付款保函、保修保函，都是国际上通行的做法。总、分包之间有一个相互担保的问题，总包对分包要担保，分包对总包也要担保。有合同就必然有纠纷，合同纠纷如何调解、仲裁、诉讼，要进行研究。

2.微观方面就是对具体工程项目质量监督。在全国地级以上城市建立质量监督站，初步形成了全国政府质量监督的工作网络。从中央到地方建立了一系列的检测机构，为保证工程质量，防止劣质建筑产品流入社会，发挥了很好的作用。世界各国政府对工程项目的质量监督不外乎有两种形式，一种是程序性监督，一种是实物性监督。质量监督方面主要有三个方面的问题，一是政府质量监督的地位，在实际把握上不够准确。二是政府质量监督重点监督什么，不够明确。三是现有质量监督人员的素质、人才结构有缺陷。政府质量监督制度有几个要点，第一，谁来实施监督。有两种做法，一种是美国的办法，由政府官员直接进行，检查后记录，最后验收看有没有记录，记录全不全。另一种就是政府委托第

三方来实施质量监督，典型的是德国政府委托第三方来进行质量监督，被委托的机构必须经过政府严格审查，有条件代表政府进行质量监督。第二，政府监督检查的主要内容是有两个方面。一是要审查设计文件，重点审查有关结构安全、建筑物消防方面的内容，包括地基的承载情况、结构受力分析和计算，通过审查这些内容，证明结构设计方面没有问题了，由审查单位出具设计文件审查报告。二是监督结构施工的关键环节，包括结构施工中的建筑材料，必要时对材料进行检测。第三，监督费用应由建设单位交，但不是交给直接监督的第三方，而是在申请施工许可证时交给政府，政府收取费用后再拨给由政府委托去进行该项目质量监督的机构。政府雇人去监督工程，但是费用是由建设单位交给政府，使得监督机构和建设单位之间不形成直接的经济关系。

（二）质量控制体制的第二个层次是建设单位

建设单位要对质量负责，包含内容比较多，从项目可行性研究到设计、施工单位的选择，都是建设单位承担。工程进入实施阶段，谁来代表、帮助建设单位对工程的实施进行管理？现行的办法是工程监理。关于工程监理，要做好两方面的工作。

1.树立监理权威。现在的工程监理有相当多是建设单位说什么，他干什么，权威性不够。当然，监理公司是受雇于建设单位，代表建设单位来管好工程，当然要听业主的。但监理公司还有另一面，他必须按照国家的法律、法规、设计文件和合同规定，独立地行使自己的职责，对社会负责。因此，监理公司既要对建设单位负责，也要对社会负责。从保证工程顺利进行，保证工程质量来说，这两个负责是一致的。要强调监理公司在工程监理中独立行使职能，把监理在工程管理过程中的权威性和作用强化起来。

2.加强对监理单位管理。监理公司在人才结构上要自觉进行调整，自己缺乏的人才要尽快补上去。监理公司应有综合能力的各种人才。监理要讲究职业道德，严禁出卖资质弄虚作假，损害工程质量。

（三）质量控制体制的第三个层次是由直接生产者来保证质量

目前质量检查直接到施工现场，由于直接生产者不规范运作问题多，特别是对政府的强制性技术标准不认真贯彻，偷工减料、以次充好的现象太多。现阶段要靠外力促进落实，重点检查对强制性技术标准贯彻情况，责任制落实情况。

二、提高工程质量管理水平的措施

按施工技术规范实施各项施工管理工作，除开新技术、新材料、新工艺的应用外，其他所有施工和管理工作在规范上均有成熟的经验和要求。如填方的分层碾压控制，在实践中只要坚持认真按规范的要求做，填方质量是能够得到保证和控制的。根据工程实际采取一些具体的措施，抓好工程变更，及时对变更进行会审，确定方案后抓紧实施，给施工合理的时间，减少赶工可能引起的质量问题。将技术规范的规定具体化，使技术交底更容易，施工管理和施工监理工作更具体，便于施工中进行有效检查。施工监理的抽检应保持独立，通过独立的抽检，促进施工单位自身质量管理体系的良好运行。

三、需要改进的工作

监理人员应加强对监理工作方法的培训，掌握必须的工作方法和技巧，有效地实施过程中的监理。监理的控制在预控方面还需进一步努力提高。施工技术和管理人员应加强现场管理方法的培训，保证在施工现场切实起好技术指导、质量检查、全面管理的作用。增加投入是保证，包括施工装备和施工人员两大类资源的投入，这两项因素应该是目前最需要保证的，且缺一不可。重视施工现场和施工记录的统一，通过数据记录真实反映现场施工情况，记录整个施工过程，同时通过对记录的复核、审查、确认可以及时发现施工中存在的问题，及时予以纠正和指出。一切应以数据说话，重视分项工程的质量评定，真实、客观、科学、有效地评定工程质量。不能把日常的质量检查和控制工作与质量本身等同起来。质量检查、分析、评定是全面掌握施工质量的手段和方法，但施工质量是否能满足标准的要求，则需要进行全面的评价，质量评定包括四个方面的内容，每一项都直接影响到质量控制和质量管理，施工中所做的工作都是局部、片面的，只有综合评价才能全面反映质量情况，缩小设计、施工与规范之间的差距，是质量控制应该努力追求的方向。缩小与规范的差距，基本的方法就是努力达到规范的各项要求，对不能达到规范要求的，分析其中的原因，找准存在的问题，在过程中及时采取措施进行纠正。规范的要求考虑共同要求，缩小差距还应结合项目具体情况编制更为具体和与项目相适应的规定以切实落实好规范要求。

四、改进影响质量管理水平的因素

企业质量管理体系的建立和运行要保持一个良好的状态，不能流于形式，施工企业的质量管理体系的良好运行是提高工程质量管理水平的关键，也是确保工程质量的根本保证。质量管理是一个系统工程，应对影响工程质量的各项因素进行全面的分析，利用质量管理的一些手段（如统计技术、质量控制图）等对施工中的质量动态进行系统全面的掌握，始终将施工控制在一个比较稳定的状态。当前重视数据的收集，缺少对数据信息的处理和分析；重视现场，不重视记录；对工序控制比较重视，对质量综合评定做得不够；对现象掌握得多，但对现象背后的分析不够。因此，要提高工程质量管理水平，应加强管理手段的应用。提高全员质量意识，认识到了存在的问题，才有可能解决存在的问题。应提高对质量管理的认识。对质量管理需要做的工作内容、要点及质量管理方法应熟练掌握并能切实应用，这是提高质量管理水平的重要保证措施，涉及全员的工作。

第四节 项目周期及其程序

一、项目的生命周期

项目的生命周期模式是项目的进度、资源消耗等随着时间的推移而变化的一种模型描述。各种不同的项目其生命周期的模式也各不相同。项目的生命周期模式，往往也被认为是对所研究的项目各个阶段的特点及其具体工作内容的描述。

二、生命周期模型的使用与制订

在实施CMMI的改称改进之中，生命周期模型是一个比较陌生的概念。在CMMI二级的"项目策划"（PP）过程域里，一般的做法是在项目计划里写上项目是使用什么"瀑布模型"，或是"迭代""增量"之类的名称，评估时，评估组就认为这样满足这个特定实践要求。首先，让我们看看项目策划面临的问题。立项的时候，项目只有一个比较模糊的需求（客户需求），项目需要按照这个需求，策划出一个相对合理、可靠的计划，并且这个计划的成功机会比较高。策划是管理的基础。员工能力很强，但是效率比较低，原因在管理。管理非常不科学：领导说了算，然后经理们就把任务定下来，有小部分项目连计划都没有。生命周期模型总结了一大部分的策划因素：有些是策划项目时需要考虑的，有些是对策划有帮助的，都已经包含在生命周期模型的概念里。所以项目生命周期模型是非常重要的一个概念。项目的进度和工作量的主要决定因素，就是客户需求的内容：规模与复杂度。按照客户需求策划不简单。要提高策划的质量（做到计划可以预测项目的绩效），需要一些依据。成熟的团队一般都重视文档记录，项目阶段的时间和工作量分配相对稳定。

里程碑是一个管理点。没有大小的强制准则。只要项目觉得有管理意义的，就可以制订一个里程碑。把里程碑和阶段连接起来有一定的好处。比如，每一个阶段，都可以做一个反馈会议，检查检查有什么经验教训、有什么可以改进的地方，都是很好的。高层一定应该有一两次比较严格的检查。这些都是里程碑的作用。每一个阶段都有特殊的输出。一般过程管理的人，都着重阶段里的"活动"。这样比较容易理解。因为员工进行了这些活动，就一定会有这些输出。就是因为这样，要管理的事情就多了。我发现如果我们把重点从"活动"转移到"工作产品"，就是输出，而不特别关注阶段里的活动，我们更能得到高质的输出，同时管理的工作量也降低了。经理们的活就没有这么累了。如果大家对"生命周期"这个概念可以灵活使用的话，就很容易看到大部分的工作产品的开发过程，都可以用阶段来描述的。每一个主要的工作产品都有自己的生命周期。比如：需求文档的生命周期包括：抽取需求、分析、分配、描述等阶段。项目里面的另一个考虑，就是可以利用这些工作产品，来制订项目的WBS。这样的WBS，就可以反映项目的工作范围，满足了CMMI项目策划要求。

　　关注工作产品比较关注活动有用的另一个原因，就是一个工作产品，可以有好几个开发方法。比如说，需求的抽取，可以用访谈、问卷、交流会议、专注小组、市场调查等方法。按项目的需要，可以使用某一个或是任何得一组（好几个）方法来抽取需求。这样，员工就有机会发挥他们的能力，激动他们的热情。每一个阶段有了它的必然输出之后，就需要制订这些输出的质量准则与要求。这个很重要。这是管理是否有效的一个重要环节：每一个阶段的关键输出，都是高质量的。需要留意的，是这些输出的质量指标，可能按不同的开发方法不同而有所不同。比如：如果项目是按瀑布模型管理的，那么需求阶段的输出，"产品需求"与"系统方案"就需要非常明确。反之，如果我们是使用迭代方法的，项目就不能要求非常明确细致的"系统方案"，但其中也需要有一定的平台内容，同时包括增加功能的机制，等等。那么，在部分关键的阶段完结之后，高层就可以审核项目的进展情况，并评价项目未来的风险。所以说，生命周期其实就是一个项目的整体管理模式。而项目生命周期的体现，就是项目计划。在CMMI第二级的时候，项目经理可以按自己的经验，制订项目的生命周期模型，作为管理项目的依据。模型包括：

　　阶段定义。每个阶段的输出（工作产品）；每个工作产品的可能开发方法；每个工作产品的内容要求和质量指标；高层在哪些里程碑进行审核。这样，项目就可以制订项目的WBS，有依据地做出项目的粗略估算。项目经理就自然地对整个项目的进展，有了一个全面的掌握。这就对策划项目有了依据，不用再好像以前一样，逐周逐周地指派任务。成熟的策划，就是有了整体（从现在到项目完结）的项目策划能力。项目的生命周期模型，对这个活动非常关键。在CMMI的二级，每一个项目都制订自己的生命周期模型。因为我们只能够依赖项目的几位骨干人员的经验。但是到了第三级的时候，这些经验，都应该积累到组织的层面。EPG组应该收集了一定数量的，在项目实施过的生命周期模型，按产品类别、技术、员工经验、市场要求、研发目标等因素分类，定义好一套（好几个）有效的生命周期模型，让以后的项目选择使用。比如：研发新产品，需求与设计阶段，可能需要大一点比例的时间与工作量。但是维护项目，重点就可能在实施与验证阶段上面。

　　所以，EPG制订组织的标准生命周期的时候，应该是根据项目个别积累的经验来制订的。如果EPG没有项目实施的经验，制订出来的标准规程，项目使用的时候就未必是有效的。同时，这些定义，也应该有相应的绩效数据。又因为这些生命周期，是按多个因素分类的，每一个项目可以根据自己的产品与目标选择一个适合的生命周期。在每一个阶段里，可能有不同的方法可以选择。选定了方法之后，还可以按项目的特征，调整方法的细节。项目这些选择，就是"裁剪"。这些选择的依据，跟这些标准生命周期的分类关系非常密切，就是"裁剪的准则"。

三、项目生命周期的阶段性管理

一个咨询项目从概念到完成所经过的各个阶段。项目的性质在每个阶段都会发生变化。由于项目的本质是在规定期限内完成特定的、不可重复的客观目标，因此，所有项目都有开始与结束。不过在看到这个关于项目"出生、成熟、死亡"的生物学比喻以后，不要受到误导而得出这样的结论："即项目在本质上是单一方向发展的。"许多项目，由于意料之外的环境变化，即使在接近原先规划的最后阶段时，也可能重新开始。例如，在美国20世纪80年代修建的许多核能发电站项目被停止，重新设计，然后重新开始建设，以使新产生的核电力符合使用规则。项目的生命周期可以分为四个阶段：项目立项期、项目启动期、项目发展成熟期以及项目完成期。以下主要讲述项目生命周期的各个阶段。项目立项阶段。在确定一个项目的初期，项目管理层通常热情高涨，但目标却不清晰，因此，在项目生命周期的初始阶段，最关键的工作是明确项目的概念和制订计划，并使之与未来的活动场所相适应。在这个阶段，有以下几个方面需要注意。

（一）组建并整合管理团队

对于成功的项目管理者而言，在这个时期他们会组建并整合管理团队的关键成员。另外，他们会用大量时间与精力确定项目所需要的专业技术与行为，并且找到拥有这些技能的合适人员。一切工作以人员为中心展开，这表明项目组织中不仅需要优秀的管理，而且需要人才，特别是在大型项目中位于项目管理梯队上层、具有领导才能的人士。

（二）阐明项目的理念或者方向

项目组织中的领导者应该阐明项目的理念或者方向，这种理念可能包含在项目经济性目标之外更高的目标，真正的领导者在实施所提出的理念时也会认真思考并采取关键的行动。那些口头上滔滔不绝地要求别人努力工作，而自己却离开工作去休息，或者忽略了项目的真正运作环境的人，不是真正的领导者。实际中，有可能存在着大量不同的管理风格，但是在所有管理风格中，唯一的关键相同点是领导者的行为都真正符合他们所倡导的理念。

（三）与项目主顾谈判

项目立项阶段管理过程中关键的风险承担者是项目的出资者。在项目立项阶段，管理层的一项关键工作是和项目主顾就项目概念和战略进行谈判，以达成一致意见；另外，还要与项目主顾就全面资源计划和项目期限进行谈判。这项谈判非常重要，这不仅关系到项目的执行，而且直接影响项目管理层与项目主顾之间建立良好、清晰的工作关系。以上已经强调过项目具有清晰、客观的目标以及将这些目标具体化为工作计划的重要性，不过，项目管理层不应该在计划确定阶段花费过多时间。尽管在制订项目计划时花费足够时间非常重要，但是有一些项目管理团队在这个阶段花费了过多时间，试图将项目以后所有的问题一次性解决,事实上,经验表明,解决最后一些问题所必需的一些"条件",要等到项目发展到该阶段时才能具备。

(四)制订项目运作计划的步骤

在项目立项阶段,项目管理层制订项目运作计划的具体工作可以分为三个基本步骤。

1. 确定工作的细分及相应的产出

工作细分明确所要进行的各项工作是指项目人员需采取的行动,在确定工作细分时,明确必须相应生产的有形产品也很重要。例如,当你告诉几组泥瓦匠在规定的一周内将砖摆放在指定地点的同时,也要告诉他们所做的工作实际上是要在规定期限内建成一座建筑的外墙。

2. 工作任务排序

在运作计划中需要列出各项工作所需的时间,各项任务之间的互动关系,以及这些工作的最后完成顺序,这个步骤被称为"工作任务排序"。无论是将工作按照网状关系排列,还是简单地以时间顺序进行排列,都可以使项目管理层获得项目运作计划的整体视野。工作任务关系图可以有多种形式,最简单的形式之一,是列出以时间标出的一阶段性工作的顺序,这种任务关系图通常被称为"甘特图"。

3. 工作得以明确

支持各项工作所需的资源和各项工作间的互动关系。"甘特图"形象地表明各项工作任务所需要的资源以及相应的时间。在大中型项目中,像智能项目管理系统的项目评审技术(PERT)或者关键路径方法(CMP)等计算机软件工具,能够辅助进行工作序列或者工作结构分析排列。这些软件工具能够帮助项目管理层确定工作最佳序列以及项目最关键的因素。评估项目的因素中,如果有些因素受到阻碍,将会使整个项目停顿不前,这些因素就是项目的最关键因素,项目最关键因素的序列就是著名的"关键路径",确定关键路径的目标只是为了确保项目按照这一特定顺序仔细执行,从而不至于使整个项目停顿、拖延。管理团队对于无法确定的工作,应该在项目运作计划中进行充分的分析研究,从而最大限度地降低这些工作可能对整个项目所产生的影响。例如,当你在初冬时期准备修建一座新旅馆时,应该在工程建设所需的期限上再加上一定额外的时间,这样做是考虑到你所使用的一些水泥可能在一定温度下无法正常凝固。确定任务所需资源。确定任务所需资源,即确定工作序列中各项任务所需的资源,以及所计划的资源利用方式。同时,项目管理人员应该理解某项工作与其他工作之间的关系,这种关系或者是以工作产品为基础(例如一项工作建立在前面工作完成的基础上)或者是以关键资源为基础(例如一项工作与另一项工作使用同样的关键资源,当所需资源欠缺时,该工作就会迟延)。这些资源包括时间,当然也包括人力资源。

项目需要哪些技术以及相应哪些人需要成为项目团队的成员?哪些人是项目团队直

接的、长期成员以及哪些人只是在特定的时间内成为项目团队的成员？哪些工作可以被进一步分包，而哪些工作必须由项目管理团队的成员直接完成？以上的所有安排都同样适用于采取企业型管理的项目，以及采取比较传统的行政管理模式的项目。此外，项目参与人员需要花费额外时间来确定他们在项目中的作用，以及去了解怎样和项目的其他参与方交流或者协作。

第五节 工程项目立项阶段的管理

在项目管理中，与其他人有效合作的主要决定因素是：项目管理层设定的基本行为准则与项目运营规则。在确定项目适当的运营规则和管理环境以后，至少还应该在项目组织内建立信任。永远也不要低估非正式交往的力量，非正式交往经常产生问题的创新解决方案，以及减少项目组织内的各种矛盾与冲突。项目的成功要依赖于项目管理团队，项目管理团队不仅要完成管理整个项目的任务，激励并指导其他各方完成相应的工作，而且还要为项目管理结构提供最根本的支持。关于项目立项阶段管理，主要有以下建议。项目管理团队的项目目标非常清晰，并且能用通俗易懂的语言将项目目标表示出来，使每一个人都明白这个目标，不仅使团队有更多的动力投入自己的时间与精力，而且他们也能够做出更好的决策。在规划下一步工作时，尽最大可能使规划建立在标准化、确切无误的基础上，这条建议适用于应用型技术以及产品、服务、专业人员和管理等各个方面。简单化是指合作方与项目团队成员之间协议的简单化、项目团队成员之间的关系以及项目各项工作之间的关系简单化。在设计项目规划时，项目管理层应该牢记：尽量简单化。项目管理层应尽量减少工作所涉及的因素，以及计划参加项目的各方数量，重点考虑责任与能力。

一、项目启动阶段的管理

在项目启动阶段，项目的规划将逐步成为现实，其中包括一些为了实现项目目标而采取的实际措施与行动。在项目启动阶段，确定项目目标、前景评估，以及规划的各种专业团队，都必须与领导项目的团队进行全面合作。所有团队都必须和项目团队成员以及加入项目的或者与项目联系在一起的合作方进行合作与沟通。在项目的这个阶段，最有可能在各个方面产生矛盾与冲突，会产生许多管理上的挑战，特别是在大型复杂的项目中。所以，有必要把许多新的人员和合作方结合成一个整体，在新的人员和合作方之间建立强有力的工作关系；有必要将项目的经济因素与各方的工作联结起来，对项目参与各方反复灌输一些非正式的制度和行为规则；有必要确立清晰的、各方共同接受的工作与资源计划；

将另外一些人士可能拥有新的、重要的信息，特别是那些负责项目实施的人士考虑进来是至关重要的。最后，以上的所有工作都必须由项目管理团队来完成。在此阶段，有以下两个方面需要管理人员注意。

项目管理层必须关注的基本行为。如果要在项目启动阶段取得成功，建议项目管理层必须关注以下基本行为。整体项目的前景、目标的说明和传达要清晰明确。任何规定明确的运作限制条件、行为准则，以及非正式行为准则，都必须通过恰当的途径传达。

项目从开始就要传达希望项目各方遵守的一些行为准则和规定的信息，这些关键规则的表述形式要简明扼要。对于项目团队新增的成员和项目其他参与方，都需要把项目运作计划传达到，目的是让项目所有相关人员都清楚地了解项目各项任务的关系。通常，项目管理方所犯的错误是封锁了那些可以帮助项目其他参与方做出决定的信息。在完成项目任务方面，信任比合同更重要，而且信任要从项目开始时建立，信任和良好的工作关系，只有通过公平合理地对待项目组织中的各方，以及每位人员才能真正建立起来，因此，千万不要胁迫项目各方接受不现实的条款，也不要欺骗他们接受不现实的资源约定。此外，合同协商是一个持续的过程，并不能在项目启动阶段因为各方暂时达成一致意见就结束。

项目管理层可能比较关注如何使项目顺利启动，不过，还有一项关键性工作就是建立适当的项目文化。这项工作包括确定并强化各种非正式的项目运作规则，并且使项目成员意识到自己是在做重要的事情。当项目真正启动后，项目成员已经开始各自的工作，在项目中灌输更高的目标和更适当的行为方式的机会就已经逐步消失了。项目管理层一定要确保所有项目成员理解管理团队的理念，在项目执行过程中，强化管理层认可的行为，公开指出管理层不认可的行为。项目管理层的另一项重要工作是建立适当的总结和学习机制。

在项目资源计划中加上适当的额外备用资源，可以应付一些错误的产生，从而确保项目成员仍有必要的资源进行工作。如果在预算和时间上没有预留额外的资源，在项目中就不能应付意外情况的发生。在项目启动阶段，项目经理和项目管理团队经常犯一些不应该犯的错误，如在沟通方面。一位项目经理曾经告知说："项目早期阶段有三条重要规则：沟通，沟通，沟通！"在企业型项目组织中，项目启动阶段的大部分工作都由个人完成，很多企业型项目组织，此刻都会产生"英雄"事迹。同样许多企业型项目组织在这个阶段会四分五裂：在企业型项目组织中，应该认真制订项目启动阶段合理的时间表。通常，项目管理团队要花上大量超出计划的时间，才能使项目真正启动，这种问题是由项目成员的一些不切实际的想法导致的。在项目中应该设立尽可能少的运作规则和汇报制度。为了提高创造性，使项目成员真正发挥才能，就要让项目成员拥有一定的决策自由。总之，为了有效达到目的，集中控制和个人自由之间要取得平衡。大多数成功的项目一般都分解成几个子项目，分别由较小的团队来管理。这些小型团队有明确的责任去完成指定的任务，同时也拥有一定的自由和职责做出决定，从而达到预定的目标。这样，负责项目具体实施的人员不仅有责任，而且有一定的权力，从而使项目得以成功地执行。有许多项目经理有希望控制一切的欲望，这种欲望的根源通常是一种设想：即通过个人管理控制一切可以降低失败的概率，从而提高成功的机率。项目管理层必须确保具有相应责任的项目成员得到适当的培训去从事分配的工作，或者作为一种选择方案，项目成员愿意承担责任，迅速熟悉新的工作领域。

二、项目成熟阶段的管理建议

在每项工作都启动以后，项目的各项工作的进展都会加快。从责任者的角度而言，在这个阶段项目的主角应该是项目团队或者个人以及此阶段的合作方。项目管理的重点，也会随着项目从早期成熟阶段，转到更接近项目完成的比较成熟的阶段，以下主要讲述几个项目管理的重点。在项目发展成熟阶段，管理层的关键工作是持续保持项目的动力，以及管理正在发展着的项目。大多数项目的主要问题不再是管理项目成员的个人工作，而是着重处理项目发展过程中对其他方面能够产生影响的特殊事件和互动关系。例如一项工作中关键资源欠缺，或者某一项工作拖延，都会迅速地影响到项目其他工作的正常进展。因此，在项目发展成熟阶段，管理工作的重点应该放在工作流程上，而不是项目团队中其他成员的实际工作上。当然，也会存在例外情况。例如当一项工作明显出现错误，或者负责完成工作的人员不能胜任该项工作时，管理层应该认真解决这些问题。因此，管理层在坚持上述主要原则的情况下，也要关注所发生的例外情况。在项目工作网络图中存在一条数学意义明确的关键路径，项目过程中工作上的一些微小延误都会改变关键路径。因此，项目管理层应该随时确认最新的关键路径，并且及时通知项目组织中的每一位成员。有一个项目组织通过把一个橡胶足球传递到正处于关键路径上的小组成员手中，使所有组织成员都能及时知道关键路径在哪里。接到橡胶足球的小组明白他们的工作非常重要，而且也必须尽快将橡胶足球送到下一个关键路径节点上，此时，其他拥有"备用"资源的小组，也会尽力帮助接到橡胶足球的小组完成工作。

在项目中有许多相互依赖、相互影响的工作，因此，一些工作的结果往往直接影响到下一步的工作。项目管理层必须时刻审查相互依赖工作之间的变化，以及这些变化对项目其他工作所产生的影响。许多项目失败的原因是由于一项工作的延误产生的"多米诺骨牌"效应，该项工作与其他两项或者三项工作紧密相连，这项工作的延误，导致其他的工作也相应延误。为了使项目重回正轨，需要动用关键资源去完成该项工作，从而更进一步加剧"多米诺骨牌"效应。最关键的一点是项目小组之间的合作，而不是互相争夺资源。每一位项目成员都必须理解合作的价值，而不能"狭隘地维护自己的利益"。

工作勤奋的小组一般不会使自己的工作处于项目关键路径上，因为既有积极的意义

（表明自己的工作很重要），同时也隐含着消极的意义，即自己的工作在整个项目中是处于拖别人后腿的落后位置。另一方面，项目组织中往往存在着一种适度的竞争气氛，通常健康的竞争气氛非常有利于项目组织的发展。对项目工作进行经常评估，标明相应的日期，可以为项目成员提供清晰的项目工作坐标图。这也确立了一项清晰的标准，即项目的每项工作都很重要，只有项目所有的工作都顺利完成，整个项目才算真正成功。最后，工作评估也确实使项目成员真正了解工作绩效的重要性。

通过以下几个方面可以获得准确的绩效评估。在项目管理的过程中，沟通必须非常真实，管理层应该及时劝阻或者惩罚任何传递不正确沟通信息的项目成员，因为只有准确的数据，才能使项目评估总结工作准确无误。获得准确绩效评估的方法是和关键项目成员一起采取阶段性评估，来总结整个项目的进展。在开展的阶段性评估中，讨论已完成、未完成，以及即将实施的工作，并做出正确的评估，参会的人员通常有外来服务商，他们可起到仲裁作用，并能提出有用的建议。在项目开始时就建立专门的外部评估委员会，外部评估委员会仅仅是项目的顾问，对项目的进展做出阶段性评估，并且及时提供项目当前状况的独立评估报告。评估委员会的组成人员不能从项目获得直接利益，也不能与项目有任何直接关系，但是必须具备关于该项目所需的管理方法，或者所使用的技术等方面的专业知识和技能。当项目的各项工作有序展开的时候，项目管理层应担负起建立、维护组织沟通渠道的任务，并且成为沟通的平台。成功的项目管理层应认识到，项目成员不仅需要了解他们所从事的工作，也需要了解所从事工作的背景。关于维护组织的沟通渠道主要讲述以下几个方面的内容。有效的项目管理层在项目各个小组成员直接提供帮助的情况下，应该随时关注无法预料的各种外部影响。这些外来影响包括无法预料的管理规定与时间或者运输、或者项目整体目标方面的变化等。

外部影响固然重要，但更重要的是项目管理团队，尤其是项目领导人忽略了项目的外部环境。如果将管理的重点放在"细查责任人"并且惩罚这些人上，实际上是在浪费精力和项目的资源。有许多项目经理宣称一些项目之所以成功并不是因为他们每一项工作都进展顺利，而是因为他们更擅长于消除工作失败所产生的影响。由于意料不到的情况时有发生，事情往往不会按照原计划那样发展，在项目中几乎每天都有困难发生，重要的是迅速识别困难、理解困难的本质，找到并实施替代方案。项目管理的根本在于解决所发生的失败，而并非建立一种不允许失败的组织。在失败被视为"禁忌"的组织中，项目成员不会及时识别已产生的失败，因而导致失败长期存在下去。作为成功项目的重要特征，表彰是一种非常重要的项目管理行为，它可以使项目成员获得成就感，以及对组织的归属感，另外，还可以使项目成员更加注重工作的成绩，从而使项目顺利发展。如果项目经理能够将项目分解成为清晰的、阶段性的工作产出，项目成员必须真正按时交付这些任务，而且项目经理及时确认已交付的产出，那么，这个项目经理就很有可能成功。

三、项目发展阶段的管理建议

从上述项目发展阶段管理层应该关注的工作中，可以引导出以下通用的管理建议。许多项目管理团队在项目发展过程中变得筋疲力尽，从而容易疏忽大意，这是复杂艰难的项目立项阶段以后出现的正常反映，项目领导团队应该通过各种管理手段和人际方式重新建立项目发展的动力。阶段性评估可以较早发现那些微小的疏忽，从而避免以后酿成灾难性后果。正如流行的混沌控制理论所揭示的：一种小的波动，就可能是后来重大灾难的原因。项目管理层不仅需要关注项目成员所做的决定，以及决定的最终结果，而且要关注项目成员是怎样做出决定的。项目管理层不可能查看每件事的决策过程，可是，在项目的发展过程中，特别是在挑战性很强的工作中，项目成员采用的决策方式有可能很不理想。在这种情况下，项目管理层应该分析项目成员所做的决策，帮助他们了解错误想法出在什么时候。

四、项目完成阶段的管理

项目管理是以理解项目的目标而开始的——无论如何，如果你不知道要向何处去，每条路都可能是你的选择——但是每个项目都需要那些深刻理解学习必要性的项目经理投入真正、持续的精力，并且随时进行调整，才能成功完成。项目是一项有计划的任务。项目管理涉及人力、资源、时间、技术目标，关系到项目实施的结果，因此项目管理中需要注意的几个方面包括：项目的相同点、项目管理与普通管理的差别、项目管理中常见的错误观点、过分地强调项目计划的重要性的原因、项目管理方式、成功项目管理的基础条件。项目在本质上是单一方向发展的，所有项目都有其生命周期，项目生命周期可分四个阶段：项目立项期、项目启动期、项目发展成熟期以及最后项目完成期。项目生命周期的各个阶段有着各自的注意事项和管理要点。

项目管理层的关注重点应该是衡量并控制项目的最后几项要素。此时项目的关键责任人，除了正在焦急等待项目最终产品或服务的项目客户之外，就是正在完成各自工作的项目工作人员和合作方。即使对于成功的项目而言，项目的完成阶段也都是最危险的时期，因为，如果项目中的每件工作都进展顺利，项目人员就会很容易认为，项目将很快完成，态度就会变得松懈。另外，一些根本不可能取得共识的暗含协议，常常也会出现。在项目的这个阶段，项目管理层产生大量的焦虑，而项目的客户或者主顾却抱着过高的期望。在项目的这个阶段，需要大量认真的工作，项目管理层应该在项目日常工作中发挥重要的积极作用，即使是参与管理的项目经理在这个阶段都要更加直接地管理项目的各项工作。

项目管理层的工作重点应该放在项目记录和学习经验的整理方面。由于要等到项目真正完成后才需进行项目的事后总结分析，那么，这个时候就是收集相关资料的关键时期，因为随着项目成员和其他合作方的陆续离开，大量的数据和记录极有可能丢失。对于项目管理层的一项最重要的管理建议就是：在项目完成阶段投入大量精力，并且密切关注工作中的细节。只有将成功的项目管理看作是在变化的环境中对人的管理，而不是一种按照预先计划的任务实施的过程，项目管理才会既富有挑战性又有趣味性。

第二章

施工项目管理及创新

第一节　工程项目管理

一、工程项目

工程项目是指投资建设领域中的项目,即为某种特定目的而进行投资建设并含有一定建筑或建筑安装工程的项目。例如:建设一定生产能力的流水线;建设一定制造能力的工厂或车间;建设一定长度和等级的公路;建设一定规模的医院、文化娱乐设施;建设一定规模的住宅小区等。

二、工程项目具有一般项目的典型特征

(一)唯一性

尽管同类产品或服务会有许多相似的工程项目,但由于工程项目建设的时间、地点、条件等会有若干差别,都涉及某些以前没有做过的事情,所以它总是唯一的。例如,尽管建造了成千上万座住宅楼,但每一座都是唯一的。

(二)一次性

每个工程项目都有其确定的终点,所有工程项目的实施都将达到其终点,它不是一种持续不断的工作。从这个意义来讲,它们都是一次性的。当一个工程项目的目标已经实现,或者已经明确知道该工程项目的目标不再需要或不可能实现时,该工程项目即达到了它的终点。一次性并不意味着时间短,实际上许多工程项目要经历若干年。

(三)项目目标的明确性

工程项目具有明确的目标,用于某种特定的目的。例如,修建一所希望小学以改善当地的教育条件。

(四)实施条件的约束性

工程项目都是在一定的约束条件下实施的,如项目工期、项目产品或服务的质量,人、财、物等资源条件,法律法规,公众习惯等。这些约束条件既是工程项目是否成功的衡量标准,也是工程项目的实施依据。

三、工程项目特点

(一)建设周期长

一个工程项目要建成往往需要几年,有的甚至更长。

（二）生产要素的流动性

工程的固定性决定了生产要素的流动性。

（三）工程的固定性

工程项目都含有一定的建筑或建筑安装工程，都必须固定在一定的地点，都必须受项目所在地的资源、气候、地质等条件制约，受到当地政府以及社会文化的干预和影响。工程项目既受其所处环境的影响，同时也会对环境造成不同程度的影响。

（四）不可逆转性

工程项目实施完成后，很难推倒重来，否则将会造成大量的损失，因此工程建设具有不可逆转性。

（五）不确定因素多

工程项目建设过程中涉及面广，不确定性因素较多。随着工程技术复杂化程度的增加和项目规模的日益增大，工程项目中的不确定性因素日益增加，因而复杂程度较高。

（六）整体性强

一个工程项目往往由多个单项工程和单位工程组成，彼此之间紧密相关，必须结合到一起才能发挥工程项目的整体功能。

四、工程项目建设周期及阶段

每一个阶段通常都包括一件事先定义好的工作成果，用来确定希望达到的控制水平。这些工作成果的大部分都同主要阶段的可交付成果相联系，而该主要阶段一般也使用该可交付成果的名称命名，作为项目进展的里程碑。为了顺利完成工程项目的投资建设，通常要把每一个工程项目划分成若干个工作阶段，以便更好地进行管理。每一个阶段都以一个或数个可交付成果作为其完成的标志。可交付成果就是某种有形的、可以核对的工作成果。可交付成果及其对应的各阶段组成了一个逻辑序列，最终形成了工程项目成果。通常，工程项目建设周期可划分为四个阶段：工程项目策划和决策阶段，工程项目准备阶段，工程项目实施阶段，工程项目竣工验收和总结评价阶段。大多数工程项目建设周期有共同的人力和费用投入模式，开始时慢，后来快，而当工程项目接近结束时又迅速减缓。

（一）工程项目策划和决策阶段

主要工作包括：投资机会研究、初步可行性研究、可行性研究、项目评估及决策。此阶段的主要目标是对工程项目投资的必要性、可能性、可行性，以及为什么要投资、何时投资、如何实施等重大问题，进行科学论证和多方案比较。本阶段工作量不大，但却十分重要。投资决策是投资者最为重视的，因为它对工程项目的长远经济效益和战略方向起着决定性的作用。为保证工程项目决策的科学性、客观性，可行性研究和项目评估工作应委托高水平的咨询公司独立进行，可行性研究和项目评估应由不同的咨询公司来完成。

（二）工程项目准备阶段

主要工作包括：工程项目的初步设计和施工图设计，工程项目征地及建设条件的准备，设备、工程招标及承包商的选定、签订承包合同。本阶段是战略决策的具体化，它在很大程度上决定了工程项目实施的成败及能否高效率地达到预期目标。

（三）工程项目实施阶段

主要任务是将"蓝图"变成工程项目实体，实现投资决策意图。在这一阶段，通过施工，在规定的范围、工期、费用、质量内，按设计要求高效率地实现工程项目目标。本阶段在工程项目建设周期中工作量最大，投入的人力、物力和财力最多，工程项目管理的难度也最大。

（四）工程项目竣工验收和总结评价阶段

应完成工程项目的联动试车、试生产、竣工验收和总结评价。工程项目试生产正常并经业主验收后，工程项目建设即告结束。但从工程项目管理的角度看，在保修期间，仍要进行工程项目管理。项目后评价是指对已经完成的项目建设目标、执行过程、效益、作用和影响所进行的系统的、客观的分析。它通过对项目实施过程、结果及其影响进行调查研究和全面系统回顾，与项目决策时确定的目标以及技术、经济、环境、社会指标进行对比，找出差别和变化，分析原因，总结经验，汲取教训，得到启示，提出对策建议，通过信息反馈，改善投资管理和决策，达到提高投资效益的目的。项目后评价也是此阶段工作的重要内容。根据工程项目复杂程度和实际管理的需要，工程项目阶段划分还可以逐级分解展开。

五、EPC工程管理的组织架构

EPC项目管理的组织模式和对成员的素质要求有别于传统的施工企业组织班子。EPC工程项目一般采用矩阵式的组织结构。根据EPC项目合同内容，从公司的各部门抽调相关人员组成项目管理组，以工作组（Work Team）负责工作包（Work Package）的模式运行，由项目经理全面负责工作组的活动，而工作包负责人全面负责组员的活动和安排。管理部门根据公司的法定权利对工作组的工作行使领导、监督、指导和控制功能，确保工作组的活动符合公司、业主和社会的利益。在EPC合同执行完毕后，工作组也随之解散。EPC工程项目对项目经理和工作包负责人的要求有别于传统的施工经理或现场经理。EPC的项目经理必须具备对项目全盘的掌控能力，即沟通力、协调力和领悟力；必须熟悉工程设计、工程施工管理、工程采购管理、工程的综合协调管理，这些综合知识的要求远高于普通的项目管理。工作包负责人的素质要求也远高于具体的施工管理组。国际EPC项目的管理组成员不乏MBA、MPA、PMP等管理专家，也包括其他的技术专家。工作包负责人往往是在专业上的技术专家，同时也是管理协调方面的能手；不仅在技术工作、设计工作、现场建设方面有着多年的工作经验，而且在组织协调能力、与人沟通能力、对新情况的应变能力、对大局的控制和统筹能力方面均应有出色才能。正是高素质、高效率的团队形成对项目经理的全力支持才得以保证项目的正常实施。尽管工程建设企业过去在国内外EPC项目管理上取得了很大的成绩,但总体上在国外比国内要发展得顺利。概括起来主要有两个方面的原因,一是企业外部大环境的影响,另外一方面是企业内部问题。

（一）企业对总承包管理的认识有误区

人们对总承包管理的概念认识不清,误解较多。主要是计划经济体制下各行各业各系统都有自己的基建队伍,在行业垄断、部门分隔的情况下,实施总承包阻力较大。业主行为制约了我国EPC项目的发展。在我国目前体制下,业主类型较多,由于业主的建设目的不同,对建筑法、招投标法的运用理解有所不同。有些业主为避开有关法规的限制,把大工程分解,进行分块、分段招标,这种情况很不利于开展工程总承包管理。

（二）二级分包市场有待形成

国际大承包商一般不具有自己的施工队伍,总承包之后可能将大部分工程的不同专业分包给专业分包商。而我国《建筑法》等法律法规规定：具有总承包能力的企业在取得总承包任务之后,至少结构工程要独立完成,不能分包。这种规定是对我国建设企业开展施工总承包管理的制约。国内建设企业分包项目往往仅限于各单位的二级公司（分公司）,内部进行行政干预、保护,也是制约总承包市场的一个不利因素。

（三）工程总承包的法律法规很不健全

加入WTO以来,我国建设领域与国际接轨步伐逐步加快,工程总承包企业的发展已成大势所趋,工程总承包项目也会逐渐增多。然而,我国目前与工程总承包模式相配套的法律法规还很不健全。虽然工程总承包已推行多年,但由于认识上的不一致,多年来没有制订工程总承包的有关法律法规和部门规章。《建筑法》《招标投标法》和《建设工程质量管理条例》等法律法规只对勘察、设计、施工、监理、招标代理等有规定,而对于工程总承包这种国际通行的工程建设项目组织形式没有相应的规定。在招投标管理上,国家有关部门已出台了《工程建设项目勘察设计招标投标办法》和《工程建设项目施工招标投标办法》,但缺乏工程总承包招投标办法。由于对工程总承包没有相应管理法规、部门规章、实施细则和标准合同文本等,导致了地方政府部门和行业主管部门不知道如何对工程总承包规范管理,这些都制约了工程总承包的发展。

（四）政府扶持政策力度有待加强

从长远的眼光来看,在市场经济体制下,工程总承包主要应由市场去选择,然而由于目前我国正处于从计划经济向市场经济过渡的特殊阶段,计划经济体制下制订的一些规章和方法还仍在发挥作用,产生着或大或小的影响。

六、企业内部软环境的影响

建立适应总承包的组织机构和管理架构。目前,除少数已改造为国际型工程公司的建设企业外，我国大多数勘察设计、施工企业没有建立与工程总承包相对应的组织机构，开展工程总承包的组织机构不健全。开展EPC总承包时，依然沿用过去的施工总承包的组织模式。复合型管理人才缺乏。21世纪的竞争，主要是人才的竞争，工程总承包企业也不例外。我们缺乏的不仅是大量高素质的大型工程项目投标工作、合理确定报价、合理承包并商签合同的商业人才，还缺乏能够按照国际通行项目管理模式、程序、方法、标准进行管理，熟悉各种合同文本和各种项目管理软件，能够进行质量、投资、进度、安全、信息控制的复合型高级项目管理人才。

重视项目施工，忽视高层次总承包管理。我国对项目施工的实践，在降低成本、提高工程质量、缩短建设工期方面取得了重大的进展。但是，实践证明我国企业在进行大型工程的总承包管理时与下属分包的项目经理部管理方式完全不同。由于一些大型企业对总承包管理模式学习、实践不够，忽视总承包管理研究，对国际承包商的惯例不了解，对总承包与分包的责权管理不清楚，导致企业在竞争中失败。只能去做外国承包商的二包，甚至三包。我们对于施工总承包研究较多，也取得了很大的成绩，但是没有系统地总结国内外EPC管理模式的方式、方法，开展EPC管理还停留在施工总承包管理的经验积累阶段。

项目管理体系有待完善，项目管理水平和能力较低。目前我国大多数设计、施工企业没有建立起工程总承包所需的项目管理体系，在项目管理的组织结构及岗位职责、程序文件、作业指导文件、工作手册和计算机应用系统等方面都不够健全，多数还是运用传统手段和方法进行项目管理，缺乏先进的工程项目计算机管理系统。在进度、质量、造价、信息、合同等管理目标方面仍存在较大的差距。对国际总承包管理模式、惯例及法规研究不够。20世纪90年代初期我国引入FIDIC条款，以及欧洲采用的建筑师负责制，使我国建筑企业对国际承包管理的通用作法有了了解。但是，面对加入WTO的机遇与挑战，我们对CM模式、NC模式、BOT模式、PFI模式了解很少，这对我国企业与国外承包商的竞争非常不利。

七、对策建议

建立和完善项目管理的法律和法规。目前我国建筑市场比较混乱，项目管理极不规范，"无法可依，有法不依，执法不严"的现象极为普遍。为此必须贯彻国家有关的方针政策，建立和完善各类建筑市场管理的法律、法规和制度。做到门类齐全，互相配套，避免交叉重叠、遗漏空缺和互相抵触。同时政府部门也要充分发挥和运用法律、法规的手段，培养和发展我国的建筑市场体系，确保建设项目从前期策划、勘察设计、工程承发包、施工到竣工等全部环节都纳入法制轨道。在《建筑法》修改时，明确工程总承包的法律地位，规范对工程总承包的市场管理，这是当前急需要做的一件事情。应当抓紧研究、制订有关工程总承包招标投标的管理办法，积极培育工程总承包招投标市场；参照FIDIC条件，制订适合我国社会主义市场经济要求的总承包合同条件范本。

加强宣传，统一思想认识。工程总承包推行难度较大，关键是政府管理部门、行业主管部门、业主对工程总承包的认识不够到位。要加大对推行工程总承包的宣传力度，一是向社会宣传报道工程总承包的特点、优势和典型事例，使工程总承包逐步得到社会的认可；二是与有关部门以及企业管理协会等单位，开展不同层次的EPC总承包研讨会、研讨班，对业主进行培训。

规范业主行为。我国已颁布《建筑法》及实施项目法人负责制，施工总承包管理等法规，但目前管理力度不够，建筑行业应加快制订业主行业规范的制度研究，防止业主将工程切块、分块或分段投标。另外，逐步根治目前业主压价承包、垫资承包、索要回扣、拖欠工程款4种难于克服的病症，创造更多的机会实施工程总承包管理。

加强企业自身建设，提高企业核心竞争力。组织召开高层次的专题研讨会，对EPC总承包的组织模式、运作机制、目标控制等方面进行系统的总结，形成比较成熟、有我国特色的EPC管理体系和模式。调整组织结构，建立适合EPC管理的组织机构和管理体系。

学习国外经验，大力培养满足EPC管理需要的复合型人才。积极开展工程总承包项目管理的国际交流与合作。通过举办各种学术研讨会，专题出国考察与交流，促进行业高层人员同世界最新管理趋势接轨。继续组织对工程总承包项目经理的培训。应进一步开展工程总承包和国际工程项目管理的专业培训，培养工程总承包项目经理，以适应国内外工程建设市场的需要。还要培养和造就一批具有工程实践经验的工程设计、设备采办、施工管理、质量控制、计划控制、投资控制等方面的人才。

建立6大控制体系，通过规范项目管理运作，提高工程总承包管理水平。要建立并完善进度、质量、造价、安全、合同、信息6大控制目标的管理程序，形成标准化管理。创新企业融资渠道，增加EPC实力。EPC项目管理需要总承包商具有很强的融资、筹资能力。很多大型企业集团拥有较宽的融资渠道，可以通过发行股票、债券、长期借款、信贷等方式获得大量资金。EPC工程总承包把Procurement Management改成Partnership Management会更容易加深我国企业对EPC工程实际涵义的理解。在EPC工程总承包的进程中，总承包商需要宏观地体现项目的交付需求、质量、方法和效益，要达到这个目标，我们必须摆脱过去甲方与乙方的工作关系，使之变成伙伴关系。在项目的框架下总承包商负责监控各主要专业领域的分包伙伴，完善工程细节的实际设计和实现方法。如同国外大型工程那样，总承包商的主要工作会慢慢转变成大型项目集成商。各专业领域分包商也慢慢转变成项目的合作伙伴。只有这样才能够让项目的资源和整体利益达到最优组合，创建具有中国特色的EPC工程总承包风格，争取国际的认同。

第二节　工程项目承发包模式

工程承发包是一种商业行为，交易双方为项目业主和承包商，双方签订承包合同，明确双方各自的权利与义务，承包商为业主完成工程项目的全部或部分项目建设任务，并从项目业主处获取相应的报酬。有两种基本类型：非代理型（CM/Non-Agency）和代理型（CM/Agency）。

一、平行承发包模式

平行承发包是指项目业主将工程项目的设计、施工和设备材料采购的任务分解后分别发包给若干个设计、施工单位和材料设备供应商，并分别和各个承包商签订合同。各个承包商之间的关系是平行的，他们在工程实施过程中接受业主或业主委托的监理公司的协调和监督。

二、工程项目总承包模式

工程项目总承包模式是指业主在项目立项后，将工程项目的设计、施工、材料和设备采购任务一次性地发包给一个工程项目承包公司，由其负责工程的设计、施工和采购的全部工作，最后向业主交出一个达到动用条件的工程项目。业主和工程承包商签订一份承包合同，称为"交钥匙""统包"或"一揽子"合同。按这种模式发包的工程也称为"交钥匙工程"。

三、设计或施工总分包模式

这种模式与工程项目总承包不同，业主将工程项目设计和施工任务分别发包给一个设计承包单位和一个施工承包单位，并分别与设计和施工单位签订承包合同。它是处于工程项目总承包和平行承包之间的一种承包模式。

四、联合体承包模式

联合体是指由多家工程承包公司为了承包某项工程而组成的一次性组织机构。联合体的组建一般遵循一定的原则。

五、CM模式

CM是英文Construction Management的缩写，是一种特定承发包模式和国际公认的名称。CM模式是指CM单位接受业主的委托，采用"Fast Track"组织方式来协调设计和进行施工管理的一种承发包模式。CM模式的出发点是为了缩短工程建设工期。它的基本思想是通过采用"Fast Track"快速路径法的生产组织方式，即设计一部分、招标一部分、施工一部分的方式，实现设计与施工的充分搭接，以缩短整个建设工期。

第三节　工程项目管理及其组织结构

一、工程项目管理与企业管理的区别

一是管理对象不同。工程项目的对象是一个具体的工程项目，一次性活动；企业的对象是企业，是一个持续稳定的经济实体。二是管理目标不同。工程项目是以具体项目的目标为目标；企业的目标是以持续稳定的利润为目标。三是运行规律不同。工程项目管理的规律性是以工程项目发展周期和项目内在规律为基础的；企业管理的规律性是以现代企业制度和企业经济活动内在的规律为基础的。四是管理内容不同。工程项目管理活动局限于一个具体项目从设想、决策、实施、总结评价的全过程；企业管理是一种职能管理和作用管理的综合，本质是一种实体型管理。五是实施的主体不同。工程项目管理实施的主体是多方面的；企业管理实施的主体是企业本身。

二、工程项目管理的组织职能与工程项目招标

工程项目管理的组织职能包括：组织设计、组织联系、组织运行、组织行为、组织调整。工程项目的组织形式包括：自营方式、工程指挥部管理方式、总承包管理方式、工程托管方式、三角管理方式。项目经理是以工程项目总负责人为首的一个完备的项目管理工作班子。包括业主的项目经理、受业主委托代业主进行项目管理的咨询机构的项目经理、设计单位的项目经理和施工单位（即承包商）的项目经理四种类型。

工程项目招标是指业主为发包方，根据拟建工程的内容、工期、质量和投资额等技术经济要求，招请有资格和能力的企业或单位参加投票报价，从中择优选取承担可行性研究、方案论证、科学试验或勘察、设计、施工等任务的承包单位。工程项目投标是指经审查获得投标资格的投标人，以同意发包方招标文件所提出的条件为前提，经过广泛的市场调查掌握一定的信息并结合自身情况，以投标报价的竞争形式获取工程任务的过程。

三、招投标的原则与可行性研究的报告

招投标的原则：遵守国家的有关法律和法规；鼓励竞争，防止垄断，公开、公平、公正，等价、有偿、讲求信用，严格保守机密。招标程序可以分三大步骤：对投标者的资格预审，得到招标文件和送交投标书，开标、评标和签订合同。投标保证是保证人保障投

标人正当从事投标活动做出的一种承诺，其有效期通常比投标书的有效期长28天。履约保证担保是保证人保障承包商履行承包合同所做出的一种承诺，其有效期通常截至承包商完成了工程施工和缺陷修复之日。可行性研究的主要任务是通过多方案比较，提出评价意见，推荐最佳方案，内容可概括为市场研究、技术研究和经济研究。首先，必须有特定的产品或服务需求；其次，必须要考虑建设的实际成本；第三，资金成本本身是一个关键因素；最后，项目的时间安排也很重要。可行性研究是对工程项目在技术上是否可行和经济上是否合理进行科学的分析和论证。可行性研究的报告的内容：

（1）项目提出的背景、投资的必要性和研究工作依据；

（2）需求预测及拟建规模、产品方案和发展方向的技术经济比较和分析；

（3）资源、原材料、燃料及公用设施情况；

（4）项目设计方案及协作配套工程；

（5）建厂条件与厂址方案；

（6）环境保护、防震、防洪等要求及其相应措施；

（7）企业组织、劳动定员和人员培训；

（8）建设工期和实施进度；

（9）投资估算和资金筹措方式；

（10）经济效益和社会效益。

第四节　项目施工及管理创新

建筑工程项目施工管理的创新对建筑施工企业的生存与发展起着越来重要的作用，项目部作为企业的派出机构，是企业的缩影，代表着企业的形象，体现着企业的实力，是企业在市场的触点，是企业获得经济效益和社会效益的源泉，因此项目施工管理的有效运作是建筑施工企业的生命，唯有创新才能使生命之树常青。建筑工程项目施工管理是建筑施工企业根据经营发展战略和企业内外条件，按照现代企业运行规律，通过生产诸要素的优化配置和动态管理，以实现工程项目的合同目标、工程经济效益和社会效益。建筑施工企业的工程项目施工管理正逐步向着现代管理意义的工程项目施工管理方向发展。在近几年我国市场经济体制逐步走向完善的情况下，建筑工程项目施工管理还面临着很多考验，需要我们在实践中不断创新，努力探索有中国特色的现代建筑工程项目施工管理模式，以更加适应生产力发展，适应市场经济的需要。

一、工程项目施工管理创新是现代企业制度建设的需要

建筑施工企业在招标承包制下，接受了改革风雨二十余年的洗礼，人们的思想观念、经营意识、市场观念、竞争意识逐步形成，并不断加强，清除了长期形成的"等、靠、要"的思想。新的要求促使建筑施工企业建立现代企业制度，不断创新和完善项目施工管理，而施工项目能否全面、顺利实施，解决好项目与企业的关系是关键。项目与企业间责任不明、关系模糊、激励不够、约束不严、不确定因素过多等严重影响着项目施工管理的正常实施，必须通过创新才能使项目施工管理适应现代企业制度建设的要求。时代的巨大变革，迫切要求建筑施工企业加强项目施工的创新。面对新的世纪，如何建立不断适应生产力发展需要，适应市场需要，适应提升企业文化及品牌效应需要的项目施工管理模式，努力走一条"创新、改革、发展"的一体化道路，是建筑施工企业亟需面对的一项艰巨而关键的任务，只有不断创新才能使项目施工具有强大的生命力。

二、项目施工管理的创新是建筑市场不断发展和日趋完善的要求

建筑施工企业在工程投标中存在的过度竞争、相互压价、低价中标，仍然是普遍现象。合同中不合理的要求、不平等的条款，使业主摆脱责任，承包商地位十分被动，设计和监理不能很好履行职责，也难以履行职责，职能错位常常不自觉地发生。建筑市场是整个市场经济的一个重要组成部分，建筑市场的逐步完善和国际化必然要求我们的项目施工管理不断创新来适应市场经济运行的规律。

三、项目施工管理的创新

（一）观念创新

项目施工管理的创新方案，并不是要固定某一种模式，而是要不断寻求符合实际的模式并不断创新完善，要具有建筑施工企业的实际情况和项目施工管理的内在要求，又要根据时代要求和遵循创新原则去提出创新方案。而探索符合市场规律的建筑工程施工管理模式的关键是企业高层管理者的重视，加大人才的培养、引进和凝聚，切实加强创新意识，以创新的思维方式对企业进行管理，即以市场的需求为出发点，要深刻认识项目施工管理创新的紧迫性、重要性、艰巨性和长期性，建筑施工企业应将项目施工管理的创新放在企业发展战略的高度来定位并将创新工作切实落到实处。

（二）体制创新

对建筑施工企业项目施工管理进行机构创新后，必须对这一机构的体制进行创新，建立起现代企业制度。第一，要确立有限责任制度。企业是项目分公司的投资主体，制订资产经营责任制，做到产权清晰，依法建立新型的产权关系。作为所有者的企业退居到控股公司的位置，用股东的方式来行使自己的职责，同时承担有限责任，用这个办法来界定企业与项目部各自的边界责任。第二，就是要建立企业法人财产制度。使项目部拥有一块

边界清楚的财产，用边界清楚的法人财产来承担法人责任。要依据边界清楚的法人财产来确定项目部地位。第三是形成科学的治理结构，形成来自所有者（对项目部来说，企业就是所有者）的激励和约束，必须充分体现企业控股公司的意志。控股公司的意志是一方面追求最高利润，另一方面尽量回避市场风险。追求最高利润是对控股公司的激励，促使项目部要认真执行合同，切实抓好质量、工期、成本的控制，同时要回避由于合同缺陷、管理不善所带来的风险，使公司形成必要的约束，即来自控股公司的激励和约束。

（三）机制创新

创新的机制就是要使公司不断增强市场的竞争能力，牢牢占有已有的市场，不断开拓和占有潜在的市场。项目施工管理创新方案确立了组织机构，明确了母、分公司的体制，并相应建立起了现代企业管理制度。创新的方案基本具备了，但这一方案的有效运行还要有创新的机制，方能使这一创新方案具有生命力。企业竞争力具体体现在企业的实力和企业对市场机遇的判断和捕捉能力，而企业的实力来源于项目部的社会效益和经济效益，市场机遇的判断和捕捉能力来源于项目部及时准确的信息和良好的业绩。因此要增强企业实力，实际上就是加强项目部的建设，提高其赢利水平，提高其社会形象，提高其市场敏感性。必须对其建立激励机制，鼓励各类、各层次的人才脱颖而出，为人才创造环境，要给人才适应的土地、阳光和雨露；必须对其建立约束机制，约束项目部必须遵守党和国家的方针、政策，按市场规律合法经营、守法经营，约束项目部的经营者和广大职工遵守党纪、国法和企业的规章制度；必须对其建立风险机制和决策机制，来规范项目部决策层的行为，实行民主、科学的决策程序，回避市场风险。

（四）技术创新

技术创新的实质，是企业应用创新的知识和新技术、新工艺、新装备，采用新的生产方式和经营管理模式，提高产品的技术含量、附加值和市场竞争力，占据市场并实现市场价值。技术创新采用从后往前做的模式，即根据市场确定产品，根据产品确定技术和工艺，最后确定所采用的技术是自主开发、合作开发还是引进。项目施工管理只有在强有力的创新技术的支持下才能得以顺利实施，才能保证施工的质量和进度，才能获取最大经济效益；而且只有掌握了相关的核心技术才能占领相应市场，使企业立于不败之地。技术创新还为体制创新、结构创新和机制创新提供支持和保障，是项目施工管理创新的基础。

四、工程施工阶段的投资控制

建设项目施工阶段，是把图纸和原材料、半成品、设备等变为实体的过程，是价值和使用价值实现的阶段。所谓投资控制，即行为主体在建设工程存在各种变化的条件下，按事先拟定的计划，通过采取各种方法、措施，达到目标造价的实现。目标造价为承包合同价或预算加合理的签证价。施工阶段的监理一般是指在建设项目已完成施工图设计，并完成招投标阶段工作和签订工程承包合同以后，监理工程师对工程建设的施工过程进行的监督和控制，是监督承包商按照工程承包合同规定的工期、质量和投资额圆满完成全部设计任务。监理工程师在施工过程中定期进行投资实际值与目标值的比较，通过比较发现并找出实际支出额与投资控制目标值之间的偏差，然后分析产生偏差的原因，并采取切实有效的措施加以控制，以保证投资控制目标的实现。

工程建设的施工阶段涉及面很广，涉及的人员很多，与投资控制有关的工作也很多。众所周知，建设项目的投资主要发生在施工阶段。在这一阶段中，尽管节约投资的可能性已经很少，但浪费投资的可能性却很大，因而仍要对投资控制给予足够的重视。仅靠控制工程款的支付是不够的，应从组织、经济、技术、合同等多方面采取措施，控制投资。在项目管理班子中落实控制投资的人员和职能分工。编制本阶段投资控制工作计划和详细的工作流程图；编制施工使用资金计划，确定、分解投资控制目标；进行工程计量；复核工程付款账单，签发付款证书。在施工过程中进行投资跟踪控制，定期地进行投资实际支出值与计划目标值的比较，发现偏差，分析产生偏差的原因，采取纠偏措施。对工程施工过程中的投资支出作好分析与预测，经常或定期向业主提交项目投资控制及存在的问题的报告；对设计变更进行技术比较，严格控制设计变更；继续寻找通过设计挖潜节约投资的可能性。审核承包商编制的施工组织设计，对主要施工方案进行技术经济分析。作好工程施工记录，保存各种文件图纸，特别是注有实际施工变更情况的图纸，注意积累素材，为正确处理可能发生的索赔提供依据，参与处理索赔事宜。参与合同修改、补充工作，着重考虑它对投资控制的影响。正确编制资金使用计划，合理确定投资控制目标。投资控制的目的是确保投资目标的实现，因此，监理工程师必须编制资金使用计划，合理地确定建设项目投资控制目标值，包括建设项目的总目标值、分目标值、各细部目标值。如果没有明确的投资计划，未能合理地确定建设项目投资控制目标，就无法进行项目投资实际支出值与目标值比较。不能进行比较也就不能找出偏差；不知道偏差程度，就会使控制措施缺乏针对性。在确定投资控制目标时，应有科学的依据。如果投资目标值与人工单价、材料预算价格、设备价格及各项有关费用和各种取费标准不相适应，那么投资控制目标便没有实现的可能，则控制也是徒劳的。监理工程师在监理过程中，编制合理的资金使用计划，作为投资控制的依据和目标是十分必要的。同时，由于人们对客观事实的认识有个过程，也由于人们在一定时间内所占有的经验和知识有限，因此对工程项目的投资控制目标应辩证地对待，既要维护投资控制目标的严肃性，也要允许对脱离实际的既定投资控制目标进行必要的调整。调整并不意味着可以随时改变项目投资控制的目标值，而必须按照有关的规定和程序进行。

大中型建设项目可能由多个单项工程组成。每个单项工程还可能由多个单位工程组成，而每个单位工程又是由许多分部分项工程组成，因此首先要把总投资分解到单项工程和单位工程。一般来说，将投资目标分解到各单项工程和单位工程是比较容易办到的，因此概、预算均是按单位工程和单项工作编制的。但需要注意的是，按这种方式分解总投资目标，分解工程费的内容繁杂，既有与具体单项工程或单位工程直接有关的费用，也有与整个工程项目建设有关的费用。因此，要想把工程建设其他费用分解到各个单项工程和单位工程，就需要采用适当的方法。最简单的方法就是按单项工程的建筑安装工程费和设备工器具购置费之和的比例分摊，但是这种按比例分摊的办法，其结果可能与实际支出的费用相差甚远。与其这样，倒不如对工程建设其他费用的具体内容进行分析，将其中确实与各单项工程和单位工程有关的费用（如固定资产投资方向调节税）分离出来，按照一定比例分解到相应的工程内容上。其他与整个建设项目有关的费用则不分解到各单项工程和单位工程上。对各单位工程的建筑安装工程费用还需要进一步分解，在施工阶段一般可分解到分部分项工程。在完成投资项目分解工作之后，接下来就要具体分配投资、编制工程分项的投资支出预算。包括材料费、人工费、机械费，同时也包括承包企业的间接费、利润等。

按单价合同签订的招标项目，可根据签订合同，工程量清单上所定的单价确定，其他形式的承包合同可利用招标编制标底时所计算的材料费、人工费、机械使用费及考虑分摊的间接费、利润等确定综合单价的同时，进行一步核实工程量，准确确定该工程量分项的支出预算。编制资金使用计划时，要在项目总的方面考虑总的预备费，也要在主要的工程分项中安排适当的不可预见费。

在具体编制资金使用计划时，可能发现个别单位工程或工程量表中某项内容的工程量计算出入较大，这是由于根据招标时的工程量估算所作的投资预算失实，此时除对这些个别项目的预算支出相应调整外，还应特别注明系"预计超出子项"，在项目实施过程中尽可能地采取一些措施。建设项目的投资总是分阶段、分期支出的，资金应用是否合理与资金的时间安排有密切关系。为了编制资金使用计划，并据此筹措资金，尽可能减少资金占用和利息支出，有必要将总投资目标按使用时间进行分解，确定分目标值。编制按时间进度的资金使用计划，通常可利用控制项目进度的网络图进一步扩充而得。即建立网络图时，一方面确定完成某项施工活动所花的时间，另一方面也要确定完成这一工作的合适的支出预算。在实践中，将工程项目分解为既能方便地表示时间，又能方便地表示支出预算的活动是不容易的。通常如果项目分解程度对时间控制合适的话，则对支出预算分配过细，会导致不可能对每项活动确定其支出预算，反之亦然。因此在编制网络计划时应妥善处理好这一点，既要考虑时间控制对项目划分的要求，又要考虑确定支出预算对项目划分的要求。

通过对项目进行分解，编制网络计划。利用确定的网络计划便可计算各项最早开工以及最迟开工时间，获得项目进度计划的甘特图。在甘特图的基础上便可编制按时间进度的投资支出预算。其表达方式有两种：一种是在总体控制时标网络图上表示，另一种是利用时间-投资累计曲线。可视项目投资大小及施工阶段时间的长短按月、星期或其他时间单位分配投资。建设单位可根据编制的预算支出曲线合理地安排建设资金，同时也可以根据筹措的建设资金来调整预算支出曲线，即调整非关键路线上的工序项目的最早或最迟开工时间。一般而言，所有活动都按最迟开始时间开始，对节约建设单位的建设资金贷款利息有利，但同时也降低了项目按期竣工的保证率。监理工程师必须制订合理的资金使用计划，达到既节约投资，又控制项目工期的目的。力争将实际的投资支出控制在预算的范围内。综上所述，建设项目实施阶段，是造价管理的重要环节，从施工组织设计到竣工结算，是投资花费的过程，若没有严格的管理措施，将层层突破投资。因此，必须从计划到竣工一层层严格管理，制订防范措施，保证预算目标值在实施阶段得到有效控制，降低工程造价。

第五节 项目施工管理的内容与程序

一、施工项目进度计划

（一）施工项目进度计划的实施

施工项目进度计划的实施就是施工活动的进展，也就是用施工进度计划指导施工活动、落实和完成计划。施工项目进度计划逐步实施的进程就是施工项目建造的逐步完成的过程。为了保证施工项目进度计划的实施，并且尽量按编制的计划时间逐步进行，保证各进度目标的实现，应做好如下工作：

1.施工项目进度计划的贯彻

检查各层次的计划，形成严密的计划保证系统。施工项目的所有施工进度计划都是围绕一个总任务而编制的；它们之间的关系是高层次的计划为低层次计划的依据，低层次计划是高层次计划的具体化。在其贯彻执行时应当首先检查是否协调一致，计划目标是否层层分解、互相衔接，组成一个计划实施的保证体系，以施工任务书的方式下达施工队以保证实施。层层签订承包合同或下达施工任务书。施工项目经理、施工队和作业班组之间分别签订承包合同，按计划目标明确规定合同工期、相互承担的经济责任、权限和利益，或者采用下达施工任务书，将作业下达到施工班组，明确具体施工任务，技术措施，质量要求等内容，使施工班组必须保证按作业计划时间完成规定的任务。计划全面交底，发动群众实施计划。施工进度计划的实施是全体工作人员共同的行动，要使有关人员都明确各项计划的目标、任务、实施方案和措施，使管理层和作业层协调一致，将计划变成群众的自觉行动，充分发动群众，发挥群众的干劲和创造精神。在计划实施前要进行计划交底工作，可以根据计划的范围召开全体职工代表大会或各级生产会议进行交底落实。

2.施工项目进度计划的实施

编制月（旬）作业计划。为了实施施工进度计划，将规定的任务结合现场施工条件，如施工场地的情况、劳动力机械等资源条件和施工的实际进度，在施工开始前和过程中不断地编制本月（旬）的作业计划，施工计划更具体、切合实际和可行。在月（旬）计划中要明确：本月（旬）应完成的任务，提高劳动生产率和节约措施。编制好月（旬）作业计划以后，将每项具体任务通过签发施工任务书的方式使其进一步落实。施工任务书是向班组下达任务实行责任承包、全面管理和原始记录的综合性文件，施工班组必须保证指令任务的完成。它是计划和实施的纽带。做好施工进度记录，填好施工进度统计表，在计划任务完成的过程中，各级施工进度计划的执行者都要跟踪做好施工记录，记载计划中的每项工作开始日期、工作进度和完成日期。为施工项目进度检查分析提供信息，因此要求实事求是记载，并填好有关图表，做好施工中的调度工作。施工中的调度是组织施工中各阶段、环节、专业和工种的互相配合、进度协调的指挥核心。调度工作是使施工进度计划实施顺利进行的重要手段。其主要任务是掌握计划实施情况，协调各方面关系，采取措施，排除各种矛盾，加强各薄弱环节，实现动态平衡，保证完成作业计划和实现进度目标。调度工作内容主要有：监督作业计划的实施、调整协调各方面的进度关系、监督检查施工准备工作；督促资源供应单位按计划供应劳动力、施工机具、运输车辆、材料构配件等，并对临时出现的问题采取调配措施；按施工平面图管理施工现场，结合实际情况进行必要调整，保证文明施工；了解气候、水、电、气的情况，采取相应的防范和保证措施；及时发现和处理施工中各种事故和意外事件，调节各薄弱环节，定期召开现场调度会议，贯彻施工项目主管人员的决策，发布调度令。

3.施工项目进度计划的检查

在施工项目的实施进程中，为了进行进度控制，进度控制人员应经常地、定期地跟踪检查施工实际进度情况，主要是收集施工项目进度材料，进行统计整理和对比分析，确定实际进度与计划进度之间的关系。其主要工作包括：

（1）跟踪检查施工实际进度。目的是收集实际施工进度的有关数据。跟踪检查时间和收集数据质量，直接影响控制工作的质量和效果。一般检查的时间间隔与施工项目的类型、规模、施工条件和对进度执行要求程度有关。通常可以确定每月、半月、旬或周进行一次。若在施工中遇到天气、资源供应等不利因素的严重影响，检查的时间间隔可临时缩短，次数应频繁，甚至可以每日进行检查，或派人员驻现场督阵。检查和收集资料的方式一般采用进度报表方式或定期召开进度工作汇报会。为了保证汇报资料的准确性，进度控制的工作人员，要经常到现场察看施工项目的实际进度情况，从而保证经常地、定期地准确掌握施工项目的实际进度。

（2）整理统计检查数据。收集到的施工项目实际进度数据，要进行必要的整理、按计划控制的工作项目进行统计，形成与计划进度具有可比性的数据，相同的量纲和形象进度。一般可以按实物工程量、工作量和劳动消耗量以及累计百分比整理和统计实际检查的数据，以便与相应的计划完成量相对比。

（3）对比实际进度与计划进度。将收集的资料整理和统计成具有与计划进度可比性的数据后，用施工项目实际进度与计划进度的比较方法进行比较。通常用的比较方法有：横道图比较法、S型曲线比较法和"香蕉"型曲线比较法、前锋线比较法和列表比较法等。通过比较得出实际进度与计划进度相一致、超前、拖后三种情况。

（4）施工项目进度检查结果的处理。施工项目进度检查的结果，按照检查报告制度的规定，形成进度控制报告向有关主管人员和部门汇报。进度控制报告是把检查比较的结果、有关施工进度现状和发展趋势，提供给项目经理及各级业务职能负责人的最简单的书面形式报告。进度控制报告是根据报告的对象不同，确定不同的编制范围和内容而分别编写的。一般分为项目概要级进度控制报告、项目管理级进度控制报告和业务管理级进度控制报告。项目概要级的进度报告是报给项目经理、企业经理或业务部门以及建设单位或业主的。它是以整个施工项目为对象说明进度计划执行情况的报告。项目管理级的进度报告是报给项目经理及企业的业务部门的。它是以单位工程或项目分区为对象说明进度计划执行情况的报告。业务管理级的进度报告是就某个重点部位或重点问题为对象编写的报告，供项目管理者及各业务部门为其采取应急措施而使用的。进度报告由计划负责人或进度管理人员与其他项目管理人员协作编写。报告时间一般与进度检查时间相协调，也可按月、旬、周等间隔时间进行编写上报。进度控制报告的内容主要包括：项目实施概况、管理概况、进度概要；项目施工进度、形象进度及简要说明，施工图纸提供进度，材料、物资、构配件供应进度，劳务记录及预测，日历计划，对建设单位、业主和施工者的变更指令等。

（二）进度计划检查调整

当借助于一定表达方式，如横道图、线型图及网络图等，一旦完成计划编制，其后的工程项目进度管理工作，是在进度计划执行过程中及时发现进度偏差、分析偏差原因、形成有针对性的纠偏措施，直至最终解决进度偏差问题。

1.进度计划统计执行情况的检查方法

进度计划执行情况检查的目的是将实际进度与计划进度比较，借以得出实际进度计划要求超前或滞后的结论，判定计划完成程度，并通过预测后期工程进度，对计划能否如期完成，做出事先估计。其具体方法包括：

（1）横道图比较法。

（2）S形成曲线比较法。

（3）香蕉形曲线比较法。

（4）前锋线比较法。

（5）列表比较法。

由于各种干扰因素的作用与影响，经过检查进度计划执行情况，往往总是会发现实际进度偏差的存在，并且通常会表现为计划工作不同程度的进度拖延。工程项目实施过程中情况实际进度拖延的原因通常可包括：

（1）计划本身欠周密。

（2）管理工作发生失误。

解决进度拖延问题的措施则可归结为以下各种：消除导致进度偏差的原因，尽可能从源头上杜绝进度拖延现象的发生；对于某种原因而形成的进度拖延，应尽快消除该原因所造成的不利影响，力争避免由其造成进一步的进度拖延。若计划执行过程中进度拖延业已成为事实，此时可考虑在工程成本目标水平的允许范围内，通过运用增加劳动力、材料和设备投入等各种措施手段，以有效加快后期工程进度。在确保施工工艺要求及工程质量不受影响的前提下裁减、合并或转移一部分计划量，通过改变计划工作之间组织关系加快后期工程进度。借助网络计划技术时间参数计算分析的原理，确估进度拖延对后续工作如期完成是否造成影响的程度大小，优化调整后期工程进度。

2.调整方法

一般工程项目进度计划执行过程中如发生实际进度与计划进度不符，则必须修改与调整原定计划，从而使之与变化后的实际情况适应。确切来讲，是否需要采取相应措施调整计划，则应根据下述两种不同情况，进行详尽具体分析：

（1）当进度偏差体现为某项工作的实际进度超前。对被影响工作为非关键工作及关键工程两种不同前提条件，当计划执行过程中产生的进度偏差体现为工作的实际进度超前，若超前幅度不大，此时计划不必调整；当超前幅度过大，则此时计划必须调整。

（2）当进度偏差体现为某项工作的实际进度滞后；工程项目进度计划执行过程中如果出现实际工作进度滞后，此种情况下是否调整原定计划，通常视进度偏差和相应工作总时差及自由时差的比较结果最终确定：若出现进度偏差的工作为关键工作，则由于工作进度滞后，必然会引起后续工作最早开工时间的延误和整个计划工期的相应延长，因而必须对原定进度计划采取相应调整措施。

（3）当出现进度偏差的工作为非关键工作，且工作进度滞后天数已超出其总时差，则由于工作进度延误同样会引起后续工作最早时间的延误和整个计划工期的相应延长，因而必须对原定进度计划采取相应调整措施。

（4）若出现进度偏差的工作为非关键工作，且工作进度滞后天数已超出其自由时差而未超出总时差，则由于工作进度延误只引起后续工作最早开工时间的拖延而对整个计划工期并无影响，因而此时只有在后续工作最早开工时间不宜推后的情况下才考虑对原定进度计划采取相应调整措施。

（5）若出现进度偏差的工作为非关键工作，且工作进度滞后天数未超出其自由时差，则由于工作进度延误对后续工作的最早开工时间的整个计划工期均无影响，因而不对原定计划采取任何调整措施。当经过上述步骤，确认有必要调整进度计划，可应用以下两方面方法，实施计划调整。

第一类方法：改变某些后续工作之间的逻辑关系。若进度偏差已影响计划工期；并且有关后续工作之间的逻辑关系允许改变，此时可变更位于关键线路，但延误时间已超出其总时差的有关工作之间的逻辑关系，从而达到缩短工期的目的；

第二类方法：缩短某些后续工作的持续时间，即通过运用压缩持续时间的手段，加快后期工程进度。

二、工程项目安全综合管理

（一）环境控制

建立环境管理体系，实施环境监控。随着经济的高速增长，环境问题已迫切地摆在我们面前，它严重地威胁着人类社会的健康生存和可持续发展，并日益受到全社会的普遍关注。在项目的施工过程中，项目组织也要重视自己的环境表现和环境形象，并以一套系统化的方法规范其环境管理活动，满足法律的要求和自身的环境方针，以求得生存和发展。环境管理体系是整个管理体系的一个组成部分，包括为制订、实施、实现、评审和保持环境方针所需的组织结构、计划活动、职责、惯例、程序、过程和资源。环境管理体系是一个系统，因此需要不断地监测和定期评审，以适应变化着的内外部因素，有效地引导项目组织的环境活动。项目组织内的每一个成员都应承担环境改进的职责。实施环境监控时，应确定环境因素，并对环境做出评价：

1.项目的活动、产品和服务中包含哪些环境因素？

2.项目的活动、产品和服务是否产生重大的、有害的环境影响？

3.项目组织是否具备评价新项目环境影响的程序？

4.项目所处的地点有无特殊的环境要求？

5.对项目的活动、产品和服务的任何更改或补充，将如何作用于环境因素和与之相关的环境影响？

6.如果一个过程失效，将产生多大的环境影响？

7.可能造成环境影响的事件出现的频率？

8.从影响、可能性、严重性和频率方面考虑，有哪些是重要环境因素？

9.这些重大环境影响是当地的、区域性的还是全球性的？

在环境管理体系运行中，应根据项目的环境目标和指标，建立对实际环境表现进行测量和监测的系统，其中包括对遵循环境法律和法规的情况进行评价。还应对侧重的结果做出分析，以确定哪些部分是成功的，哪些部分是需要采取纠正措施和予以改进的活动。管理者应确保这些纠正和预防措施的贯彻，并采取系统的后续措施来确保它们的有效性。

（二）对影响工程项目质量的环境因素的控制

1.工程技术环境

工程技术环境包括工程地质、水文地质、气象等。需要对工程技术环境进行调查研究。工程地质方面要摸清建设地区的钻孔布置图、工程地质剖面图及土壤试验报告；水文地质方面要摸清建设地区全年不同季节的地下水位变化、流向及水的化学成分，以及附近河流和洪水情况等；气象方面要了解建设地区的气温、风速、风向、降雨量、冬雨季月份等。

2.工程管理

环境工程管理环境包括质量管理体系、环境管理体系、安全管理体系、财务管理体系等。上述各管理体系的建立与正常运行，能够保证项目各项活动的正常、有序进行，也是搞好工程质量的必要条件。

3.劳动环境

劳动环境包括劳动组织、劳动工具、劳动保护与安全施工等。劳动组织的基础是分工和协作，分工得当既有利于提高工人的熟练程度，又便于劳动力的组织与运用；协作最基本的问题是配套，即各工种和不同等级工人之间互相匹配，从而避免停工窝工，获得最高的劳动生产率。劳动工具的数量、质量、种类应便于操作、使用，有利于提高劳动生产率。劳动保护与安全施工，是指在施工过程中，以改善劳动条件，保证员工的生产安全，保护劳动者的健康而采取的一些管理活动，这项活动有利于发挥员工的积极性和提高劳动生产率。

（三）建筑项目施工安全管理控制

项目安全控制是指项目经理对施工项目安全生产进行计划、组织、指挥、协调和监控的一系列活动，从而保证施工中的人身安全、设备安全、结构安全、财产安全和适宜的施工环境。确保安全目标实现的前提是坚持"安全第一、预防为主"的方针，树立"以人为本、关爱生命"的思想。项目经理部应建立安全管理体系和安全生产责任制，保证项目安全目标的实现。项目经理是项目安全生产的总负责人。事故的发生，是由于人的不安全行为（人的错误推测与错误行为），物的不安全状态，不良的环境和较差的管理，即事故的4M要素。针对事故构成4M要素，采取有效控制措施，消除潜在的危险因素（物的不安全状态）和使人不发生误判断、误操作（人的不安全行为），把事故隐患消除在萌芽状态,是施工安全动态管理的重要任务之一,是施工项目安全控制的重点。

(四) 控制人的不安全行为

不安全行为与人的心理特征相违背,可能引起事故的行为。在生产中出现违章、违纪、冒险蛮干,把事情弄颠倒,没按要求或规定的时间操作,无意识动作及非理智行为等都是不安全行为的表现。大部分工伤事故都是现场作业过程中发生的,施工现场作业是人、物、环境的直接交叉点,在施工过程中人起着主导作用。直接从事施工操作的人,随时随地活动于危险因素的包围之中,随时受到自身行为失误和危险状态的威胁和伤害。人为因素导致的事故占80%以上。人的行为是可控的又是难控的,人员安全管理是安全生产管理的重点、难点。由于人的行为是由心理控制的,因此,要控制人的不安全行为应从调节人的心理状态、激励人的安全行为和加强管理等方面入手。

1. 安全心理调适法

心理品质包括一个人的感知感觉、思维、注意力、行为的协调连贯、反射、建立、反应能力等。这些素质都可通过教育培养得到提高。所以在培养人的全过程中,要通过教育、职业训练、作风培养、体育锻炼、文化娱乐活动做好心理状态的转化工作。

2. 奖惩控制法

企业的安全生产涉及每个人,要搞好安全生产也只有依靠大家,让员工参与各种安全活动过程,尊重他们,信任他们,让他们在不同层次和不同深度参与决策,吸收他们中的正确意见。通过参与,形成员工对安全生产的归属感、认同感。完成"要我安全"到"我要安全"最终到"我会安全"的质的转变。利用纪律的约束力,要求作业人员严格按照各种规章制度进行作业,杜绝违章指挥,违反劳动纪律现象的发生。纪律措施是预防性的,目的是提高员工遵守安全法规的自觉性,杜绝或减少违规行为,重点是防范。为使安全纪律发挥应有的效力,在制订员工纪律奖惩办法时,必须首先考虑与员工权利有关的问题,不能违背法律规定。

3. 管理控制法

管理控制可采取政策规范的控制、安全生产权力的控制、团体压力作用等。要利用政策规范的作用控制人的不安全行为,就必须贯彻落实国家和各级政府有关安全的方针、政策、规章,建立、完善企业的安全生产管理规章制度,并加强监督检查,严格执行。安全生产控制是依靠安全生产机构的权威,运用命令、规定、指示、条例等手段,直接对管理对象执行控制管理。必须建立完善的安全生产管理体系,并合理划定不同层次安全管理职位的权力和责任。在配备安全生产管理人员时,应考虑每个人合适的控制跨度,以确保每个管理者有足够的时间和精力对作业人员的作业过程进行监控。团体影响力控制可以促进团队思想一致、行为一致、避免分裂,使团体作为整体能充分发挥作用,有利于安全生产目标的完成。在项目部中应营造一种安全氛围,引导广大员工树立正确的安全价值观,自觉遵守安全操作规程，使安全要求转化为大家的行为准则。做到不伤害自己，不伤害别人，不被别人伤害。实现"三无"目标：个人无违章，岗位无隐患，班组无事故。

（五）建筑施工企业的安全管理

建筑业属于高风险行业，其施工企业应该建立起严密、协调、有效、科学的安全管理体系。什么是建筑安全管理体系？建筑安全管理体系是施工企业以保证施工安全为目标，运用系统的概念和方法，把安全管理的各阶段、各环节和各职能部门的安全职能组织起来，形成一个既有明确的任务、职责和权限，又能互相协调、促进的有机整体。根据系统论的基本理论和系统构建的思路，建筑施工企业的安全管理体系理应包括如下内容：一是有明确的安全方针、目标和计划。每个建筑施工企业的安全管理体系必须有明确的安全方针、安全目标、安全计划，才能把各个部门、环节的安全管理工作组织起来，充分发挥各方面的力量，使安全管理体系协调和正常运转。二是建立严格的安全生产责任制。安全管理工作是一项综合性工作，必须明确规定企业职能部门、各级人员在安全管理工作中所承担的职责、任务和权限。做到安全工作事事有人管，层层有人抓，检查有依据，评比有标准，建立一套以安全生产责任制为主要内容的考核奖惩办法和具有安全否决权的评比管理制度。三是设立专职安全管理机构。为了使安全管理体系卓有成效地运转，建筑施工企业各部门的安全职能得到充分的发挥，就应建立一个负责组织、协调、检查、督促工作的综合部门。安全管理机构的设置由建筑施工企业的生产规模、施工性质、生产技术特点、生产组织形式所决定。工程局、工程处设安全生产委员会，施工队设安全生产领导小组，班组设安全员。四是建立高效而灵敏的安全管理信息系统。要使安全管理体系正常运转，必须建立一个高效、灵敏的企业内部的信息系统，规范各种安全信息的传递方法和程序，在企业内形成畅通无阻的信息网，准确、及时地搜集各种安全卫生信息，并设专人负责处理。五是开展群众性的安全管理活动。安全管理体系应建立在保证建筑安全施工和保护员工劳动安全卫生的基础上，因此，必须在建筑施工生产的各环节经常性地开展各种形式的群众性安全管理宣传教育活动。六是实行安全管理程序化和管理业务标准化。安全管理流程程序化就是对企业生产经营活动中的安全管理工作进行分析，使安全管理工作过程合理化，并固定下来，用图表、文字表示出来。安全管理业务标准化就是将企业中行之有效的安全管理措施和办法制订成统一标准，纳入规章制度贯彻执行。建筑施工企业通过实现安全管理流程程序化和标准化，就可使安全管理工作条理化、规范化，避免职责不清、相互脱节、相互推诿等管理过程中常见的弊病。因此，它是安全管理体系的重要内容，也是建立安全管理体系的一项重要的基础工作。七是组织外部协作单位的安全保证活动。建筑施工企业所需的机械设备、安全防护用品等是影响施工安全的重要因素。安全性能良好的机械设备、安全防护用品等，是保证企业安全生产的必要条件。这就关系到外部协作单位对建筑施工企业在安全生产条件和生产技术方面的安全性、可靠性的保证，是建立和健全企业安全管理体系不可缺少的内容。

（六）建立施工企业安全管理体系的途径

成功经验表明，建筑施工企业建立安全管理体系，首先应有明确的指导思想，即安全是施工企业发展的永恒的主题。因此，在建立企业安全管理体系的方式、方法上仍需不断完善。必须克服在安全问题上的短期行为、侥幸心理和事故难免的思想；对安全问题要常抓不懈、居安思危、有备无患、坚定信心，坚持"安全第一、预防为主"的方针；依靠企业全体人员的共同努力；企业法人代表负责，亲自抓安全；对施工组织进行安全评价与审核；加强施工事故的预防与不安全因素的控制，加速安全信息的传递；有计划、有步骤地把外协单位所提供的产品、零部件和劳务等的安全需求纳入本企业安全管理体系中；不断健全与完善安全管理体系。建立安全管理体系要从企业的实际情况出发，选择合适的方式。可把整个企业生产经营活动作为一个大系统，再直接着手建立其安全生产的安全管理体系，也可把工程项目作为对象建立项目安全管理体系。建立安全管理体系的目的是要根据安全方针、安全目标、安全计划的规定和安排，使它有效地运转起来，发挥作用，保证安全生产。这就要求全体职工对施工安全具有强烈的事业心和责任心，不断提高技术素质，胜任本岗位的安全操作。这些都是建立建筑施工企业安全管理体系过程中最重要的环节。真正转移到提高劳动者的安全科技文化素质，依靠先进的安全科学技术的轨道上来，同时也要加强组织学习国际上职业安全卫生管理体系的经验和标准，充实企业的安全管理体系。

三、工程项目施工现场管理

（一）现场管理规范场容

施工现场场容规范化应建立在施工平面图设计的科学合理化和物料器具定位管理标准化的基础上。承包人应根据本企业的管理水平，建立和健全施工平面图管理和现场物料器具管理标准，为项目经理部提供场容管理策划的依据。项目经理部必须结合施工条件，按照施工方案和施工进度计划的要求，认真进行施工平面图的规划、设计、布置、使用和管理。施工平面图宜按指定的施工用地范围和布置的内容，分别进行布置和管理。单位工程施工平面图宜根据不同施工阶段的需要，分别设计成阶段性施工平面图，并在阶段性进度目标开始实施前，通过施工协调会议确认后实施。项目经理部应严格按照已审批的施工总平面图或相关的单位工程施工平面图划定的位置，布置施工项目的主要机械设备、脚手架、密封式安全网和围挡、模具、施工临时道路、供水、供电、供气管道或线路、施工材料制品堆场及仓库、土方及建筑垃圾、变配电室、消火栓、警卫室、现场的办公、生产和生活临时设施等。施工物料器具除应按施工平面图指定位置就位布置外，尚应根据不同特点和性质，规范布置方式与要求，并执行码放整齐、限宽限高、上架入箱、规格分类、挂牌标志等管理标准。在施工现场周边应设置临时围护设施。市区工地的周边围护设施高度不应低于1.8m，临街脚手架、高压电缆、起重把杆回转半径伸至街道的，均应设置安全隔离棚。危险品库附近应有明显标志及围挡设施。施工现场应设置畅通的排水沟渠系统，场地不积水、不积泥浆，保持道路干燥坚实。工地地面应做硬化处理。

（二）一般规定

项目经理部应认真搞好施工现场管理，做到文明施工，安全有序，整洁卫生，不扰民，不损害公众利益。现场门头应设置承包人的标志。承包人项目经理部应负责施工现场场容文明形象管理的总体策划和部署；各分包人应在承包人项目经理部的指导和协调下，按照分区划块原则，搞好分包人施工用地区域的场容文明形象管理规划，严格执行，并纳入承包人的现场管理范畴，接受监督，管理与协调。项目经理部应在现场入口的醒目位置，公示下列内容：工程概况牌，包括：工程规模、性质、用途、发包人、设计人、承包人和监理单位的名称、施工起止年月、安全纪律牌、防火须知、安全无重大事故计时牌、安全生产、文明施工等。项目经理部组织架构及主要管理人员名单图。项目经理应把施工现场管理列入经常性的巡视检查内容，安全生产与日常管理有机结合，认真听取邻近单位、社会公众的意见和反映，及时抓好整改。

四、工程项目成本管理

（一）工程项目成本管理

随着建筑市场的逐步成熟和规范，市场竞争日趋激烈，建筑施工企业要在市场竞争中求生存谋发展，获得效益的最大化，实现企业又好又快发展，确立成本领先战略，强化项目成本管理，实现成本管理效益化显得尤为迫切和重要。建筑工程成本是指生产建筑产品过程中发生或实际发生的工、料、费投入，它反映企业劳动生产率的高低及材料的节约程度、机械设备的利用情况，以及施工组织劳动组织、管理水平等施工经营管理活动的全部情况。所以，工程成本指标能反映施工企业的经营活动成果，是评定企业工作质量的一个综合指标。能够及早发现施工现场活动的成本超支或有可能超支，以便有机会采取补救措施，尽量消除超支带来的影响或将影响降至最低，对工程项目管理是至关重要的。

1.奉行成本管理理念，从体制上确保成本管理实施

建筑企业工程项目部作为工程管理的基本模式，不仅是企业施工生产一线的指挥中枢，开拓市场的一线阵地，也是经济效益的第一源头。目前建筑施工项目一般都是由项目经理承包或实行经济责任内部考核，这就容易造成利益与风险不对等，权利与义务不对称。有的项目经理权利很大，风险却很小，项目的盈亏很大程度上依赖于项目经理的个人素质，素质较低的项目经理往往对各项成本不重视，忽视了成本管理的重要性，对管理不精细，甚至出现"黑洞"，造成包盈不包亏的结果；而项目的职工由于未认识到成本管理与自己的切身利益息息相关，表现出对实行成本管理漠不关心，对项目利润目标大打折扣。因此，项目实行成本管理要从体制上去思考，去入手。实行激励机制，提高员工

参与成本管理的积极性。一方面，对每一个班组、每一个岗位都应设定成本管理目标，对完成目标任务及成绩突出的单位、职工，通过考核兑现公开奖励，让他们劳有所得，激励全员积极参与到成本管理活动中；另一方面，要充分调动发挥农民工参与成本管理活动的积极性，把他们纳入到成本管理的范畴，推动成本管理富有实效地开展。建立起约束全员参与成本管理的刚性约束机制，做到事前预测、事中控制、事后考核有机结合，对事中控制不力、事后考核也完成不了考核目标的，实行责任追究、降职或调离，把成本管理与经营者、劳动者的切身利益紧密挂钩。工程项目实行成本管理要结合并从项目实际出发，从建立科学可行的保证体制入手，重点完善企业成本管理体系，以人为本建立法人、项目经理部、作业层三级成本管理体系并正确处理好三级之间的关系。在这体系中法人是经营决策、成本、利润、资金控制中心；项目经理部是工期保证、质量创优、成本核算、资金回笼中心；作业层是施工生产、现场管理、队伍管理中心。使三者共同构成以完成合同承诺，实现生产经营，获取效益为目标的成本管理责任体系。

2.加强成本控制，实行全方位管理

注重管理创新。要根据施工现场的实际情况，科学规划，精心安排，充分发挥自身技术优势，优化施工方案，开展技术创新，减少施工过程中一些不必要的程序和环节，最大限度地利用好现有资源，以达到缩短工期，降低成本的目的。注重工程投标成本管理。要按照公司项目预算计划、预算指标，实行工程投标成本管理，使项目部在投标过程中按既定的预算方案行事，对标书费、差旅费、咨询费、办公费、招待费等费用精打细算，达到既提高中标率又节约投标费用开支。同时，为实现中标，还应根据实际情况，对参标工程通过实地或函证的方式进行了解、分析，以把握投标，从而达到降本增效的目的。注重材料管理。材料是工程成本直接费用的主要组成部分，通常占工程成本的60%~70%，加强材料管理是成本控制的重要环节，其控制体现在两个方面：一是材料价格的控制，二是材料用量的控制。

第一，公司管理层、项目部应当密切关注市场价格的变化趋势，在准确预测价格低迷的基础上多备料，甚至可以采用银行信用方式进行备料。如某施工企业中标湖北一桥梁工程，工期三年，当时工程的主要材料建筑钢材价格是每吨3000元，共需要27000吨，公司管理层预测到未来钢材价格将会上涨，通过向银行办理钢材质押贷款方式，分批融资8000多万元，并与钢材供应商、钢厂订好供应合同，由钢材供应商按现价在未来两年内分批供应，一年后钢材价格上涨到每吨5000元，扣除融资费用后，仅此项决策就为该工程节约成本近2000万元；公司管理层还应定期公布各地建筑材料的市场价格，作为对公司所属项目的采购指导价。在采购大宗材料时尽量采用招标采购，以达到降低成本、增加透明度的作用。

第二，把好材料验收关。材料进场后，要严格把好验收关，按规定进行检验，与样品比对，核查数量与品种规格，并做好验收记录。

第三，严控材料用量。材料用量的控制可以从以下几方面着手：实行限额领料制，施工班组领料要严格按照工程进度，材料需用量计划，经施工员签发的领料单实行限额（限量）领料，杜绝大材小用，优材劣用现象；在发料时，仓库保管员要认真做好台账记录，制订月报表；合理布置材料仓库和加工操作间，正确确定各种材料的进场时间及堆放地点、数量，减少或避免二次搬运的费用及损耗；加强现场材料的回收和退料，施工领用材料，根据预算限额领用，损耗率控制在一定额度内，责任到班组甚至个人，超损耗者从工资中扣除，建立严格的考核制度和目标责任。

3.建立成本责任体系，实行有效考核

工程项目在实行成本管理中，企业要对项目部进行考核，不仅要考核工程进度、质量、安全及工程利润，还要重视工程资金流入量的考核，杜绝看似当年账面效益较好，由于工程款结算滞后而增加财务费用，或工程质保期内出现质量问题增加维修费用，工程款无法收回形成坏账损失等因素，最终导致企业资金流出，项目利润大打折扣等现象的发生，做到对项目部进行财务核算时，对每个项目部建立资金流入备查账，做到对每个项目部自始至终进行全过程、全方位考核，把成本控制目标落实到位。

（二）工程项目成本计划与控制

项目成本管理是在保证满足工程质量、工期等合同要求的前提下，对项目实施过程中所发生的费用，通过计划、组织、控制和协调等活动实现预定的成本目标，并尽可能地降低成本费用的一种科学的管理活动，它主要通过技术（如施工方案的制订比选）、经济（如核算）和管理（如施工组织管理、各项规章制度等）活动达到预定目标，实现赢利的目的。成本是项目施工过程中各种耗费的总和。成本管理的内容很广泛，贯穿于项目管理活动的全过程和每个方面，从项目中标签约开始到施工准备、现场施工、直至竣工验收，每个环节都离不开成本管理工作，就成本管理的完整工作过程来说，其内容一般包括：成本预测、成本控制、成本核算、成本分析和成本考核等。

1.搞好成本预测、确定成本控制目标

成本预测是成本计划的基础，为编制科学、合理的成本控制目标提供依据。因此，成本预测对提高成本计划的科学性、降低成本和提高经济效益，具有重要的作用。加强成本控制，首先要抓成本预测。成本预测的内容主要是用科学的方法，结合中标价根据各项目的施工条件、机械设备、人员素质等对项目的成本目标进行预测，工、料、费用预测。

2.施工方案引起费用变化的预测

工程项目中标后，必须结合施工现场的实际情况制订技术上先进可行和经济合理的实施性施工组织设计，结合项目所在地的经济、自然地理条件、施工工艺、设备选择、工期安排的实际情况，比较实施性施工组织所采用的施工方法与标书编制时的不同，或与定额中施工方法的不同，以据实做出正确的预测。辅助工程量是指工程量清单或设计图纸中没有给定，而又是施工中不可缺少的，例如混凝土拌合站、隧道施工中的三管两线、高压进洞等，也需根据实施性施工组织作好具体实际的预测。大型临时工作费的预测应详细地调查，充分地比选论证，从而确定合理的目标值。小型临时设施费、工地转移费的预测。小型临时设施费内容包括：临时设施的搭设，需根据工期的长短和拟投入的人员、设备的多少来确定临时设施的规模和标准，按实际发生并参考以往工程施工中包干控制的历史数据确定目标值。工地转移费应根据转移距离的远近和拟转移人员、设备的多少核定预测目标值。项目成本目标的风险分析，就是对在本项目中实施可能影响目标实现的因素进行事前分析，通常可以从以下几方面来进行分析：

（1）对工程项目技术特征的认识，如结构特征、地质特征等。

（2）对业主单位有关情况的分析，包括业主单位的信用、资金到位情况、组织协调能力等。

（3）对项目组织系统内部的分析，包括施工组织设计、资源配备、队伍素质等方面。

（4）对项目所在地的交通、能源、电力的分析。

（5）对气候的分析。

总之，通过对上述几种主要费用的预测，既可确定工、料、机及间接费用的控制标准，也可确定必须在多长工期内完成该项目，才能完成管理费用的目标控制。所以说，成本预测是成本控制的基础。围绕成本目标，确立成本控制原则，施工项目成本控制就是在实施过程中对资源的投入、施工过程及成果进行监督，检查和衡量，并采取措施确保项目成本目标的实现。成本控制的对象是工程项目，其主体则是人的管理活动，目的是合理使用人力、物力、财力，降低成本，增加效益。

3.成本控制的一般原则

（1）节约原则

节约就是项目施工用人力、物力和财力的节省，是成本控制的基本原则。节约绝对不是消极的限制与监督，而是要积极创造条件，要着眼于成本的事前监督、过程控制，在实施过程中经常检查是否出偏差，以优化施工方案，从提高项目的科学管理水平入手来达到节约。

（2）全面控制原则

全面控制原则包括两个涵义，即全员控制和全过程控制。成本控制涉及项目组织中的所有部门、班组和员工的工作，并与每一个员工的切身利益有关，因此应充分调动每个部门、班组和每一个员工控制成本、关心成本的积极性，真正树立起全员控制的观念，如果认为成本控制仅是负责预、结算及财务方面的事，就片面了。项目成本的发生涉及项目的整个周期、项目成本形成的全过程，从施工准备开始，经施工过程至竣工移交后的保修期结束。因此，成本控制工作要伴随项目施工的每一阶段，如在施工准备阶段制订最佳的施工方案，按照设计要求和施工规范施工，充分利用现有的资源，减少施工成本支出，并确保工程质量，减少工程返工费和工程移交后的保修费用。工程验收移交阶段，要及时追加合同价款办理工程结算，使工程成本自始至终处于有效控制之下。目标管理是管理活动的基本技术和方法。它是把计划的方针、任务、目标和措施等加以逐一分解落实。在实施目标管理的过程中，目标的设定应切实可行，越具体越好，要落实到部门、班组甚至个人；目标的责任要全面，既要有工作责任，更要有成本责任；做到责、权、利相结合，对责任部门（人）的业绩进行检查和考评，并同其工资、奖金挂钩，做到奖罚分明。成本控制是在不断变化的环境下进行的管理活动，所以必须坚持动态控制的原则，所谓动态控制就是将工、料、机投入到施工过程中，收集成本发生的实际值，将其与目标值相比较，检查有无偏离，若无偏差，则继续进行，否则要找出具体原因，采取相应措施。实施成本控制过程应遵循"例外"管理方法，所谓"例外"是指在工程项目建设活动中那些不经常出现的问题，但关键性问题对成本目标的顺利完成影响重大，也必须予以高度重视。

4.在项目实施过程中的"例外"情况

（1）重要性

一般是从金额上来看有重要意义的差异，才称作"例外"，成本差额金额的确定，应根据项目的具体情况确定差异占原标准的百分率。差异分有利差异和不利差异。实际成本支出低于标准成本过多也不见得是一件好事，它可能造成两种情况：一种是给后续的分部分项工程或作业带来不利影响；另一种是造成质量低，除可能带来返工和增加保修费用外，质量成本控制还影响企业声誉。

（2）一贯性

尽管有些成本差异虽未超过规定的百分率或最低金额，但一直在控制线的上下限线附近徘徊，亦应视为"例外"。意味着原来的成本预测可能不准确，要及时根据实际情况进行调整。

（3）控制能力

有些是项目管理人员无法控制的成本项目，即使发生重大的差异，也应视为"例外"，如征地、拆迁、临时租用费用的上升等。

（4）特殊性

凡对项目施工全过程都有影响的成本项目，即使差异没有达到重要性的地位，也应受到成本管理人员的密切注意。如机械维修费的片面强调节约，在短期内虽可再降低成本，但因维修不足可能造成未来的停工修理，从而影响施工生产的顺利进行。

5.建筑施工成本控制

降低项目成本的方法有多种，概括起来可以从组织、技术、经济、合同管理等几个方面采取措施控制。采取组织措施控制工程成本，首先要明确项目经理部的机构设置与人员配备，明确处、项目经理部、公司或施工队之间职权关系的划分。项目经理部是作业管理班子，是企业法人指定项目经理做他的代表人管理项目的工作班子，项目建成后即行解体，所以他不是经济实体，应对整体利益负责任，同理应协调好公司与公司之间的责、权、利的关系。其次要明确成本控制者及任务，从而使成本控制有人负责，避免成本大了，费用超了，项目亏了责任却不明的问题。采取技术措施控制工程成本。采取技术措施是在施工阶段充分发挥技术人员的主观能动性，对标书中主要技术方案作必要的技术经济论证，以寻求较为经济可靠的方案，从而降低工程成本，包括采用新材料、新技术、新工艺节约能耗，提高机械化操作等。采取经济措施控制工程成本包括：

（1）人工费控制。人工费占全部工程费用的比例较大，一般都在10%左右，所以要严格控制人工费。要从用工数量上控制，有针对性地减少或缩短某些工序的工日消耗量，从而达到降低工日消耗，控制工程成本的目的。

（2）材料费的控制。材料费一般占全部工程费的65%～75%，直接影响工程成本和经济效益。一般做法是要按量、价分离的原则，主要做好两个方面的工作。一是对材料用量的控制，首先是坚持按定额确定材料消耗量，实行限额领料制度；其次是改进施工技术，推广使用降低料耗的各种新技术、新工艺、新材料；再就是对工程进行功能分析，对材料进行性能分析，力求用低价材料代替高价材料，加强周转料管理，延长周转次数等。二是对材料价格进行控制；主要是由采购部门在采购中加以控制。首先对市场行情进行调查，在保质保量前提下，货比三家，择优购料；其次是合理组织运输，就近购料，选用最经济的运输方式，以降低运输成本；再就是要考虑资金的时间价值，减少资金占用，合理确定进货批量与批次，尽可能降低材料储备。

（3）机械费的控制。尽量减少施工中所消耗的机械台班量，通过全理施工组织、机械调配，提高机械设备的利用率和完好率，同时，加强现场设备的维修、保养工作，降低大修、经常性修理等各项费用的开支，避免不正当使用造成机械设备的闲置；加强租赁设备计划的管理，充分利用社会闲置机械资源，从不同角度降低机械台班价格。从经济的角度管制工程成本还包括对参与成本控制的部门和个人给予奖励的措施。加强质量管理，控制返工率。在施工过程中，要严把工程质量关，始终贯彻"至精、至诚、更优、更新"的质量方针，各级质量自检人员定点、定岗、定责，加强施工工序的质量自检和管理工作，真正贯彻到整个过程中，采取防范措施，消除质理通病，做到工程一次成型，一次合格，杜绝返工现象的发生，避免造成因不必要的人、财、物等大量的投入而加大工程成本。加强合同管理，控制工程成本。合同管理是施工企业管理的重要内容，也是降低工程成本，提高经济效益的有效途径。项目施工合同管理的时间范围应从合同谈判开始，至保修日结束止，尤其加强施工过程中的合同管理，抓好合同管理的攻与守，攻意味着在合同执行期间密切注意我方履行合同的进展效果，以防止被对方索赔。合同管理者的任务是非曲直天天念合同经，在字里行间攻的机会与守的措施。总之，成本预测为成本确立行为目标，成本控制才有针对性，不进行成本控制，成本预测也就失去了存在的意义，也就无从谈成本管理了，两者相辅相成。所以，应从理论上深入研究，实践上全面展开，扎实有效地把这些工作开展好。

6.成本控制具体实施

确定成本控制目标。建立健全的成本责任制，完善企业立法。成本通常可分为可变成本和固定成本两大类。可变成本是与生产过程直接相关的成本，在建筑行业中，它是劳动力、机械、材料的直接成本以及现场间接成本之和，这些成本可变是因为它们是所进行的工程量的函数。固定成本是指一般管理成本，它的发生与所进行的工程量无关，而保持一个较稳定的比例。根据每个工程项目招投标的具体情况，确立成本控制目标。把目标建立在项目上，使成本控制目标更具现实性和可操作性。落实目标成本的责任并使目标成本有效控制的关键是明确承包人的责、权、利，企业在与项目经理签订经济承包合同时，必须确立目标成本和责任，落实承包人的责任和权利。要建立完整的目标成本控制体系，完善企业经营、施工技术、质量、安全、材料、定额、核算、财务等各项管理制度和有关实施考核细则。

抓住各个环节控制，疏而不漏，全面实现目标控制。把握工程特点，优化施工组织设计，企业经营要从投标报价、中标成交条件、合同成交约定等承接工程和承建工程的源头抓起。根据工程的性质、规模和工艺特点，结合企业现有的施工能力、技术水平、工艺装备、可能规范内最大程度更新提高功能等实际情况，修改并完善投标前的施工组织设计，选用经济、合理、较为科学的施工方案，合理安排施工全过程，强化施工现场管理，组织流水作业，尽可能缩短施工工期，减少成本支出，把握成本控制目标。

坚持计划指导生产，强化定额控制。按照科学合理的施工方案和计划，组织施工和合理安排，根据具体施工安排和定额量，编制出劳动力、材料、设备、机具等使用计划和资金使用计划，使人、财、物的投入在定额范围内按计划满足施工需要，避免工程成本出现人为失控。积极采用先进工艺和技术，降低成本。

在施工前务必制订出切实可行的技术节约措施，对将在施工中采用的新工艺、新材料、新设备以及各种代用品均做好事前周密策划，反复实践验证，一经确定的施工工艺和技术方案必须坚决贯彻执行，不仅要认真地进行技术交底，更要严格把关检查，保证安全可靠地顺利实施，促使工程成本降低。加强人工费管理，做好人工成本的有效控制。施工操作人员要择优筛选技术好、素质高、工作稳定、作风顽强的成建制的劳务队伍，实行动态管理。合理安排好施工作业面，提高定额水平和全员劳动生产力，严格按定额任务考核计量和结算，实行多劳多得。

在施工中，要做好工种之间、工序之间的衔接，提高劳动生产率，降低工资费用。建筑企业是劳动密集型行业，劳动生产率的提高意味着单位工程的用工减少，单位时间内完成工程数量增加，这样不仅能够减少成本中的人工费，而且还相应地降低其他费用。加强材料费管理，做好材料成本的有效控制。材料在工程建设成本中占的比重最大，节约材料费用，对降低成本有着十分重要的作用。材料管理要从原材料的采购、供应等源头抓起，严格把好质量、定价、选购、验收入库、出库使用、限额领用、余料回收、材料消耗、盘点核算等关键环节。凡工程中发生的一切经济行为和业务都要纳入成本控制的轨道，在工程项目成本形成的过程中，对所要耗用的工、料、费按成本目标进行支出和有效监控，预防和纠正随时产生的偏差，避免材料超期储存积压，切实把实际发生的成本控制在目标规定的范围内。取得建筑工程合同之后，承包商应立即开始准备工程有关部分的分包和材料订购单。承包商和分包商之间签订的分包协议是其针对工程某一部分的权利和义务关系，协议内容要尽可能严谨，减少索赔的发生。订购单是承包商和分包商之间的订购合同，其描述了要供应的材料名称、种类、数量和订购单的总金额。

加强机械费、临时费、管理费等费用的管理，做好各项费用成本的有效控制。严格控制非生产性开支，杜绝浪费，按用款计划认真核算，控制范围，严格审批。机械费用应按合理测算指标分比例承包，实行机械设备租赁制，严格设备租赁管理和奖赔制度，加大设备使用率，提高设备完好率。提高机械设备利用率，降低设备使用费。一是要建立健全机械设备维修保养制度，做好机械设备的维修和保养，严格执行合理的操作规程，按时检查机械设备的使用、保养记录，使其处于良好的工作状态，防止带病运行。二是要开展技术革新和技术革命，不断改进机械设备，充分发挥机械设备的作用。三是加强机械设备的计划性，做好机械设备平衡调度工作，选择与施工对象相适应的机械设备，充分有效地利用各种机械设备及大型施工机械。四是要加强操作人员的培训工作，不断提高机械操作人员的技术职能，坚持持证上岗制度，提高机械设备台班产量。

加强质量安全管理，杜绝事故和损失，严格按照标准和安全生产操作规程组织施工，执行自检、互检、交检制度。做好已完工程的成品保护和安全生产的各项工作，加强检查和监督，及时发现和解决事故隐患问题，减少工程返工和修补造成的损失，防止因质量事故而造成的重大损失。为此，施工企业应不断提高操作工人的技术水平，改进施工工艺和操作方法，严格执行工程质量检查验收制度。同时，必须做到按设计图纸施工，防止出现因混凝土捣厚、基础挖深、垫层加厚等造成不必要的人力物力浪费。抓好关键管理，工作重点突出。每个工程项目的施工，都要突出强化施工现场管理这个重点，将文明施工贯穿于施工全过程，加强档案资料管理等基础管理工作，把每个员工的工作意志和行为规范始终统一地约束到企业管理的各项制度中来，以优质、快速、安全、低损耗的产品和高效的成本控制措施等企业形象，力争工程提前竣工验收，并按合同约定及时进行竣工结算和财务结算，做到工完、场清、料净，以确保工程款按时回笼，防止成本流失。

7.建立工程项目成本控制系统

第一步，成本账目图表的作用是用于估计项目支出的基本原则，根据这一原则确定与公司的一般账目和会计职能的联系及与其他财务账目的协调一致。第二步，项目成本计划是运用成本账目来比较项目的成本计划和现场发生的实际计划的。第三步，成本数据采集是将采集到的成本数据集成到成本报表系统之中。第四步，项目成本报表就是确定在项目的成本管理中项目成本报表的类型。第五步，成本工程是使成本目标最小化应采取的成本过程类型。

总之，加强施工项目成本控制，将是建筑企业进入成本竞争时代的竞争利器，也是企业推进成本发展战略的基础。在我国加入WTO，建筑业面临国际竞争的背景下，加强建筑企业成本控制更显其重要。为此，展开项目成本控制的管理工作，将为建筑企业的发展提供有益的帮助。

五、工程项目合同管理

（一）工程项目合同概述

1.施工合同的概念

又称建筑安装工程承包合同，它是建设工程合同的一种。《合同法》第269条规定，建设工程合同是承包人进行工程建设、发包人支付价款的合同。建设工程合同包括工程勘察合同、设计合同和施工合同。因此，施工合同的概念可以表述为：施工合同是发包人和承包人为完成商定的建筑安装工程，明确相互权利义务关系的合同。根据施工合同，承包人应完成一定的建筑、安装任务，发包人应提供必要的施工条件并支付工程款。施工合同是工程建设过程中最重要的合同之一，是当事人进行工程建设进度控制、质量控制和费用控制的主要依据，是工程建设过程中双方的最高行为准则。因此，在建设领域加强对施工合同的管理意义重大。我国施行的《中华人民共和国合同法》对建设工程合同作了明确规定。此外，《中华人民共和国建筑法》《中华人民共和国招标投标法》及建设部颁布的一些部门规章，如《建设工程施工合同管理办法》等都有涉及建设工程施工合同的规定。

2.施工合同的当事人

施工合同的当事人是发包人和承包人，双方是平等的民事主体。施工合同的发包人是指在协议书中约定、具有工程发包主体资格和支付工程价款能力的当事人以及取得该当事人资格的合法继承人。承包人是指在协议中约定、被发包人接受的具有工程承包主体资格的当事人以及取得该当事人资格的合法继承人。承发包双方签订施工合同，必须具备相应资质条件和履行施工合同的能力。

3.施工合同的分类

国内外工程管理界普遍以付款方式的不同对施工合同进行分类，一般分为以下几种：

（1）总价合同

总价合同是指在合同中确定一个完成项目的总价，承包单位据此完成项目全部内容的合同。采用这种合同能够使发包人在评标时易于确定报价最低的投标人，同时在合同履行过程中易于进行支付计算。在实践中，总价合同还有以下具体形式：

①固定总价合同承包人在投标时以初步设计或施工图设计为基础，报一个合同总价，在图纸及工程要求不变的情况下，合同总价将固定不变。这种合同类型对承包人不太有利，因为在合同签订后，合同价格一般不能再调整，工程的全部风险全部由承包商承担，因此这种合同一般报价较高。这类合同仅适用于工程量不太大且能精确计算、工期较短、技术不太复杂、风险不大的项目。

②调值总价合同。这种合同大体与固定总价合同相同，不同的是在合同中规定由于通货膨胀引起的工料成本增加到某一规定的限度时，合同总价可作相应调整。这样合同由发包人承担了通货膨胀的风险因素，但采用这种形式的施工合同一般需要工期在一年以上。

③估计工程量总价合同。采用这种合同形式要求承包人在投标报价时，根据图纸列出工程量清单，并以相应的费率为基础计算出合同总价。

当因设计变更或新增项目而引起工程量增加时，可以按照新增的工程量和合同中已经确定的相应的费率来调整合同价格。因而采用这种合同类型要求发包人必须准备详细而全面的设计图纸（一般要求施工详图）和各项说明，使承包人能准确计算工程量。这种合同只适用于工程量变化不大的项目。这种合同形式对发包人非常有利，因为他可以了解承包人的投标报价是如何计算出来的，在谈判时可以据此压价，同时不需承担任何风险。

（2）单价合同

单价合同是承包人在投标时，按招标文件就分部分项工程所列出的工程量表确定各分部分项工程费用的合同类型。这类合同的适用范围比较宽，其风险可以得到合理的分摊。这类合同能够成立的关键在于双方对单价和工程量算方法的确认，单价合同有以下三种具体形式：

①估计工程量单价合同。承包人在发包人于招标文件中列出的工程量表中填入相应的单价，据之计算出投标报价作为合同总价。业主每月按承包人所完成的核定工程量支付工程款。待工程验收移交后，以竣工结算的价款为合同价。采用这种合同形式应在合同中规定出单价调整的条款。如果一个单项工程的实际工程量比招标文件中规定的工程量增加或减少某一百分数（如20%）时，应由合同双方讨论对单价的调整。这是一种比较常见的合同形式。

②纯单价合同。这种合同只要求发包人在招标文件中提出项目一览表、工程范围及工程要求的说明，而没有详细的图纸和工程量表，承包人在投标时只需列出各工程项目的

单价。发包人按承包人实际完成的工程量付款。这种合同形式适用于来不及提供施工详图就要开工的工程项目。

③单价与包干混合式合同。在有些工程项目建造时,有些子项目容易计算工程量、而另有些子项目不容易计算工程量,如施工导流等。对于容易计算工程量的子项目可以采用单价的计价形式,对于不容易计算工程量的子项目可以采用包干的计价形式。因而在工程施工时,发包人将分别按单价合同和总价合同的形式支付工程款。

（3）成本加酬金合同

成本加酬金合同是由业主向承包人支付工程项目的实际成本,并按事先约定的某一种方式支付酬金的合同类型。这种合同一般是在工程内容及其技术经济和设计指标尚未完全确定而又急于上马的工程,或者是一个前所未有的崭新工程和施工风险很大的工程中采用。在这类合同中,业主需承担项目实际发生的一切费用,因此也就承担了项目的全部风险。成本加酬金合同一般有以下三种形式：

①成本加固定百分比酬金合同。合同双方约定工程成本中的直接费用实报实销,然后按直接费用的某一百分比提取酬金。由于发生的直接费用越多,按一定百分比提取的酬金就越多,工程总造价就越高。因此这种合同形式虽然简单易行,但不利于鼓励承包商降低工程成本。

②成本加固定酬金合同。合同双方当事人根据讨论约定的工程估算成本来确定酬金的比例,这一估算成本只为确定酬金的比例,而工程成本仍按实报实销原则计算。这种合同形式避免了成本加固定百分比酬金合同中酬金随成本水涨船高的现象,虽仍不能鼓励承包商降低成本,但可以鼓励承包商为尽快得到固定酬金而缩短工期。

③成本加浮动酬金合同。经过合同双方确定工程的一个概算直接成本和一个固定的酬金,然后将实际发生的直接工程成本与概算的直接成本比较。如果实际成本低于概算成本,就奖励某一固定的或节约成本的某一百分比的酬金,若实际成本高于概算成本就罚某一固定的或增加成本的某一百分比的酬金。这种合同适用于在招标时工程设计的图纸和规范的准备不够充分,不能据此来比较准确地确定合同总价时采用。这种合同从理论上讲是比较合理的一种合同形式,对合同双方都无多大风险,能够促使承包商在关心成本的降低的同时,又能注意工期的缩短。

我国《施工合同文本》在确定合同计价方式时,考虑到我国的具体情况和工程计价的有关管理规定,确定有固定价格合同、可调价格合同和成本加酬金合同。

（二）施工项目合同选择与订立

1. 合同类型的选择

此处论及的合同类型选择,仅指以付款方式划分的合同类型的选择,合同内容视为不可选择。选择合同类型应考虑的因素有：

（1）项目规模和工期长短

如果项目的规模较小，工期较短，则合同类型选择余地较大，总价合同、单价合同及成本加酬金合同都可选择。由于选择总价合同业主可以不承担风险，业主较愿意选用；对这类项目，承包人同意采用总价合同的可能性较大，因为这类项目风险小，不可预测因素少。

（2）项目的竞争情况

如果愿意承包某一项目的承包人较多，则业主拥有较多的主动权，可按照总价合同、单价合同、成本加酬金合同的顺序进行选择。如果愿意承包项目的承包人较少，则承包人拥有的主动权较多，可以尽量选择承包人愿意采用的合同类型。

（3）项目的复杂程度

如果项目的复杂程度较高，则意味着：一是对承包人的技术水平要求高；二是项目的风险较大。因此，承包人对合同的选择有较大的主动权，总价合同被选用的可能性较小。如果项目的复杂程度低，则业主对合同类型的选择握有较大的主动权。

（4）项目的单项工程的明确程度

如果单项工程的类别和工程量都已十分明确，则可选用的合同类型较多，总价合同、单价合同、成本加酬金合同都可以选择。如果单项工程的分类已详细而明确，但实际工程量与预计的工程量可能有较大出入时，则应优先选择单价合同，此时单价合同为最合理的合同类型。如果单项工程的分类和工程量都不甚明确，则无法采用单价合同。

（5）项目准备时间的长短

项目的准备包括业主的准备工作和承包人的准备工作。对于不同的合同类型，他们分别需要不同的准备时间和准备费用。对于一些非常紧急的项目如抢险救灾等项目，给予业主和承包人的准备时间都非常短，因此，只能采用成本加酬金的合同形式。反之，则可采用单价或总价合同形式。

（6）项目的外部环境因素

项目的外部环境因素包括：项目所在地区的政治局势、经济情况（如通货膨胀、经济发展速度等）、劳动力素质、交通、生活条件等。如果项目的外部环境恶劣则意味着项目的成本高、风险大、不可预测的因素多，承包商很难接受总价合同方式，而较适合采用成本加酬金合同。总之，在选择合同类型时，一般情况是业主占有主动权。但业主不能单纯考虑己方利益，应当综合考虑项目的各种因素、考虑承包商的承受能力，确定双方都能认可的合同类型。

2.施工合同的谈判

施工合同的谈判是指在施工合同签订之前，双方当事人就合同的主要内容进行反复协商的过程。对于承包商而言，其承包工程的基本目标是取得工程利润。承包商在合同谈判时应服从企业的整体经营战略，既不能因市场竞争激烈，怕丧失承包资格而接受条件苛刻的合同，忽视承接到工程而不能盈利甚至亏损的后果。也不应盲目追求高的合同额而忽视丧失承包的可能。所以，"利益原则"既是承包商合同谈判和订立、履行的基本原则，又是承包商工程项目管理的基本原则。施工合同谈判的阶段。在实际工作中施工合同的谈判，通常在决标前和决标后两个阶段进行。

（1）决标前的谈判业主在决标前与初选出的几家投标者主要就以下两方面内容进行谈判：一是技术问题；二是价格问题。

（2）决标后的谈判通过评标及决标前的谈判，业主将确定中标者并发出中标通知书。在中标通知书发放之后，业主还要与中标者进行谈判，将过去双方达成的协议具体化。

3.施工合同谈判的内容

（1）工程范围

谈判中应明确承包商所承担的工作范围，包括施工、设备材料采购、设备安装和调试等。如果范围不清，将直接导致报价漏项，最终受损失的还是承包人。

（2）合同文件

双方应明确施工合同文件的构成及解释顺序，以免在合同履行过程中发生误解和争端。

（3）双方的一般义务

尽管当事人订立的施工合同大都采用标准文本，但为了保障各自的利益，对于双方应承担的一些义务还是要进行谈判，如对不可抗力的约定等。

（4）工期

工期在谈判时，承包商应将合同期与工期区别开。

在工程建造过程中，通常是工期已结束，但合同期并未结束。因为该工程的保修期未满，工程价款尚未全部清结，合同仍然有效。在谈判时，承包商应要求业主将影响开工、影响工程顺利进行的情形列入合同条款中，如施工的"三通一平"完成情况等。在合同履行过程中，如果由于业主的原因导致承包商不能按计划施工，则承包商可以要求顺延工期，并要求业主赔偿自己的损失。

（5）工程的变更和增减

施工合同履行过程中工程变更是不可避免的。一般工程变更在一定限额之内时承包商无权修改单价。所以承包商在合同谈判时应尽力争取一个合适的限额，当工程的变更或增减超过这个限额时承包商就有权修改单价，以维护自己的权益。

（6）工程款有关工程款的问题应从两方面进行谈判：价格问题和支付问题

①价格问题。依照计价方式的不同，施工合同可分为固定价格合同、可调价格合同和成本加酬金合同。这三种合同中对承包商最有利的是成本加酬金合同，因为这种合同的

风险是由业主承担的。但对于合同计价方式的选择，承包商没有主动权。因此，承包商只有通过自己的努力，尽力减少合同风险的承担。如果是固定价格合同，承包商应争取订立"增价条款"，以保证在特殊情况下允许对合同价格进行必要的调整，从而减少承包商承担的风险。如果是可调价格合同，合同总价格风险是由业主和承包商共同承担的，双方应对合同履行过程中发生的价格可以调整的情形进行详细约定。如果是成本加酬金合同，虽然对承包商有利，承包商应在合同中明确哪些费用列为成本，哪些费用列为酬金，因为酬金是按成本的一定比例计算的，如果把应当列入成本的费用化为酬金，承包商将会受损失。

②支付问题。对支付问题的谈判应集中在两个方面，支付时间和支付方式。在支付时间上，承包商当然希望越早越好，但业主是不可能一次性全部交付工程款的。从实际来看，工程款的交付通常采取的方式有：预付款、工程进度款、工程结算款和保修金。对承包商而言，应在谈判时尽力争取将所采用的每种付款方式的额度、范围、具体交付时间等约定清楚。如对于工程进度款，应争取它不仅包括当月已完成的工程价款，还包括运到现场的合格材料与设备的费用。只有这样承包商才不会为业主垫付太多的资金。在谈判中除应就以上问题进行协商外，双方当事人还应就材料供应、检验，工程维修、合同纠纷的解决方法、不可抗力和特殊风险的范围等问题进行谈判。施工合同谈判应注意的几个问题：承包商应积极地争取自己的正当权益。应重视合同的审查和风险分析。要预防合同陷阱。注重谈判策略和谈判技巧。

4.订立施工合同应具备的条件

（1）初步设计已经批准；

（2）工程项目已经列入年度建设计划；

（3）有能够满足施工需要的设计文件和有关技术资料；

（4）建设资金和主要建筑材料设备来源已经落实；

（5）对招投标工程，中标通知书已经下达。

5.订立施工合同的形式要求与方式

《合同法》规定，建设工程合同应当采用书面形式。因为施工合同属于建设工程合同的一种，因此，施工合同的签订也应采用书面形式。发包人可以与总承包人订立建设工程合同，也可以分别与勘察单位、设计单位、施工单位订立勘察、设计、施工承包合同。发包人与总承包单位订立的建设工程合同是总承包合同，一般包括从工程立项到交付使用的工程建设全过程，具体应包括：可行性研究、勘察设计、设备采购、施工管理、试车考核（或交付使用）等内容。发包人也可以分别与勘察单位、设计单位、施工单位订立勘察、设计、施工承包合同。但是，发包人不得将应当由一个承包单位完成的建设工程肢解成若干部分发包给几个承包单位。

6.施工合同订立的程序

一般合同的签订需要经过要约和承诺两个步骤,但施工合同的签订有其特殊性,需要经过要约邀请、要约、承诺三个阶段。

(1) 要约邀请

要约邀请是指当事人一方邀请不特定的另一方当事人向自己提出要约的意思表示。要约邀请行为属于实事行为,不具有法律约束力,只有经过被邀请的一方做出要约并经邀请方承诺后,合同方可成立。在施工合同订立过程中,发包方发布招标公告或招标邀请书的行为就是一种要约邀请行为,其目的在邀请承包方投标。

(2) 要约

要约是由要约人向受要约人提出希望与其订立合同的意思表示。要约具有法律约束力,要约生效后要约人不得擅自撤回或更改。在施工合同签订过程中,承包商向发包人递交投标书的行为就是要约行为,为使要约有效,投标书中应包含施工合同应具备的主要条款,如工期、工程质量、工程造价等内容。作为要约的投标对承包商具有法律约束力,主要表现为,承包商在投标生效后无权修改或撤回投标,而且一旦中标就必须与发包人签订合同,否则将承担相应的法律责任。

(3) 承诺

承诺是指受要约人完全同意要约的意思表示。受要约人做出承诺的意思表示后,即受到法律的约束,不得任意变更或解除承诺。在招投标过程中,发包人发出中标通知书的行为即为承诺。《中华人民共和国招标投标法》规定,招标人和中标人应当自中标通知书发出之日起30天内,按照招标文件和中标人的投标文件订立书面合同。因此,确定中标单位后,发包方和承包方均有权利要求对方签订施工合同。

(三) 施工合同的履行

1.施工合同的履行原则

施工合同一经依法订立即具有法律效力,双方当事人应当按合同约定严格履行,不得违反。《合同法》规定:合同当事人应当按照约定"全面履行自己的义务"。所以,施工合同的履行应当遵守以下两个原则:

(1) 实际履行原则

施工合同的实际履行原则是指施工合同当事人必须依据施工合同规定的标的履行自己的义务。由于施工合同的标的特殊性及不可替代性,因此,施工合同签订后,合同当事人就必须按照合同规定的内容和范围实际履行,承包方应按期保质保量交付工程项目,发包人应及时予以接受。

(2) 全面履行原则

施工合同的全面履行原则是指施工合同当事人必须按照合同规定的所有条款完成工

程建设任务。因此，在施工合同中应明确履行标的、履行期限、履行价格以及标的质量等内容。如果施工合同对以上内容约定不明，当事人如果不能通过协商达成补充协议，则应按照合同有关条款或交易习惯确定；如仍确定不了，则可根据适当履行的原则，在适当的时间、适当的地点，以适当的方式来履行。

2.施工合同履行中应注意的问题

（1）安全施工

承包人按工程质量、安全及消防管理有关规定组织施工，并随时接受行业安全检查人员依法实施的监督检查，采取严格的安全防护措施，承担由于自身的安全措施不力造成事故的责任和因此发生的费用。非承包人责任造成安全事故，由责任方承担责任和发生的费用。发生重大伤亡及其他安全事故，承包人应按有关规定立即上报有关部门并通知监理工程师，同时按政府有关部门要求处理，发生的费用由事故责任方承担。承包人在动力设备、输电线路、地下管道、密封防震车间、易燃易爆地段以及临街交通要道附近施工时，施工开始前应向监理工程师提出安全保护措施，经监理工程师及有关单位认可后实施，防护措施费用作为措施费由发包人承担。实施爆破作业、在放射、毒害性环境中施工（含存储、运输、使用）及使用毒害性、腐蚀性物品施工时，承包人应在施工前14天以书面形式通知监理工程师，并提出相应的安全保护措施，经监理工程师认可后实施。安全保护措施费用由发包人承担。

（2）不可抗力

不可抗力是指合同当事人不能预见、不能避免并不能克服的客观情况。建设工程施工中的不可抗力包括因战争、动乱、空中飞行物坠落或其他非发包人责任造成的爆炸、火灾，以及专用条款约定的风、雨、雪、洪水、地震等自然灾害。不可抗力事件发生后，对施工合同的履行会造成较大的影响。在合同订立时应当明确不可抗力的范围。不可抗力事件发生后当事人应当尽量减少损失，承包人应在力所能及的条件下迅速采取措施，尽量减少损失，并在不可抗力事件结束后48小时内向监理工程师通报受害情况和损失情况，及预计清理和修复的费用。发包人应协助承包人采取措施。不可抗力事件如持续发生，承包人应每隔7天向监理工程师报告两次受害情况，并于不可抗力事件结束后14天内，向监理工程师提交清理和修复费用的正式报告及有关资料。因不可抗力事件导致的费用及延误的工期由双方按以下方法分别承担：

①工程本身的损害、第三方人员伤亡和财产损失以及运至施工场地用于施工的材料和待安装设备的损害，由发包人承担；

②承发包双方人员伤亡由其所在单位负责，并承担相应费用；

③承包人机械设备损坏及停工损失，由承包人承担；

④停工期间，承包人应监理工程师要求留在施工场地必要的管理人员及保卫人员的

费用由发包人承担；

⑤工程所需清理、修复费用，由发包人承担；

⑥延误的工期相应顺延。因合同一方延迟履行合同后发生不可抗力的，不能免除相应责任。

（3）施工合同的担保

合同的担保是保证合同能够顺利履行的一项法律制度，是合同双方当事人为全面履行合同及避免因对方违约遭受损失而设定的保证措施。这种保证措施通常是通过签订单独的担保合同或在主合同中设立担保条款来实现的。在1995年10月1日开始实施的《中华人民共和国担保法》中规定了保证、抵押、质押、留置、定金等五种担保形式，而这五种担保形式中适用于施工合同的担保形式主要有保证、抵押、留置、定金四种。保证是指保证人与债权人约定，当债务人不履行债务时，由保证人按照约定代为履行或带有承担责任的担保方式。保证人是合同当事人（债权人和债务人）以外的第三人，一旦担保成立，他就成为被保证人所负债务的从债务人，当被保证人不履行自己的债务时，保证人就有代为履行的义务，而当他代为履行或代为赔偿后，就成为被担保人的债权人，可以对被保证人行使追偿权。按保证人承担责任的不同，可将保证分为一般保证和连带责任保证。一般保证是指当被保证人（债务人）不能履行合同债务时，才由保证人承担保证责任的保证方式，此时保证人承担的责任是补充责任，即保证人是违约责任的第二履行人，而被保证人为违约责任的第一履行人。连带责任保证是指在被保证人履行债务之前，债权人就可以要求保证人承担保证责任，即保证人和被保证人对违约行为承担连带责任，他们同为第一履行人。在国际工程承包中，施工合同中最常见的保证方式主要有三种：投标保证担保、履约保证担保、付款保证担保。

投标保证担保是保证投标人有能力、有资格按竞标价格签订合同，完成工程项目，并能够提供业主要求的履约和付款的保证担保。担保金额一般为合同价的5%~20%。如果承包商中标后不签订工程合同，担保人将负责偿付业主的损失。履约保证担保是保证人向业主保证承包商能按合同履约，使业主避免由于承包商违约、不能完成承包的工程而遭受的财产损失。担保金额通常为合同价的100%，费率为1%~2%；特大型工程的费率可能在0.5%以下，保证期限一般为12个月。如果承包商不能按合同完成工程项目，除非业主有违规行为，否则担保人必须无条件保证工程项目按合同的约定完工。它可以给承包商以资金上的支持，避免承包商宣布破产而导致工程失败的恶果；可以提供专业和技术上的服务，使工程得以顺利进行；也可以将剩余的工程转给其他承包商去完成，并弥补费用的价差。如果上述措施都不能实施，则以现金赔偿业主的损失。付款保证担保是向业主保证承包商根据合同向分包商付清全部的工资和材料费用，以及材料设备厂家的货款。保证金额为合同价的100%。一般是履约保证的一部分，不再另行收取费用。此外，还有三种保证担保形式：

①预付款保证担保。它保证业主预付给承包商的工程款用于建筑工程，而不是挪作他用，其保证金额一般是合同价款的10%~50%，费率视具体情况而定；

②质量保证担保。它保证承包商在工程竣工后的一定期限内，将负责质量问题的处理责任。若承包商拒不对出现的质量问题进行处理，则由保证人负责维修或赔偿损失。这种担保保证也可以包含在履约保证之中，也可以在工程竣工后签订。其担保期限为1~5年，保证金额通常为合同价款的5%~25%；

③不可预见款保证担保，即保证不可预见款全部用于工程项目。抵押是指债务人或第三人不转移对抵押物的占有，将特定的财产作为债权的担保。当债务人不履行债务时，债权人有权依法以该财产折价或以拍卖、变卖该财产的价款优先受偿的一种担保方式。其中提供财产进行抵押的一方为抵押人，接受财产抵押的一方为抵押权人，抵押的财产为抵押物。

根据《担保法》的规定，以下财产可以抵押：

①抵押人所有的房屋和其他地上定着物；

②抵押人所有的机器、交通运输工具和其他财产；

③抵押人依法有权处分的国有土地使用权；

④抵押人依法有权处分的机器、交通运输工具和其他财产；

⑤抵押人依法承包并经发包人同意抵押的荒山、荒沟、荒丘、荒滩等荒地土地所有权；

⑥依法可以抵押的其他财产。采用抵押担保时，抵押人和抵押权人应以书面形式订立抵押合同。当抵押物为土地使用权、城市房地产、林木、航空器、船舶、车辆、企业的设备等时，双方当事人还应到相关部门办理抵押物登记手续，否则，抵押合同无效。

3.专利技术及特殊工艺

发包人要求采用专利技术或特殊工艺，须负责办理相应的申报手续，承担申报、试验、使用等费用。承包人按发包人要求使用，并负责试验等有关工作。承包人提出使用专利技术或特殊工艺，报监理工程师认可后实施。承包人负责办理申报手续并承担有关费用。擅自使用专利技术侵犯他人专利权，责任者承担全部后果及所发生的费用。

4.文物和地下障碍物

在施工中发现古墓、古建筑遗址、钱币等文物及化石或其他有考古、地质研究等价值的物品时，承包人应立即保护好现场，并于4小时内以书面形式通知监理工程师，监理工程师应于收到书面通知后24小时内报告当地文物管理部门，承发包双方按文物管理部门要求采取妥善保护措施。发包人承担由此发生的费用，延误的工期相应顺延。施工中发现影响施工的地下障碍物时，承包人应于8小时内以书面形式通知监理工程师，同时提出处置方案，监理工程师收到处置方案后24小时内予以认可或提出修正方案。发包人承担由此发生的费用，延误的工期相应顺延。所发现的地下障碍物有归属单位时，发包人应报请有关部门协同处置。

第三章

施工项目质量管理

第一节　施工项目质量管理概述

一、项目管理与工程监理之间的关联

美国的项目管理学会（PMI）项目管理知识体系（PMBOK）是对项目管理专业知识所做的一个总结，它把项目管理划分为9个知识领域，即范围管理、时间管理、成本管理、质量管理、人力资源管理、沟通管理、采购管理、风险管理和综合管理。国际标准化组织（ISO）以PMBOK为框架提出了"项目管理质量指南"（ISO10006），成为ISO9000族中重要的支持性技术指南。据悉，我国的项目管理知识体系目前也正在制订之中。目前，我国的大型工程建设普遍实行了监理制。通过将美国项目管理学会（PMI）项目管理知识体系（PMBOK）的基本内容与工程监理的主要职责进行关联比较，笔者认为工程监理是现代项目管理的一种重要的表现形式，工程监理的工作职责中包含着现代项目管理学的基本内涵。我国监理工程师是独立的第三方，业主、承包商和监理所形成的三角形并非是等边的，通常的情况是监理必定向业主倾斜，接受业主的委托进行工作。工程监理的主要工作内容是"三控制二管理"，即对工程项目的质量、进度和费用等过程实施控制，同时对项目合同和信息等进行管理。从本书的分析中可以看出，PMBOK的基本内容与工程监理的工作内容有着紧密的关联。信息系统建设中的工程监理十分注意抓好对系统需求的分析，目的是首先弄清系统该做什么，不做什么；严格为业主把好系统功能模型、信息模型的关口，为系统的进一步实施打好基础。项目范围管理的首要任务是确定并控制哪些工作内容应该包含在项目范畴内，并对其他项目管理过程起指导作用。从项目管理科学来看，项目生命周期的第一阶段始于识别需求、问题或机会，终于需求建议书（RFP）的发布。准备RFP的目的就是从业主的角度，全面、详细地论述为了满足需求需要做什么准备，要清晰地定义出项目目标，项目目标必须明确、可行、具体及可以度量，并与有关方面一致。PMBOK将项目范围管理分成启动、范围计划、范围界定、范围核实、范围变化控制五个阶段。在范围界定过程中，通过将项目目标和工作内容分解为易于管理的几部分或几个细目，以助于确保找出完成项目工作范围所需的所有工作要素。工作细分结构（WBS）可以更加明确项目的工作内容，它不仅定义了工作内容，同时也定义了工作任务之间的关系，明确了工作界面。项目的WBS其实是从事任何工作的人对工作计划、进度、费用、技术状态进行部署和跟踪控制等管理活动的基础。在信息系统建设过程中，人们常用数据流图、功能层次图、业务流程图等表示系统的功能模型，它们是从不同角度对系统功能模型的

表达。而WBS则可以理解为是一种以管理为导向的系统功能模型，它有更丰富的内涵和外延。WBS是项目管理的核心工具，项目的计划、进度、成本、技术状态、资源配置、合同等方面的管理都离不开项目的WBS，它的建立必须注意体现项目本身的特点和项目组织管理方式的特色，并注意其整体性、系统性、层次性和可追溯性原则。WBS技术有力地支持了信息系统建设中的项目管理，是项目团队中管理人员必须具备的基本知识。

二、关于质量管理比较

在信息系统建设中，监理工程师经常把系统质量控制当作头等大事来抓，从ISO9000质量保证体系的高度来控制和规范项目团队中各方的行为。PMBOK在介绍有关项目质量管理的内容中指出，这一部分论述的质量管理的基本方案旨在与国际标准化组织在ISO9000和ISO10006质量体系标准与指南中提出的方案中相一致。因此，项目管理与工程监理在质量管理方面的指导思想是完全一致的，ISO9000与ISO10006相互支持，相得益彰。项目管理的基本内涵与工程监理的工作职责是基本一致的。项目管理还有着自身更为丰富的管理内容，如风险管理、沟通管理、人力资源管理、采购管理和综合管理等方面，这些常常体现了项目的外部环境，它们与监理工作的合同管理、信息管理、协调项目团队等职责有某种程度上的一定交叉，只是项目管理有着更全面、丰富的知识体系，而实际上，这也正是在接受业主委托的条件下，为工程监理工作提供的更加丰富的工作内容。

第二节 工程质量控制与监理工作

一、承建方对项目监理咨询的建议

质量好坏是工程项目成败的一大重要指标。对于信息工程项目来讲也是如此，假如实施一个社区服务系统项目，一旦此系统的质量出了问题，可能会影响使用单位的正常办公和社区公民的正常生活，甚至导致单位的经济损失。监理方如果能够及时对信息工程的质量进行检测和控制，工程失败的概率会小很多。随着社会的信息化进程的加快，项目监理咨询在国内应运而生。但毕竟这是一新生事物，所以必然存在这样那样的缺陷。目前，国家关于信息工程监理单位资质考核也还没有一个统一的规章制度，进入门槛比较低，导致信息咨询公司在技术实力、行业熟悉度、项目咨询方法方式等方面存在较大的差异。监理方最好是从工程项目进行招投标的阶段就开始介入，至少也应该从需求分析的第一阶段（高级咨询顾问黄学战先生提出的"三阶段"）开始介入，而不是到需求确认的阶段甚至项目已经开始实施阶段才介入。监理方应该在业主和承建方进行沟通之前根据自己以往需求分析时可能会碰到的问题向业主和承建方讲清楚，协助承建方与客户交流，这样能够更好地帮助用户提出自己的需求，而承建方也能够更好地理解用户的需求。一个项目或多或少存在失败的风险，这就要求业主、承建方、监理方相互配合，及时地发现产生风险的各种因素，从而达到对风险事前进行有效的规避，在项目进行过程中也应该根据项目的进展情况和外部因素综合考虑分析风险情况，对风险进行有效的事中控制，以此来增强整个项目组的抗风险能力和免疫力。承建方不希望监理方越权介入或者过多的介入，毕竟信息工程项目实施失败责任最大的是承建方。监理方应该给承建方足够的自由度和空间来完成好工程任务。这就要求监理方在介入项目之前要和业主、承建方讨论，界定各自的权利和义务范围，并成文三方进行签字进行确认。

二、分公司对项目监理工作的管理

根据工程的特点和具体情况，根据分公司对总监的专长、性格、思想方法、敬业精神等方面的了解，针对监理工程用其所长，精心挑选总监，总监再组班子。总监及项目监理部人员一经确定，基本上就可以粗知该工程监理效果的大概了（60%~80%），所以项目部的组建是搞好项目监理的基础性工作。在此需说明，监理人员要相对稳定不能流动性太大。从总公司调遣过来的监理人员在上岗之前先安排在较成熟的工地适应环境，了解地方相关政策、法规、文件，待掌握了新的知识后再开展具体的工作。监理资料是项目监理的工作记录，从中体现了监理的工作程序、内容与管理水平。分公司应结合《江苏省建设工程施工阶段监理现场用表示范表式（第二版）》的推行，对监理资料的形成与归档进行规范化管理。通过抓监理资料，促进项目监理工作，能起到纲举目张的效果。监理人员水平有较大差异，不同时期政府对监理行业的管理深度及要求有所不同，分公司应根据实际工作需要及时出台相关文件并组织学习培训，指导项目监理工作。通过这一措施，能迅速提高监理人员的工作能力，适应新形式下监理工作的要求。公司不定期对工程项目进行检查，及时发现各项目监理工作中存在的问题，促进项目监理工作水平的提高。组织不定期的总监互检，各总监既是检查者，又是被检查者，起到了互相学习、互相促进的作用。通过巡检与互检，使动态的项目监理工作在公司的控制之中，并可发现共性问题及特殊问题，召开总监研讨会研究解决办法。对于共性问题形成文件，在今后的工程中予以预控；对个性问题通过讨论得到共同提高和解决。定期召开总监会，对各项目现场管理动态、合同履行动态及员工的思想动态及时汇总，对存在的问题进行研讨，集思广益，好的经验进行推广，困难及时向总部反映。项目监理工作完成以后，分公司根据对每个项目监理工作的历次检查、验收情况的记录，对每个项目的监理工作进行综合考评。同时也是对总监工作水平的考评。通过考评，起到激励先进，促进落后的效果，不断地提高项目监理工作的水平。

三、混合型监理模式利弊与建议

工程建设监理是市场经济的产物，是智力密集型的社会化、专业化的技术服务。实践证明，在建设领域，实行工程建设监理制正是实现两个带有全局性的根本转变的有效途径，是搞好工程建设的客观需要。混合型监理模式，即业主或建设单位（以下统称为建设方）与社会监理单位相结合进行监理的模式。建设方可能是官员，也可能是投资者。其具体表现为：

（1）建设方自行组建总监办公室或总监代表处，一般附属于带有行政管理性质的工程建设指挥部，或者只不过是指挥部的一个职能部门，而分管合同段的驻地监理办公室则委托专业性的社会监理单位组建；

（2）社会监理单位主要承担或只承担质量监理，进度监理、费用监理和合同管理等由建设方（或主要由建设方）直接控制；

（3）建设方办事机构中仍设置较庞大的管理部门，并派出人员直接参与现场监督或监理工作。驻地监理服从各级指挥部和建设方指派的监理机构和人员的管理。

社会监理完全从属于建设方。这种混合型监理模式从根本上讲与工程建设监理的本质内涵不同，监理方不具备FIDIC合同条款所规定的独立性、公正性。在很大程度上仍然体现建设方自行管理工程的模式。由于建设方的现场管理人员（指挥部人员）及其所派监理人员大都并非专业监理人员，有些只不过是一般行政人员，往往不能严格按合同文件（含技术规范）办事，因而监理的科学化、规范化就难以做到。这种模式之所以普遍存在，究其根源主要有：

（1）建设方对工程建设监理制的认识有偏差。监理方式的采用一般由建设方决定。受计划经济的影响，他们习惯于亲自出马，不愿"大权旁落"，尤其不能将费用、进度监控等权力委托出去；认为社会监理人员毕竟是"外人"，是"雇员"，是技术人员，只能执行领导的决定、指示，不能接受建设方、承包方、监理方"三足鼎立"的局面；认为社会监理不能独立执行监理业务，必须加强监督，因而必须直接参与现场管理。

（2）业主项目法人责任制未积极有效地落实。在市场经济体制下，业主应当是独立自主的项目法人，拥有建设管理权力，对工程的功能、质量、进度和投资负责。但许多地方并没有积极推行业主项目法人责任制，或没有给"业主"下放建设管理的全部权力。这样的"业主"当然责任不大，因而，他并非觉得需要将工程项目建设委托社会监理单位实施监理。但为了立项，又不得不遵照有关规定委托监理，于是便采取混合型监理模式。

（3）建设方还不习惯利用高智能密集、专业化的咨询服务，不适应社会分工越来越细的要求。

（4）监理人员综合水平还不高。监理人员应具有扎实的理论基础和丰富的施工管理经验，既有深厚的技术知识，又有相应的经济、法律知识，善于进行合同管理。

然而，现阶段监理人员的综合水平还不高，信誉、地位也不高。目前，监理人员的一个共同弱点是都比较缺乏合同管理、组织协调的能力。综合水平不高决定着他们在一定的程度上不具备全方位、全过程监理并成为工程活动核心的能力，不能够完全让建设方放心。混合型监理模式在计划经济向社会主义市场经济转变过程中，在推行社会监理制的初期阶段有一定的必然性和必要性。首先，当前社会监理单位的实力、监理人员的素质、合同、法律意识、组织协调能力、控制工程行为的水平与工程建设监理制度的要求还有很大差距。承包人对其接受程度、信任程度还不十分高。

在这种情况下采取混合型的监理模式，建设方在一定程度上介入现场管理或部分地进行监理，给社会监理以必要的适当的支持，可部分弥补社会监理本身的不足，若操作得当，将有利于树立监理人员的权威。其次，虽然总监办公室、总监代表处由建设方组建，只要给予他们相对的独立性，与社会监理单位组建的驻地监理办公室在职能与分工上明确，并在一定程度上形成整体，作为独立的第三方，也比较容易与建设方沟通。

这种监理模式具有明显的弊端：第一，与现行法规不符。交通部《公路工程施工监理办法》第八条规定：承担公路工程施工监理业务的单位，必须是经交通主管部门审批，取得公路工程施工监理资格证书、具有法人资格的监理组织，按批准的资质等级承担相应的监理业级。总监（或其代表）也并不属于哪家具有法人资格的社会监理单位。同时，国家计委〔计建设673号文〕《关于实行建设项目法人责任制的暂行规定》第八条规定：项目法人组织要精干。建设监理工作要充分发挥咨询、监理、会计师和律师事务所等各类社会中介组织的作用。这不仅肯定了中介组织的作用，而且明确了项目法人组织运作的原则。第二，不利于提高项目管理水平。据了解，目前很多的总监办（或代表处）的工作人员，是建设方临时从各地方、各部门抽调组建的，他们有的来自区、县养路部门，有的甚至第一次接触FIDIC条款，由他们组成上级监理机构来领导专业化的社会监理单位派出的机构，是不能够充分发挥社会监理单位在"三控两管一协调"方面较成熟、较富经验的专业化水平。将社会监理人员降低为一般施工监督员，无法在合同管理上发挥其应有作用，项目管理水平也无法向高层次发展。《京津塘高速公路工程监理》开篇第一句便总结道："遵循国际惯例的工程监理，重要的一点就是要确立监理工程师在项目管理中的核心地位"。FIDIC监理模式是一个严密的体系，三大控制是一有机整体，相辅相承。只委托质量监理，实际上是很难控制质量的。这种模式也不利于建设方从具体的事务中解脱出来，进而将重点放在为项目顺利进行创造条件、资金筹措、协调关系，以及对项目实施进行宏观控制上来。第三，职责不清。这种模式的监理机构是由两个性质不同的单位组建的，一方是建设方，另一方是社会监理单位。他们在业务上又是从属关系或交叉关系，一旦有失，无法追究法律责任，即便是道义责任，也会由于互相依赖、互相推诿而难以分清。除非是明显的个人失误。第四，权力分散。层次一多，权力便分散。不能政出一家，特别是意见不统一时，往往造成内耗，承包人也无所适从，有时还易于让承包人钻空子。第五，效率低。混合型的监理模式在很大程度上破坏了监理工程师作为独立公正的第三方的身份，使监理工作本身的关系复杂化。缺乏一致性，手续增多，造成办事效率不高。而在施工过程中随时都有新情况、新问题出现，它们亟需得到及时处理，否则将贻误时机，影响工程进展，对承包人也是不利的。第六，不利于将社会监理进一步推向市场。这种模式不利于建立一个真正由建设方、承包方、监理方三元主体的管理体制和以合同为纽带，以建设法规为准则，以三大控制为目标的社会化、专业化、科学化、开放型管理工程的新格局。

在深度和广度上制约了社会监理单位的权力和管理水平的提高，也阻碍了我国工程建设与国际接轨的进程。鉴于目前建设市场正逐步趋向成熟，社会监理已有相当的经验，市场法规也比较配套，为更有力、更全面地推行工程建设监理体制，建议：

（1）摆脱行政手段管理工程的模式，放手让监理工作。不再采用计划经济时期沿用的、以政府官员为首的工程指挥部的管理模式，也不设立以政府官员或业主人员为首的总监及相应机构。还监理权于合格的社会监理单位及其派出的机构和人员，使社会监理单位及其工程师充分负起合同规定的责任，享有合同规定的职权。充分利用其独立性和公正性，以合同及有关法规制约承包人和监理工程师，业主也同时受到相应的约束。运用法律、经济手段管理工程，保证合同规定的工期、质量、费用的全面实现。完善招投标制度，全面落实项目法人制度，完善合同文件，提高各方的合同意识、法律意识。

（2）维护合同文件的法律性。建设方要求保质（或优质）、按期（或提前）完成工程，这是正常的，但应当在招标文件中考虑进去，在签合同时就把意图作为正式要求写进合同文件，规定相应制约或奖惩条款，并在施工过程中严格执行，没有必要另行采取行政手段，在合同之外下达各种指令。应当指出，在施工中，在合同之外由建设方单方面另行颁发的惩罚办法是无法律效力的；提出高于合同文件的质量要求或提前工期，未经承包人同意，在法律上也是无效的；即使同意，承包人也有权提出相应的补偿。这样便增加了监理工作的难度，有时还使监理处于非常尴尬的境地。

（3）在选择监理单位时，对监理人员素质的要求宜从高、从严。在签订监理服务协议书时，既要给予监理工程师以充分的权力，也要规定有效的制约措施；在监理服务费上不要扣得太紧，保证监理人员享有比较优厚的待遇，有较强的检测手段，同时也使监理单位有较好的经济效益，具有向高层次、高水平发展的财力。避免监理人员"滥竽充数"，监理单位"薄利多销"。消除无资格、越级承担监理业务现象。

（4）建设方应充分发挥自己的宏观调控作用。工程建设是一个复杂的过程，涉及工程技术、科学管理、施工安全、环境保护、经济法律等一系列问题，因此建设方的项目管理人员对项目建设只能进行宏观调控，保留重大事项的审批权（如重大的工程变更、影响较大的暂停施工、返工、复工、合同变更等），对于日常的监理工作，不宜直接介入，只对监理行为进行监督，支持监理工程师的工作。注意工作方法，在遇到工程中的缺陷时不宜不分青红皂白，对监理工程师和承包人"各打五十大板"。要明确承包人对工程质量等负有全部法律和经济的责任。对工程施工的有关指示，一般应通过监理工程师下达，纯属建设方职能的除外。保护监理工程师，只有对于监理工程师的错误指示和故意延误，才依照监理协议使其承担责任。当监理工程师的权威性受到影响时，应出面支持其正确决定，使监理工程师真正成为施工现场的核心，而不要人为地制造多中心。

（5）合理地委托监理业务。在目前情况下，可委托资质高的社会监理单位总承担全部监理业务，对于其中的某些专业性很强的工作（例如交通工程设施等），可允许其再委托另外的社会监理单位承担（征得建设方的同意）；也可委托若干个社会监理单位分别承担设计、施工等阶段的监理业务。

四、监理工程师的责任风险与防范机制

由于监理工程师本身专业技能水平的不同，在同样的工作范围及权限内，不同水平的监理工程师所提供的咨询服务质量会有很大差别。监理工程师的专业技能差别表现在两个方面：一是专业技术水平与工程实践的差别；二是本身工作协调能力的差别。监理工程师的工作能力在很大程度上体现在协调方面，即协调参与工程建设的各方技术力量，使其能力得到最大程度的发挥。同样的工作可能做得很认真，也可能做得较为马虎。工作成效的好坏与自身的主观能动性有关，很难用定量指标去衡量。监理工程师的主观能动性主要来自于自我约束以及业主的支持，业主与监理工程师的相互信任与诚意，会大大激发监理工程师的主观能动性。监理的服务质量与水平最终是由监理机构的整体服务来体现的，是多专业配合协调的技术服务，其中总监对监理机构内部的领导组织与协调水平至关重要。只有在监理机构内部设立了人员职责分工明确、沟通渠道有效的管理模式，只有整个监理机构有效地运行，监理效果才能体现出来。监理工程师工作的对象和内容客观上决定了监理工程师需要担负非常巨大的责任。因为工程项目投资巨大，和社会公众的切身利益密切相关，一旦发生危害，就会造成巨大的财产损失和人员伤亡等重大事故。

此外，工程质量的好坏和造价的高低以及建设周期的长短都和社会公众利益密切相关。随着社会的进步和公民法律意识的增强，监理工程师承担的法律责任也在逐步增加。从上述监理工作的特征可以看出，监理工程师承担的责任风险可归纳为：行为责任风险、工作技能风险、技术资源风险、管理风险、社会环境风险。行为责任风险来自三个方面：一是监理工程师超出业主委托的工作范围，从事了自身职责外的工作，并造成了工作上的损失；二是监理工程师未能正确地履行合同中规定的职责，在工作中因失职行为造成损失；三是监理工程师由于主观上的无意行为未能严格履行职责并造成了损失。由于监理工程师在某些方面工作技能的不足，尽管履行了合同中业主委托的职责，实际上并未发现本

该发现的问题和隐患。现代工程技术日新月异，新材料、新工艺层出不穷，并不是每一位监理工程师都能及时准确全面地掌握所有的相关知识和技能的，无法完全避免这一类风险的发生。即使监理工程师在工作中没有行为上的过错，仍然有可能承受一些风险。例如在混凝土浇注的施工过程中，监理工程师按照正常的程序和方法，对施工过程进行了检查和监督，并未发现任何问题，但仍有可能在某些部位因震捣不够留有缺陷。这些问题可能在施工过程中无法发现，甚至在今后相当长的时间内也无法发现。众所周知，某些工程上质量隐患的暴露需要一定的时间和诱因，利用现有的技术手段和方法，并不可能保证所有问题都能及时发现。同时，由于人力、财力和技术资源的限制，监理无法对施工过程的所有部位、所有环节的问题都能及时进行全面细致的检查发现，必然需要面对某一方面的风险。明确的管理目标，合理的组织机构，细致的职责分工，有效的约束机制，是监理组织管理的基本保证。如果管理机制不健全，即使有高素质的人才，也会出现这样或那样的问题。我国加入世界贸易组织后，监理工作与国际接轨，通过市场手段来转移监理工作的责任风险势在必行。监理工程师对因自身工作疏忽或过失造成合同对方或其第三方的损失而承担的赔偿责任投保，赔偿损失由保险公司支付，索赔的处理过程由保险公司来负责。这在国际上是一种通行的做法，对保障业主及监理工程师的利益起到了很好的作用。然而就现阶段而言，监理工程师必须对监理责任风险有一个全面清醒的认识，在监理服务中认真负责，积极进取，谨慎工作，以期有效地消除与防范面临的责任风险。

五、监理企业体制转轨与机制转换

监理企业的体制转轨和机制转换是一个久议未决而又迫切需要解决的重大问题。因为，监理行业的兴衰存亡取决于监理企业是否兴旺发达，目前行业脆弱的原因正是缘于大量的监理企业尚未成为独立的市场竞争主体和法人实体。按照保守的估计，全国约80%以上的监理企业依附于政府、协会、高等院校、科研院所、勘察设计等单位，这些监理企业作为其"第三产业"或附属物，其生存发展取决于母体的意志，母体单位以行政管理方式调控监理企业的经营管理，导致监理企业缺乏自主经营、自负盈亏、自我积累和自我发展的能力。如：某地一家监理企业经营规模名列全国前茅，职工总数1000人，年创监理合同收入达8000万元，但他们的经营者却无法自主经营、无权调动职工、无权分配利润，不仅使监理企业经营者和广大员工积极性受到挫伤，而且造成监理企业始终无法摆脱浅层次、低水平徘徊的尴尬局面。监理企业摆脱困境的根本出路在于改革。监理企业的改革可以分两步走：首先是摆脱母体的羁绊，独立行使民事权力并履行相应的民事责任，成为市场竞争主体和法人实体；其次是积极进行企业的体制转轨和机制转换，加大产权制度改革力度，积极探索建立现代企业制度途径和方式，建立与市场经济发展相适应的企业经营机制。

积极支持企业主管部门与所属监理企业彻底脱钩，按照各自的定位和职能各司其职；政府或企业主管单位作为企业出资人的，要通过出资人代表，按照法定程序对所投资企业实施产权管理，而不是依靠行政权力对企业日常经营活动、对企业经营管理人员的任免进行干预；政府部门要转变传统的管理方式，对不同所有制企业一视同仁；要由微观管理转向宏观调控，直接管理转向间接管理，将管不了管不好的还权于企业或交由其他建筑中介服务机构承办。按照国家所有、分级管理、授权经营、分工监督的原则，实行国有资产行政管理职能与国有资产经营职能的分离。国有资产管理与运营体系可按国有资产管理委员会—国有资产经营机构—国有资本投资的企业的模式进行改革。国有资产管理机构专司国有资产行政管理职能。监理企业母公司经国有资产管理委员会授权，成为国有资产经营主体，并代表政府履行授权范围内的国有资产所有者职能，监督其国有资产投资的监理企业负责国有资产的保值和增值。监理企业要在清产核资、界定产权、明确产权归属基础上，明确所有资本的出资人和出资人代表，出资人以投入企业的资本为限，承担有限责任，并依股权比例享有所有者的资产受益、重大决策和选择管理者等权利，不得直接干预企业的生产经营活动。监理企业享有出资者投资形成的全部企业法人财产权，依法享有资产占有、支配、使用和处分权，建立健全企业的激励机制和约束机制。加强对国有资产运营和企业财务状况的监督稽查。要努力提高资本营运效率、保证投资者权益不受侵害，保证国有资产保值、增值。

六、公司法人治理结构是公司制的核心

严格按《公司法》建立和完善企业管理体制和运行机制。企业应依法建立决策机构、执行机构和监督机构，明确股东会、董事会、监事会和经理层的职责，形成各负其责、协调运转、有效制衡的法人治理结构。所有者对企业拥有最终控制权。董事会要维护出资人权益，对股东会负责。董事会对公司的发展目标和重大经营活动做出决策，聘任经营者，并对经营者业绩进行考核和评价。监事会对企业财务和董事、经营者行为进行监督。国有控股监理企业的党委负责人可以通过法定程序进入董事会、监事会。董事会和监事会都要有职工代表参加；董事会、监事会、经理层及工会中的党员负责人，可依照党章及有关规定进入党委会；党委书记和董事长可由一人担任，董事长、总经理原则上应分设。逐步建立适应市场经济要求的企业优胜劣汰、经营者能上能下、人员能进能出、收入能增能减、技术不断创新和国有资产保值增值的机制。建立与现代企业制度相适应的收入分配制度，要在效率优先、兼顾公平的原则指导下，实行董事会、经理层等成员按照各自职责和贡献取得报酬的办法；企业职工工资水平，由企业根据当地社会平均工资和本企业经济效益决定；企业内部实行按劳分配原则，适当拉开差距，允许和鼓励资本、技术等生产要素参与收益分配。监理企业进行体制转轨和机制转换时，应同时考虑企业结构的调整。

企业结构调整包括经营结构和组织结构调整。经营结构调整目的是化解企业在市场

经济中的风险，因此必须解决生产经营多元化的问题，从国际发达和发展国家的企业所走过的发展道路来看，单纯经营某一个产品和从事某一个产业是绝无仅有的，因此在从事监理的同时，还必须开拓其他产业和产品，形成企业产品多样化、产业多元化的产业格局。但是，作为一个监理企业必须突出主业，尤其是支柱监理企业资源向其他行业转移应严格限制，以防止因资源的过度转移而削弱监理行业实力。企业组织结构调整核心问题是解决企业内部经营层、管理层和操作层的结构合理化问题。就单体企业而言，内部各层次、各单位之间应严格按照计划机制实行合理有效配置，避免相互之间按照市场规则产生交易行为，否则可能损害企业作为有机体的内在联系。目前监理企业内部各层次存在严重错位，表现在各层次之间、各岗位之间职能相互混淆。因此首要是解决层次清晰问题，划清职能、明确定位，形成专业组合，技术互补，以发挥企业整体实力和综合优势。

第三节 验收阶段质量控制与索赔

一、施工索赔的作用

工程索赔的健康开展，对于培育和发展建筑市场，促进建筑业的发展，提高工程建设的效益，将起到非常重要的作用。索赔可以促进双方内部管理，保证合同正确、完全履行。索赔的权利是施工合同的法律效力的具体体现，索赔的权利可以对施工合同的违约行为起到制约作用。索赔有利于促进双方加强内部管理，严格履行合同，有助于双方提高管理素质，加强合同管理，维护市场正常秩序。工程索赔的健康开展，能促使双方迅速掌握索赔和处理索赔的方法和技巧，有利于他们熟悉国际惯例，有助于对外开放，有助于对外承包的展开。工程索赔的健康开展，可使双方依据合同和实际情况实事求是地协商调整工程造价和工期，有助于政府转变职能，并使它从烦琐的调整概算和协调双方关系等微观管理工作中解脱出来。工程索赔的健康开展，把原来打入工程报价的一些不可预见费用，改为按实际发生的损失支付，有助于降低工程报价，使工程造价更加合理。

二、施工索赔的分类

工程项目的施工全过程均存在着不确定性风险，因此均可能发生索赔，按其不同角度和立场可将索赔大致分类。

（一）按索赔的当事人分类

1.承包人向发包人索赔。这类索赔发生量最大，一般是关于工程量计算、工程变更、工期、质量和价款的争议。

2.承包人同分包人之间的索赔。这类情况大多是分包人因变更或支付等事项向承包人索赔，类似于承包人向发包人索赔。

3.承包人与供应商之间的索赔。大多因为货物交付拖延，质量、数量不符合合同规定；技术指标不合要求；运输损坏等。

4.承包人向保险公司索赔。因承保事项发生而对承包人造成损害时，承包人可据保单规定向保险公司索赔。

5.发包人向承包人索赔。这类索赔在国内一般称为"反索赔"。一般是因承包人承建项目未达到规定质量标准、工程拖期或安全、环境等原因引起。由于在施工合同当事人双方中因业主有支付价款的主动权，所以此类索赔往往以扣款、扣除保留金、罚款等方式或以履约保函、投标保函等形式处理。

（二）按索赔的起因分类

1.因合同文件引起的索赔。这类索赔是因合同文件的错误引起的。

合同文件的错误是难免的，这些错误有些是无意的，有些是有意设置的。无意错误的后果可能对业主有益，也可能对承包商有益；而有意设置的错误肯定只对自己有益。这类索赔提醒合同管理人员注意审阅合同文件的每个细节，尤其是组成合同文件的各份文件有无矛盾之处。所以西方有经验的索赔专家认为对于合同管理人员最重要的是"决定什么是错误"。

2.因变更引起的索赔。工程项目在实施时因业主的经济利益而引起的变更现象是常见的，有些变更对工程价款和工期的影响是显而易见的，因此承包商应该适时地提出索赔。

3.因赶工引起的索赔。赶工是指承包商不得不在单位时间内投入比原计划更多的人力、物力与财力进行施工，以加快施工进度。当赶工是由于业主或工程师要求所致，则产生了承包商向业主的索赔。

4.因不利的现场情况索赔。对承包商而言，不可预见的不利现场条件是工程施工中最严重的风险，特别是水文地质条件及其他地下条件。我国的施工合同文本明确规定对现场的地下障碍和文物承包人可据此索赔，而FIDIC合同条件也详细规定了此类索赔的条件和内容。

5.有关付款引起的索赔。这部分索赔事件常见于业主付款迟误、业主对工程变更增加费用的低估、业主扣款等事项。

6.有关拖延引起的索赔。这类拖延常见于业主拖延提供技术资料、工程图纸、验收、材料设备供应等。业主的上述拖延给承包商带来的损失最明显的是工程停顿，其次是工程施工进度放缓。前者最容易确定索赔的范围与数额，后者则最易引起纠纷。

7.有关错误决定引起的索赔。在工程施工中，业主及工程师的许多决定均在现场做出，这种决定有时是在仓促之间做出的，因此，难免与合同规定会有出入，承包商因此可以向业主提出索赔。当然这种索赔的难点在于保留业主或工程师的决定的证据。即使他们的决定是口头的，也要事后予以书面认证，以备不虞。

（三）按索赔的依据分类

1. 依据合同的索赔，此类索赔的依据可从合同文件中找到，大多数的索赔属于此类。

2. 非依据合同的索赔。索赔的依据难于直接从合同条款中找到，但从整体合同文件或有关法规中能找到依据。此类索赔一般表现为违约赔偿或履约保函的损失等。

3. 道义索赔。此类索赔富有人情味，从合同或法规中找不到索赔的依据，但业主因承包商的努力工作和密切合作的精神而感动，同时承包商认为自己有索赔的道义基础，这时道义索赔往往成功。聪明的业主往往不会拒绝承包商的道义索赔要求，尤其是业主需要在市场上树立某种人文道德形象或需继续与承包商合作时。

三、施工索赔程序

第二版示范文本规定：发包人未能按合同约定履行各项义务或发生错误以及应由发包人承担责任的其他情况，造成工期延误和（或）承包人不能及时得到合同价款及承包人的其他经济损失，承包人可按下列程序以书面形式向发包人索赔：

（1）索赔事件发生后28天内，向工程师发出索赔意向书；

（2）发生索赔意向书后28天内，向工程师提出延长工期和（或）补偿经济损失的索赔报告及有关资料；

（3）工程师在收到承包人送交的索赔报告和有关资料后，于28天内给予答复，或要求承包人进一步补充索赔理由和证据；

（4）工程师在收到承包人送交的索赔报告和有关资料后28天内未予答复或未对承包人作进一步要求，视为该项索赔已经认可；

（5）当该索赔事件持续进行时，承包人应当阶段性向工程师发出索赔意向，在索赔事件终了后28天内，向工程师送交索赔报告的有关资料和最终索赔报告。索赔答复程序与（3）（4）规定相同。承包人未能按合同约定履行自己的各项义务或发生错误，给发包人造成经济损失，发包人也可按上述程序和时限向承包人提出索赔。

四、索赔证据

在提出索赔要求时，必须提供索赔证据。

（1）索赔证据必须具备真实性。索赔证据必须是在实际实施合同过程中的，完全反映实际情况，能经得住对方推敲。由于在合同实施过程中业主和承包商都在进行合同管理，收集有关资料，所以双方应有内容相同的证据。证据不真实、虚假的证据是违反法律和职业道德的。

（2）索赔证据必须具有全面性。索赔方所提供的证据应能说明事件的全过程。索赔报告中所涉及的问题都有相应的证据，不能零乱和支离破碎。否则对方可退回索赔报告，要求重新补充证据，这样会拖延索赔的解决，对索赔方不利。

（3）索赔证据必须符合特定条件。索赔证据必须是索赔事件发生时的书面文件。一切口头承诺、口头协议均无效。更改合同的协议必须由业主、承包商双方签署，或以会议纪要的形式确定，且为决定性的决议。一切商讨性、意向性的意见或建议均不应算作有效的索赔证据。施工合同履行过程中的重大事件、特殊情况的记录应由业主或工程师签署认可。

（4）索赔证据必须具备及时性。索赔证据是施工过程中的记录或对施工合同履行过程中有关活动的认可，通常，后补的索赔证据很难被对方认可。

五、索赔的依据

以下文件、法规、资料均可作为索赔的依据：

（1）招标文件、施工合同文本及附件，其他各种签约（如备忘录、修正案等），经认可的工程实施计划、各种工程图纸、技术规范等。这些索赔的依据可在索赔报告中直接引用。

（2）双方的往来信件。

（3）各种会谈纪要。在施工合同履行过程中，业主、工程师和承包商定期或不定期的会谈所做出的决议或决定，是施工合同的补充，应作为施工合同的组成部分，但会谈纪要只有经过各方签署后才可作为索赔的依据。

（4）施工进度计划和具体的施工进度安排。施工进度计划和具体的施工进度安排是工程变更索赔的重要证据。

（5）施工现场的有关文件。如施工记录、施工备忘录、施工日报、工长或检查员的工作日记、工程师填写的施工记录等。

（6）工程照片。照片可以清楚、直观地反映工程具体情况，照片上应注明日期。

（7）气象资料，工程检查验收报告和各种技术鉴定报告。

（8）工程中送（停）电、送（停）水、道路开通和封闭的记录和证明。

（9）官方的物价指数、工资指数。各种会计核算资料。

（10）建筑材料的采购、订货、运输、进场、使用方面的凭据，国家有关法律、法令、政策文件。

六、工程师对索赔文件的处理

索赔文件送达工程师后，工程师应根据索赔额的大小以及对其权限进行判断。若在工程师的权限范围之内，则工程师可自行处理；若超出工程师的权限范围则应呈发包人处理。《建设工程施工合同》示范文本规定：工程师接到索赔通知后28天内给予批准，或要求承包人进一步补充索赔理由和证据；工程师在28天内未予答复，应视为该项索赔已经认可。因此，工程师应充分考虑这种时限要求，尽快审议研究索赔文件。有时，为了赢得足够的时间，工程师可先行对索赔文件提出质疑，待承包人答复后再行处理。工程师往往会从以下方面对索赔报告提出质疑：

（1）索赔事件不属于发包人的责任；

（2）发包人和承包人共同负有责任，要求承包人划分责任，并证明双方的责任大小；

（3）索赔事实依据不足；

（4）合同中的免责条款已免除了发包人的责任；

（5）承包人以前已放弃了索赔要求；

（6）索赔事件属于不可抗力事件；

（7）索赔事件发生后，承包人未能采取有效措施减小损失；

（8）损失计算被不适当地夸大。

工程师对上述8个方面提出质疑时，也要出示部分证据，以证明质疑的合理合法性。

第四节 工程质量管理措施与目标

一、工程质量管理

工程质量管理是指为保证和提高工程质量，运用一整套质量管理体系、手段和方法所进行的系统管理活动。广义的工程质量管理，泛指建设全过程的质量管理。其管理的范围贯穿于工程建设的决策、勘察、设计、施工的全过程。一般意义的质量管理，指的是工程施工阶段的管理。它从系统理论出发，把工程质量形成的过程作为整体，全世界许多国家对工程质量的要求，均以正确的设计文件为依据，结合专业技术、经营管理和数理统计，建立一整套施工质量保证体系，才能投入生产和交付使用。用最经济的手段，只有合乎质量标准，科学的方法，对影响工程质量的各种因素进行综合治理，投资大，建成符合标准、用户满意的工程项目。工程项目建设，工程质量管理，要求把质量问题消灭在它的形成过程中，工程质量好与坏，以预防为主，手续完整。并以全过程多环节致力于质量的提高。这就是要把工程质量管理的重点，以事后检查把关为主变为预防、改正为主，组织施工要制订科学的施工组织设计，从管结果变为管因素，把影响质量的诸因素查找出来，发动全员、全过程、多部门参加，依靠科学理论、程序、方法，参加施工人员均不应发生重大伤亡事故。使工程建设全过程都处于受控制状态。

二、工程质量管理的措施

工程质量管理关键是在保证设计质量的前提下，降低成本，以实现计划规定的指标。加强施工过程的质量控制，节约材料和能源。建立施工质量保证体系由三个基本部分组成：

（1）施工准备阶段的质量管理。主要包括：图纸的审查，施工组织设计的编制，材料和预制构件、半成品的检验，施工机械设备的检修等。

（2）施工过程中的质量管理。施工过程是控制质量的主要阶段，这一阶段的质量管理工作主要有：做好施工的技术交底，监督按照设计图纸和规范、规程施工；进行施工质量检查和验收；质量活动分析和实现文明施工。

（3）工程投产使用阶段的质量管理。这一过程是检验工程实际质量的过程，是工程质量的归宿点。投产使用阶段的质量管理有两项：一是及时回访。对已完工程进行调查，将发现的质量缺陷及时反馈，不停地运转，为日后改进施工质量管理提供信息。二是实行保修制度。建立质量保证体系后，依次还有更小的管理循环，还应使其按科学方法运转，而每个环节的各部分又都有各自的PDCA循环，才能达到保证和提高建设工程质量的目的。

工程质量保证体系运转的基本方式是按照计划—实施—检查—处理（PDCA）的管理循环周而复始地运转。它把建设工程形成的多环节的质量管理有机地联系起来，构成一个大循环，才能达到保证和提高建设工程质量的目的。而每个环节的各部分又都有各自的PDCA循环，依次还有更小的管理循环，直至落实到班组、个人，从而形成一个大环套小环的综合循环体系，为日后改进施工质量管理提供信息。不停地运转，每运转一次，对已完工程进行调查，质量提高一步。管理循环不停运转，质量水平也就随之不断提高。

三、工程质量管理的目标和意义

目标是使工程建设质量达到全优。在中国，称之为全优工程。即质量好、工期短、消耗低、经济效益高、施工文明和符合安全标准。施工过程是控制质量的主要阶段，全优工程的具体检查评定标准包括六个方面：

（1）达到国家颁发的施工验收规范的规定和质量检验评定标准的质量优良标准。

（2）必须按期和提前竣工，交工符合国家规定。材料和预制构件、半成品的检验，凡甲乙双方签订合同者，以合同规定的单位工程竣工日期为准；未签订合同的工程，主要包括：图纸的审查，以地区主管部门有关建筑安装工程工期定额为准。

（3）工效必须达到全国统一劳动定额，材料和能源要有节约，降低成本要实现计划规定的指标。

（4）严格执行安全操作规程，使工程建设全过程都处于受控制状态。参加施工人员均不应发生重大伤亡事故。

（5）坚持文明施工，保持现场整洁，把影响质量的诸因素查找出来，做到工完场清。组织施工要制订科学的施工组织设计，施工现场应达到场容管理规定要求。

（6）各项经济技术资料齐全，手续完整。工程质量好与坏，是一个根本性的问题。工程项目建设，投资大，建成及使用时期长，只有合乎质量标准，才能投入生产和交付使用，发挥投资效益，结合专业技术、经营管理和数理统计，满足社会需要。

世界上许多国家对工程质量的要求，都有一套严密的监督检查办法。在我国，自1984年开始，改变了长期以来由生产者自我评定工程质量的做法，实行企业自我监督和社会监督相结合，大力加强社会监督，运用一整套质量管理体系、手段和方法所进行的系统管理活动。

四、监理工程师对建筑钢筋分项工程的质量控制

钢筋分项工程是结构安全的主要分项工程，因此对整个工程来说钢筋分项工程是重中之重。作为工程现场的监理工程师，钢筋分项工程的质量则是监理工作的重点之一。钢筋作为"双控"的材料，按《混凝土结构工程施工质量验收规范》（GB 50204—2015）中5.2.1条款规定，"钢筋进场时，应按现行国家标准《钢筋混凝土热扎带肋钢筋》GB 1499条规定取试件作力学性能检验，其质量必须符合有关标准规定"，因此钢筋原材料进场检查验收应注意：钢筋进场时，作为监理工程师，应该将钢筋出厂质保资料与钢筋炉批号铁牌相对照，看是否相符。注意每一捆钢筋均要有铁牌，还要注意出厂质保资料上的数量是否大于进场数量，否则应不予进场，从而杜绝假冒钢筋进场用上工程。钢筋进场后，应按同一牌号、同一规格、同一炉号、每批重量不大于60t取一组。也允许由同一冶炼方法、同一浇铸方法的不同炉罐号组合混合批，但各炉罐号碳含量之差不大于0.02%，锰含量之差不大于0.15%，每批重量不大于60t取样一组。从而比较合理地对进场钢筋进行试验，使合格的钢筋用在工程上。现场监理工程师往往不重视对钢筋加工过程的控制，而是等到钢筋现场安装完成后，方对钢筋加工的质量进行验收，因此往往出现由于钢筋加工不符合要求，造成返工，这样不但造成浪费而且影响进度，对工期非常不利。因此作为专业监理工程师，应经常深入钢筋加工现场了解钢筋加工质量，并注意检查以下内容：

（一）钢筋的弯钩和弯折应符合下列规定

1.I级钢筋末端应做180°弯钩，其弯弧内直径不应小于钢筋直径的2.5倍，弯钩的弯后平直部分长度不应小于钢筋直径的3倍。

2.当设计要求末端作135°弯钩时，Ⅱ级和Ⅲ级钢筋的弯弧内直径不应小于钢筋直径的4倍，弯钩的弯后平直部分长度应符合设计要求。

3.钢筋作不大于90°的弯折时，弯折处的弯弧内直径不应小于钢筋直径的5倍。

（二）箍筋加工的控制

1.箍筋的末端应作弯钩，除了注意检查弯钩的弯弧内直径外，要用注意弯钩的弯后平直部分长度应符合设计要求，如设计无具体要求，一般结构不宜小于5d；对有抗震设防要求的，不应小于10d（d为箍筋直径）。

2.对有抗震设防要求的结构，箍筋弯钩的弯折角度应为135°。

3.当钢筋调直采用冷拉方法时，应严格控制冷拉率，对HPB235级钢筋的冷拉率不宜大于4%；HRB335级、HRB400级和RRH400级钢筋的冷拉率不宜大于1%。

4.在钢筋加工过程中，如果发现钢筋脆断或力学性能显著不正常等现象时，专业监理工程师应特别关注，并对该批钢筋进行化学成分检验或其他专项检验。

（三）对钢筋连接的控制

钢筋连接方式主要有绑扎搭接、焊接、机械连接三种方式。绑扎搭接要注意相邻搭接接头连接距离$L=1.3L_1$。焊接、机械连接首先当然是检查操作工是否持证上岗，这是保证质量的首要条件。钢筋焊接方面钢筋焊接形式有很多种，主要有：电阻点焊、闪光对焊、电弧焊、电渣压力焊、气压焊、预埋件埋弧压力焊。正式焊接之前，参与该项施焊的焊工应进行现场条件下的试焊，并经试验合格后，方可正式生产。试验结果应符合质量检验与验收要求。该条款为强制性条文，因此作为监理工程师应督促施工单位严格执行，尽量避免返工而造成浪费和影响工期。设计焊接接头位置时应注意：钢筋的接头宜设置在受力较小处。同一纵向受力钢筋不宜设置两个或两个以上接头。接头末端至钢筋弯起点的距离不应小于钢筋直径的10倍。在同一构件内的接头要互相错开。同一连接区段内，纵向受力钢筋的接头面积百分率应符合设计要求；当设计无具体要求时，应符合下列规定：受拉区不宜大于50%；接头不宜设置在有抗震设防要求的框架梁端、柱端的箍筋加密区；直接承受动力荷载的结构件中，不宜采用焊接接头。焊接接头的位置设置非常重要，否则安装完成后在验收时才发现问题，将会造成人力物力的浪费，并且影响工期。

（四）焊接操作的控制

督促操作人员严格按各种不同类型的操作规程操作。下面介绍钢筋点弧焊、电渣压力焊、闪光对焊施工过程中应注意的几点问题：电弧焊包括帮条焊、搭接焊、剖口焊、窄间隙焊和熔槽帮条焊5种接头形式，焊接时，应注意：

1.根据钢筋牌号、直径、接头形式和焊接位置，正确选择焊条、焊接工艺和焊接参数，特别是焊条的选用；

2.焊接时，不得烧伤主筋；

3.焊接地线与钢筋应接触紧密；

4.焊接过程中应及时清渣，焊缝表面光滑，焊缝余高应平缓过渡，弧坑应填满；

5.检查焊接高度是否达到设计要求；

6.检查焊接件是否有夹渣、气泡等缺陷，如果缺陷严重，应取样试验，合格后方可安装并要求改善焊接工艺，消除不良现象。

电渣压力焊应注意：

1.电渣压力焊只是适用于现浇混凝土结构中竖向或斜向（倾斜度在4：1范围内）钢筋

的连接，不得在竖向焊接后横置于梁、板等构件中作水平钢筋用。出现这种情况可能是由于某些部位的柱或剪力墙进行电渣压力焊后，因设计变更，需更换钢筋，现场工人将该焊接加钢筋改用作梁、板筋造成，作为监理工程师应特别注意。

2.根据所焊钢筋直径选定焊机容量，调整好电流量。

3.焊接过程中，应根据有关电渣压力焊焊接参数控制电流、焊接电压和通电时间，这是焊接成败的关键。

4.检查四周焊包凸出钢筋表面的高度不得小于4mm，否则返工。

5.督促焊工在焊接过程中应进行自检，当发现偏心、弯折、烧伤等焊接缺陷时，应查找原因和采取措施，及时消除。

（五）焊接接头的质量

检验与验收钢筋焊接接头应按检验批进行质量检验与验收，质量检验时，应包括外观检查和力学性能检验。现场监理工程师往往比较重视力学性能检验，而忽视了外观检查工作，应重视外观检查。力学性能检验应在接头外观检查合格后，在现场随机抽取试件进行试验，试验合格后方可同意安装。钢筋安装完成后，尚应认真检查同一连接区段内，纵向受力钢筋的接头面百分率是否符合要求，这是焊接最容易出现问题的地方，应重点检查。

（六）接头的施工现场

检验与验收钢筋连接开始前及施工过程中，应对每批进场钢筋进行接头工艺检验。必须根据有关规范要求按验收批在现场随机截取3个接头试件作抗拉强度试验（在监理人员见证下，随机取样），试验合格后，方可同意安装。对于抽检不合格的接头验收批，应由建设单位会同设计单位等有关方研究后提出处理方案。钢筋安装是钢筋分项工程质量控制的重点。钢筋安装时，受力钢筋的品种、级别、规格和数量必须符合设计要求，作为现场监理工程师也是必须重点检查的方面，钢筋安装最容易出现的问题有：

钢筋直径、数量和长度错误。梁支座负筋漏放；剪力墙暗柱漏放拉钩；梁支座负钢筋上排不足1/3；二排不足1/4。钢筋锚固长度不够，框架梁锚入柱长度不够；应特别注意屋面框架梁和边柱的锚固构造，而有些工程设置转换层处的框支梁锚入柱内的构造也应在检查中重视。悬挑部分的钢筋不到位，悬挑部分的钢筋安装则是钢筋检查的重点，在悬挑梁的检查中经常发现悬挑梁上排和下排钢筋不到边；第二排钢筋不足0.75；悬挑梁面筋锚固长度不够；设计要求有鸭筋，也应注意检查；而悬挑板钢筋也应保证足够的高度。钢筋保护层厚度不符合要求。钢筋保护层厚度不符合要求，这可能影响到结构构件的承载力和耐久性。《混凝土结构工程施工质量验收规范》（GB 50204—2015）对受力钢筋的保护层有了更严格的要求，旧的验收规范对钢筋保护层厚度的允许偏差值不设上限且合格率达到70%为合格，但新的验收规范对允许偏差值设了上限，且合格率必须达到90%以上。作为监理工程师，验收时应注意检查。梁、底板钢筋必须垫放厚度符合要求且足够数量的钢筋垫块。施工现场经常发现工人将梁的垫块用作板筋的垫块，而将板筋的垫块用作梁的垫块，并且垫块强度不够，容易被钢筋压碎，甚至不放置垫块等现象。作为监理工程师应注意检查。另外板的负筋虽然验收时安装到位，但在混凝土浇筑时被踩下，造成负筋保护层过厚，负筋不能发挥最大的作用，引起板裂，这其中原因有部分是负筋支撑架数量不足造成（当然混凝土施工时工人不注意踩乱，有没有钢筋工跟班修整也是造成上述问题的原因，因此要求钢筋工也要跟班修整），应注意检查负筋支撑的数量。

五、主体结构工程质量控制

（一）钢筋混凝土工程的检查

1.模板工程

（1）施工前应编制详细的施工方案；

（2）施工过程中检查：施工方案是否可行，模板的强度、刚度、稳定性、支承面积、防水、防冻、平整度、几何尺寸、拼缝、隔离剂及涂刷、平面位置及垂直度、预埋件及预留孔洞等是否符合设计和规范要求，并控制好拆模时混凝土的强度和拆模顺序。重要结构构件模板支拆，还应检查拆膜方案的计算方法。

2.钢筋工程

钢筋分项工程质量控制包括钢筋进场检验、钢筋加工、钢筋连接、钢筋安装等一系列检验。施工过程重点检查：原材料进场合格证和复试报告、成型加工质量、钢筋连接试验报告及操作者合格证，钢筋安装质量，预埋件的规格、数量、位置及锚固长度，箍筋间距、数量及其弯钩角度和平直长度。验收合格并按有关规定填写"钢筋隐蔽工程检查记录"后，方可浇筑混凝土。

3.混凝土工程

（1）检查混凝土主要组成材料的合格证及复试报告、配合比、搅拌质量、坍落度、冬施浇筑的入模温度、现场混凝土试块、现场混凝土浇筑工艺及方法、养护方法及时间、后浇带的留置和处理等是否符合设计和规范要求；

（2）混凝土的实体检测：检测混凝土的强度、钢筋保护层厚度等，检测方法主要有破损法检测和非破损法检测（仪器检测）两类。

4.钢筋混凝土构件安装工程

施工中质量控制重点检查：构件的合格证或强度及型号、位置、标高、构件中心线位置、吊点、临时加固措施、起吊方式及角度、垂直度、接头焊接及接缝、灌浆用细石混凝土原材料合格证及复试报告、配合比、坍落度、现场留置试块强度，灌浆的密实度等是否符合设计和规范要求。

5.预应力钢筋混凝土工程

应检查预应力筋张拉机具设备及仪表，预应力筋，预应力筋锚具、夹具和连接器，预留孔道，预应力筋张拉与放张，灌浆及封锚等是否符合要求。

（二）砌体工程的检查

1.主要对砌体材料的品种、规格、型号、级别、数量、几何尺寸、外观状况及产品的合格证、性能检测报告等进行检查，对块材、水泥、钢筋、外加剂等应检查产品的进场复验报告。

2.主要检查砌筑砂浆的配合比、计量、搅拌质量（包括稠度、保水性等）、试块（包括制作、数量、养护和试块强度等）等。

3.主要检查砌体的砌筑方法、皮数杆、灰缝（包括：宽度、瞎缝、假缝、透明缝、通缝等）、砂浆强度、砂浆保满度、砂浆黏结状况、留槎、接槎、洞口、马牙槎、脚手眼、标高、轴线位置、平整度、垂直度、封顶及砌体中钢筋品种、规格、数量、位置、几何尺寸、接头等。

4.对于混凝土小型空心砌块、轻骨料混凝土小型空心砌块、蒸压加气混凝土砌块等，检查产品龄期，超过28d的方可使用。

（三）钢结构工程的检查与检验

1.主要检查钢材、钢铸件、焊接材料、连接用紧固标准件、焊接球、螺栓球、封板、锥头、套筒和涂装材料等的品种、规格、型号、级别、数量、几何尺寸、外观状况及产品质量的合格证明文件、中文标志和检验报告等。进口钢材、混批钢材、重要钢结构主要是受力构件钢材和焊接材料、高强螺栓等尚应检查复验报告。

2.钢结构焊接工程中主要检查焊工合格证及其认可范围、有效期，焊接材料质量证明书、烘焙记录、存放状况、与母材的匹配情况，焊缝尺寸、缺陷、热处理记录、工艺试验报告等。

3.紧固件连接工程中主要检查紧固件和连接钢材的品种、规格、型号、级别、尺寸、外观及匹配情况，普通螺栓的拧紧顺序、拧紧情况、外露丝扣，高强度螺栓连接摩擦面抗滑移系数试验报告和复验报告、扭矩扳手标定记录、紧固顺序、转角或扭矩、螺栓外露丝扣等。

4.主要检查钢零件及钢部件的钢材切割面或剪切面的平面度、割纹和缺口的深度、边缘缺棱、型钢端部垂直度、构件几何尺寸偏差、矫正工艺和温度、弯曲加工及其间隙、刨边允许偏差和粗糙度、螺栓孔质量、管和球的加工质量等。

5.主要检查钢结构零件及部件的制作质量、地脚螺栓及预留孔情况、安装平面轴线位置、标高、垂直度、平面弯曲、单元拼接长度与整体长度、支座中心偏移与高差、钢结构安装完成后环境影响造成的自然变形、节点平面紧贴的情况、垫铁的位置及数量等。

六、防水工程质量控制

（一）屋面防水工程检查与检验

1.卷材防水工程：主要检查所用卷材及其配套材料的出厂合格证、质量检验报告和现场抽样复验报告、卷材与配套材料的相容性、分包队伍的施工资质、作业人员的上岗证、基层状况、卷材铺贴方向及顺序、附加层、搭接长度及搭接缝位置、泛水的高度、女儿墙压顶的坡向及坡度、玛脂试验报告单、细部构造处理、排气孔设置、防水保护层、缺陷情况、隐蔽工程验收记录等。施工完成后检验屋面卷材防水层的整体施工质量效果。

2.涂膜防水工程：主要检查所用防水涂料和胎体增强材料的出厂合格证、质量检验报告和现场抽样复验报告、分包队伍的施工资质、作业人员的上岗证、基层状况、胎体增强材料铺设的方向及顺序、涂膜层数和厚度、附加层、搭接长度及搭接缝位置、泛水的高度、女儿墙压顶的坡向及坡度、细部构造处理、排气孔设置、防水保护层、缺陷情况、隐蔽工程验收记录等是否符合设计和规范要求。施工完成后检验屋面涂膜防水层的整体施工质量效果。

（二）地下防水工程检查与检验

1.防水混凝土结构工程：主要检查防水混凝土原材料的出厂合格证、质量检验报告、现场抽样试验报告、配合比、计量、坍落度、模板及支撑、混凝土的浇筑和养护、施工缝或后浇带及预埋件（套管）的处理、止水带（条）等的预埋、试块的制作和养护、防水混凝土的抗压强度和抗渗性能试验报告、隐蔽工程验收记录、质量缺陷情况和处理记录等。

2.其他地下防水工程质量的检查和检验可详见《地下防水工程质量验收规范》中有关规定。

七、建筑幕墙工程质量控制

（一）建筑幕墙工程主要的物理性能检测

1.三性试验：建筑幕墙的风压变形性能、气密性能、水密性能的检测报告（规范要求工程竣工验收时提供）。

2."三性试验"的时间，应在幕墙工程构件大批量制作、安装前完成。

3."三性试验"检测试件的材质、构造、安装施工方法应与实际工程相同。

4.幕墙性能检测中，允许在改进安装工艺、修补缺陷后，对安装缺陷使某项性能未达到规定要求时重新检测。

检测报告中应叙述改进的内容，幕墙工程施工时应按改进后的安装工艺实施；由于设计或材料缺陷导致幕墙检测性能未达到规定值域时，应停止检测。修改设计或更换材料后，重新制作试件，另行检测。

（二）主要材料现场检验及性能复验

1.注意主要材料、半成品、成品、建筑构配件、器具和设备的现场验收的抽取方法和比例，并按《玻璃幕墙工程质量检验标准》的规定填写检验记录。

2.主要包括金属与石材幕墙构件、铝合金型材、钢材、玻璃、密封胶等主要材料现场检验及性能复验。

第五节　施工阶段质量控制

一、技术交底

按照工程重要程度，单位工程开工前，应由企业或项目技术负责人组织全面的技术交底。工程复杂、工期长的工程可按基础、结构、装修几个阶段分别组织技术交底。各分项工程施工前，应由项目技术负责人向参加该项目施工的所有班组和配合工种进行交底。交底内容包括图纸交底、施工组织设计交底、分项工程技术交底和安全交底等。通过交底明确对轴线、尺寸、标高、预留孔洞、预埋件、材料规格及配合比等要求，明确工序搭接、工种配合、施工方法、进度等施工安排，明确质量、安全、节约措施。交底的形式除书面、口头外，必要时可采用样板、示范操作等。

二、测量控制

对于给定的原始基准点、基准线和参考标高等的测量控制点应做好复核工作，经审核批准后，才能据此进行准确的测量放线。准确地测定与保护好场地平面控制网和主轴线的桩位，是整个场地内建筑物、构筑物定位的依据，是保证整个施工测量精度和顺利进行施工的基础。因此，在复测施工测量控制网时，应抽检建筑方格网。控制高程的水准网点以及标桩埋设位置等。

(一) 建筑定位测量复核

1.建筑定位就是把房屋外廓的轴线交点标定在地面上，然后根据这些交点测设房屋的细部。

2.基础施工测量复核：包括基础开挖前，对所放灰线的复核，以及当基槽挖到一定深度后，在槽壁上所设的水平桩的复核。

3.皮数杆检测：当基础与墙体用砖砌筑时，为控制基及墙体标高，要设置皮数杆。因此，对皮数杆的设置要检测。

4.楼层轴线检测：在多层建筑墙身砌筑过程中，为保证建筑物轴线位置正确，在每层楼板中心线均测设长线1~2条，短线2~3条。轴线经校核合格后，方可开始该层的施工。

5.楼层间高层传递检测：多层建筑施工中，要由下层楼板向上层传递标高，以便使楼板、门窗、室内装修等工程的标高符合设计要求。标高经校核合格后，方可施工。

（二）工业建筑的测量复核

1.工业厂房控制网测量由于工业厂房规模较大，设备复杂，因此要求厂房内部各柱列轴线及设备基础轴线之间的相互位置应具有较高的精度。有些厂房在现场还要进行预制构件安装，为保证各构件之间的相互位置符合设计要求，必须对厂房主轴线、矩形控制网、柱列轴线进行复核。

2.柱基施工测量：包括基础定位、基坑放线与抄平、基础模板定位等。

3.柱子安装测量：为保证柱子的平面位置和高程安装符合要求，应对杯口中心投点和杯底标高进行检查，还应进行柱长检查与杯底调整。柱子插入杯口后，要进行竖直校正。

4.吊车梁安装测量，主要是保证吊车梁中心位置和梁面标高满足设计要求。因此，在吊车梁安装前应检查吊车梁中心线位置、梁面标高及牛腿面标高是否正确。

5.设备基础与预埋螺栓检测：设备基础施工程序有两种：一种是在厂房柱基和厂房部分建成后才进行设备基础施工；另一种是厂房柱基与设备基础同时施工。如按前一种程序施工，应在厂房墙体施工前，布设一个内控制网，作为设备基础施工和设备安装放线的依据。

如按后一种程序施工，则将设备基础主要中心线的端点测设在厂房控制网上。当设备基础支模板或预埋地脚螺栓时，局部架设木线板或铜线板，以测设螺栓组中心线。由于大型设备基础中心线较多，为防止产生错误，在定位前，应绘制中心线测设图，并将全部中心线及地脚螺栓组中心线统一编号标注于图上。为使地脚螺栓的位置及标高符合设计要求，必须绘制地脚螺栓图，并附地脚螺栓标高表，注明螺栓号码、数量、螺栓标高和混凝土面标高。上述各项工作，在施工前必须进行检测。高层建筑侧重复核高层建筑的场地控制测量、基础以上的平面与高程控制与一般民用建筑测量相同，应特别重视建筑物垂直度及施工过程中沉降变形的检测。对高层建筑垂直度的偏差必须严格控制，不得超过规定的要求。高层建筑施工中，需要定期进行沉降变形观测，以便及时发现问题，采取措施，确保建筑物安全使用。

三、材料控制

对供货方质量保证能力进行评定原则包括：材料供应的表现状况，如材料质量、交货期等；供货方质量管理体系对于按要求如期提供产品的保证能力；供货方的顾客满意程度；供货方交付材料之后的服务和支持能力；其他如价格、履约能力等。建立材料管理制度，减少材料损失、变质对材料的采购、加工、运输、贮存建立管理制度，可加快材料的周转，减少材料占用量，避免材料损失、变质，按质、按量、按期满足工程项目的需要。进入施工现场的原材料、半成品、构配件要按型号、品种，分区堆放，予以标识；对有防湿、防潮要求的材料，要有防雨防潮措施，并有标识。对容易损坏的材料、设备，要做好防护；对有保质期要求的材料，要定期检查，以防过期，并做好标志，标志应具有可追溯性，即应标明其规格、产地、日期、批号、加工过程、安装交付后的分布和场所。用于工程的主要材料要加强材料检查验收。进场时应有出厂合格证和材质化验单；凡标志不清或认为质量有问题的材料，需要进行追踪检验，以确保质量；凡未经检验和已经验证为不合格的原材料、半成品、构配件和工程设备不能投入使用。发包人所提供的原材料、半成品、构配件和设备用于工程时，项目组织应对其做出专门的标志，接受时进行验证，贮存或使用时给予保护和维护，并得到正确的使用。

上述材料经验证不合格，不得用于工程。发包人有责任提供合格的原材料、半成品、构配件和设备。材料质量抽样和检验方法应按规定的部位、数量及采选的操作要求进行。材料质量的检验项目分为一般试验项目和其他试验项目，一般项目即通常进行的试验项目，其他试验项目是根据需要而进行的试验项目。材料质量检验方法有书面检验、外观检验、理化检验和无损检验等。

四、机械设备控制

施工项目上所使用的机械设备应根据项目特点及工程量，按必要性、可能性和经济性的原则确定其使用形式。机械设备的使用形式包括：自行采购、租赁、承包和调配等。

（1）自行采购。根据项目及施工工艺特点和技术发展趋势，确有必要时才自行购置机械设备。应使所购置机械设备在项目上达到较高的机械利用率和经济效果，否则采用其他使用形式。

（2）租赁。某些大型、专用的特殊机械设备，如果项目自行采购在经济上不合理时，可从机械设备供应站（租赁站），以租赁方式承租使用。

（3）机械施工承包。某些操作复杂、工程量较大或要求人与机械密切配合的机械，如大型网架安装、高层钢结构吊装，可由专业机械化施工公司承包。

（4）调配。一些常用机械，可由项目所在企业调配使用。究竟采用何种使用形式，应通过技术经济分析来确定。使用机械设备，正确地进行操作，是保证项目施工质量的重要环节。

应贯彻人机固定原则，实行定机、定人、定岗位责任的"三定"制度。要合理划分施工段，组织好机械设备的流水施工。当一个项目有多个单位工程时，应使机械在单位工程之间流水作业，减少进出场时间和装卸费用。搞好机械设备的综合利用，尽量做到一机多用，充分发挥其效率。要使现场环境、施工平面布置适合机械作业要求，为机械设备的施工创造良好条件。为了保持机械设备的良好技术状态，提高设备运转的可靠性和生产的安全性，减少零件的磨损，延长使用寿命，降低消耗、提高机械施工的经济效益，应做好机械设备的保养。保养分为例行保养和强制保养。例行保养的主要是：保持机械设备的清洁，检查运转情况，防止设备腐蚀，按技术要求润滑等。强制保养是按照一定周期和内容分级进行保养。对机械设备的维修可以保证机械的使用效率，延长使用寿命。机械设备修理是对机械设备的自然损耗进行修复，。排除机械运行的故障，对损坏的零部件进行更换、修复。

五、计量控制

施工中的计量工作，包括施工生产时的投料计量、施工生产过程中的监测计量和对项目、产品或过程的测试、检验、分析计量等。计量工作的主要任务是统一计量单位制度，组织量值传递，保证量值的统一。这些工作有利于控制施工生产工艺过程，促进施工生产技术的发展，提高工程项目的质量。因此，计量是保证工程项目质量的重要手段和方法，亦是施工项目开展质量管理的一项重要基础工作。为做好计量控制工作，应抓好以下几项工作：

（1）建立计量管理部门和配备计量人员；
（2）建立健全和完善计量管理的规章制度；
（3）积极开展计量意识教育。

六、工序控制

工序亦称"作业"。工序是产品制造过程的基本环节，也是组织生产过程的基本单位。一道工序，是指一个（或一组）工人在一个工作地对一个（或几个）劳动对象（工程、产品、构配件）所完成的一切连续活动的总和。工序质量是指工序过程的质量。对于现场工人来说，工作质量通常表现为工序质量，一般地说，工序质量是指工序的成果符合设计、工艺（技术标准）要求的程序。人、机器、原材料、方法、环境等五种因素对工程质量有不同程度的直接影响。在施工过程中，测得的工序特性数据是有波动的，产生波动的原因有两种，因此，波动也分为两类。一类是操作人员在相同的技术条件下，按照工艺标准去做，可是不同的产品却存在着波动。这种波动在目前的技术条件下还不能控制，在科学上是由无数类似的原因引起的，所以称为偶然因素，如构件允许范围内的尺寸误差、季节气候的变化、机具的正常磨损等。另一类是在施工过程中发生了异常现象，如不遵守工艺标准，违反操作规程、机械、设备发生故障，仪器、仪表失灵等，这类因素称为异常因素。这类因素经有关人员共同努力，在技术上是可以避免的。工序管理就是去分析和发现影响施工中每道工序质量的这两类因素中影响质量的异常因素，并采取相应的技术和管理措施，使这些因素被控制在允许的范围内，从而保证每道工序的质量。工序管理的实质是工序质量控制，即使工序处于稳定受控状态。工序质量控制是为把工序质量的波动限制在要求的界限内所进行的质量控制活动。工序质量控制的最终目的是要保证稳定地生产合格产品。具体地说工序质量控制是使工序质量的波动处于允许的范围之内，一旦超出允许范围，立即对影响工序质量波动的因素进行分析，针对问题，采取必要的组织、技术措施，对工序进行有效的控制，使之保证在允许范围内。工序质量控制的实质是对工序因素的控制，特别是对主导因素的控制。所以，工序质量控制的核心是管理因素，而不是管理结果。

七、特殊过程控制

特殊过程是指该施工过程或工序施工质量不易或不能通过其后的检验和试验而得到充分的验证，或者万一发生质量事故则难以挽救的施工对象。特殊过程是施工质量控制的重点，设置质量控制点就是要根据工程项目的特点，抓住影响工序施工质量的主要因素。

八、质量控制点设置原则

（1）对工程质量形成过程的各个工序进行全面分析，凡对工程的适用性、安全性、可靠性、经济性有直接影响的关键部位设立控制点，如高层建筑垂直度、预应力张拉、楼面标高控制等。

（2）对下道工序有较大影响的上道工序设立控制点，如砖墙黏结率、墙体混凝土浇捣等。

（3）对质量不稳定，经常容易出现不良产品的工序设立控制点，如阳台地坪、门窗装饰等。

（4）对用户反馈和过去有过返工的不良工序，如屋面、油毡铺设等。

第四章

建筑工程项目进度管理

第一节　建筑工程项目进度管理概述

一个项目能否在预定的时间内完成，这是项目最为重要的问题之一，也是进行项目管理所追求的目标之一。工程项目进度管理就是采用科学的方法确定进度目标，编制经济合理的进度计划，并据以检查工程项目进度计划的执行情况，若发现实际执行情况与计划进度不一致时，及时分析原因，并采取必要的措施对原工程进度计划进行调整或修正的过程，工程项目进度管理的目的就是实现最优工期。

项目进度管理是一个动态、循环、复杂的过程。进度计划控制的一个循环过程包括计划、实施、检查、调整四个过程。计划是指根据施工项目的具体情况，合理编制符合工期要求的最优计划；实施是指进度计划的落实与执行；检查是指在进度计划与执行过程中，跟踪检查实际进度，并与计划进度对比分析，确定两者之间的关系；调整是指根据检查对比的结果，分析实际进度与计划进度之间的偏差对工期的影响，采取切合实际的调整措施，使计划进度符合新的实际情况，在新的起点上进行下一轮控制循环，如此循环下去，直至完成任务。

一、工程项目进度管理的原理

（一）动态控制原理

工程项目进度管理是一个不断进行的动态控制，也是一个循环进行的过程。在进度计划执行中，由于各种干扰因素的影响，实际进度与计划进度可能会产生偏差。分析偏差产生的原因，采取相应的措施，调整原来的计划，继续按新计划进行施工活动，并且尽量发挥组织管理的作用，使实际工作按计划进行。但是在新的干扰因素作用下，又会产生新的偏差，施工进度计划控制就是采用这种循环的动态控制方法。

（二）系统控制原理

该原理认为，工程项目施工进度管理本身是一个系统工程，施工项目计划系统包括项目施工进度计划系统和项目施工进度实施组织系统两部分内容。

1.项目施工进度计划系统

为了对施工项目实行进度计划控制，首先必须编制施工项目的各种进度计划。其中有施工项目总进度计划、单位工程进度计划、分部分项工程进度计划、季度和月（旬）作业计划，这些计划组成一个施工项目进度计划系统。计划的编制对象由大到小，计划的内容从粗到细。编制时从总体计划到局部计划，逐层进行控制目标分解，以保证计划控制目标落实。执行计划时，从月（旬）作业计划开始实施，逐级按目标控制，从而达到对施工项目整体进度目标的控制。

2.项目施工进度实施组织系统

施工组织各级负责人，从项目经理、施工队长、班组长及所属全体成员组成了施工项目实施的完整组织系统，都按照施工进度规定的要求进行严格管理、落实和完成各自的任务。为了保证施工项目按进度实施，自公司经理、项目经理，一直到作业班组都设有专门职能部门或人员负责汇报，统计整理实际施工进度的资料，并与计划进度比较分析和进行调整，形成一个纵横连接的施工项目控制组织系统。

3.信息反馈原理

信息反馈是施工项目进度管理的主要环节。工程项目进度管理的过程实质上就是对有关施工活动和进度的信息不断收集、加工、汇总、反馈的过程。施工项目信息管理中心要对收集的施工进度和相关影响因素的资料进行加工分析，由领导作出决策后，向下发出指令，指导施工或对原计划做出新的调整、部署；基层作业组织根据计划和指令安排施工活动，并将实际进度和遇到的问题随时上报。每天都有大量的内外部信息、纵横向信息流进流出，若不应用信息反馈原理，不断地进行信息反馈，则无法进行进度管理。

4.弹性原理

施工项目进度计划工期长、影响进度的原因多，其中有的已被人们掌握，根据统计经验估计出影响的程度和出现的可能性，并在确定进度目标时，进行实现目标的风险分析。在计划编制者具备了这些知识和实践经验之后，编制施工项目进度计划时就会留有余地，也就是使施工进度计划具有弹性。在进行施工项目进度控制时，便可以利用这些弹性。如检查之前拖延了工期，通过缩短剩余计划工期的方法，或者改变它们之间的逻辑关系，仍然达到预期的计划目标，这就是施工项目进度控制中对弹性原理的应用。

5.闭循环原理

项目的进度计划管理的全过程是计划、实施、检查、比较分析、确定调整措施、再计划。从编制项目施工进度计划开始，经过实施过程中的跟踪检查，收集有关实际进度的信息，比较和分析实际进度与施工计划进度之间的偏差，找出产生的原因和解决的办法，确定调整措施，再修改原进度计划，形成一个封闭的循环系统。

二、项目进度管理程序

工程项目部应按照以下程序进行进度管理：

（1）根据施工合同的要求确定施工进度目标，明确计划开工日期、计划总工期和计划竣工日期，确定项目分期分批的开竣工日期。

（2）编制施工进度计划，具体安排实现计划目标的工艺关系、组织关系、搭接关系、起止时间、劳动力计划、材料计划、机械计划及其他保证性计划。

（3）进行计划交底，落实责任，并向监理工程师提出开工申请报告，按监理工程师开工令确定的日期开工。

（4）实施施工进度计划。项目经理应通过施工部署、组织协调、生产调度和指挥、改善施工程序和方法的决策等，应用技术、经济和管理手段实现有效的进度管理。项目经理部要建立进度实施、控制的科学组织系统和严密的工作制度，然后依据工程项目进度目标体系，对施工的全过程进行系统控制。正常情况下，进度实施系统应发挥监测、分析职能并循环运行，随着施工活动的进行，信息管理系统会不断地将施工实际进度信息，按信息流动程序反馈给进度管理者，经过统计整理，比较分析后，确认进度无偏差，则系统继续运行；一旦发现实际进度与计划进度有偏差，系统将发挥调控职能，分析偏差产生的原因，及对后续施工和总工期的影响。必要时，可对原计划进度作出相应的调整，提出纠正偏差方案和实施技术、经济、合同保证措施，以及取得相关单位支持与配合的协调措施，确认切实可行后，将调整后的新进度计划输入到进度实施系统，施工活动继续在新的控制下运行。当新的偏差出现后，再重复上述过程，直到施工项目全部完成。

（5）任务全部完成后，进行进度管理总结并编写进度管理报告。

三、项目进度管理目标体系

保证工程项目按期建成交付使用，是工程项目进度控制的最终目的。为了有效地控制施工进度，首先要将施工进度总目标从不同角度进行层层分解，形成施工进度控制目标体系，从而作为实施进度控制的依据。

项目进度目标是从总的方面对项目建设提出的工期要求，但在施工活动中，是通过对最基础的分部分项工程的施工进度管理来保证各单项（位）工程或阶段工程进度管理目标的完成，进而实现工程项目进度管理总目标的。因而需要将总进度目标进行一系列的从总体到细部、从高层次到基础层次的层层分解，一直分解到在施工现场可以直接控制的分部分项工程或作业过程的施工为止。在分解中，每一层次的进度管理目标都限定了下一级层次的进度管理目标，而较低层次的进度管理目标又是较高一级层次进度管理目标得以实现的保证，于是就形成了一个有计划、有步骤协调施工、长期目标对短期目标自上而下逐级控制、短期目标对长期目标自下而上逐级保证、逐步趋近进度总目标的局面，最终达到工程项目按期竣工交付使用的目的。

（一）按项目组成分解，确定各单位工程开工及交工动用日期

在施工阶段应进一步明确各单位工程的开工和交工动用日期，以确保施工总进度目标的实现。

（二）按承包单位分解，明确分工和承包责任

在一个单位工程中有多个承包单位参加施工时，应按承包单位将单位工程的进度目标分解，确定出各分包单位的进度目标，列入分包合同，以便落实分包责任，并根据各专

业工程交叉施工方案和前后衔接条件，明确不同承包单位工作面交接的条件和时间。

（三）按施工阶段分解，划定进度控制分界点

根据工程项目的特点，应将其施工分解成几个阶段，如土建工程可分为基础、结构和内外装修阶段。每一阶段的起止时间都要有明确的标志。特别是不同单位承包的不同施工段之间，更要明确划定时间分界点，以此作为形象进度的控制标志，从而使单位工程动用目标具体化。

（四）按计划期分解，组织综合施工

将工程项目的施工进度控制目标按年度、季度、月进行分解，并用实物工程、货币工作量及形象进度表示，将更有利于对施工进度的控制。

四、施工项目进度管理目标的确定

在确定施工项目进度管理目标时，必须全面细致地分析与建设工程有关的各种有利因素和不利因素，只有这样，才能订出一个科学、合理的进度管理目标。确定施工进度管理目标的主要依据有：建设工程总进度目标对施工工期的要求、工期定额、类似工程项目的实际进度、工程难易程度和工程条件的落实情况等。

在确定施工项目进度分解目标时，还要考虑以下各个方面：

（1）对于大型建设工程项目，应根据尽早提供可动用单元的原则，集中力量分项分批建设，以便尽早投入使用，尽快发挥投资效益。

（2）结合本工程的特点，参考同类建设工程的经验来确定施工进度目标。避免只按主观愿望盲目确定进度目标，从而在实施过程中造成进度失控。

（3）合理安排土建与设备的综合施工。要按照它们各自的特点，合理安排土建施工与设备基础、设备安装的先后顺序及搭接、交叉或平行作业，明确设备工程对土建工程的要求和土建工程为设备工程提供施工条件的内容及时间。

（4）做好资金供应能力、施工力量配备、物资供应能力与施工进度的平衡工作，确保工程进度目标的要求而不使其落空。

（5）考虑外部协作条件的配合情况。包括施工过程中及项目竣工动用所需的水、电、气、通信、道路及其他社会服务项目的满足程序和满足时间。

（6）考虑工程项目所在地区地形、地质、水文、气象等方面的限制条件。

第二节 施工项目进度计划的编制与实施

施工项目进度计划是规定各项工程的施工顺序和开竣工时间及相互衔接关系的计划，是在确定工程施工项目目标工期基础上，根据相应完成的工程量，对各项施工过程的施工顺序、起止时间和相互衔接关系所作的统筹安排。

一、施工项目进度计划的类型

（一）按计划时间划分

有总进度计划和阶段性计划。总进度计划是控制项目施工全过程的，阶段性计划包括项目年、季、月（旬）施工进度计划等。月（旬）计划是根据年、季施工计划，结合现场施工条件编制的具体执行计划。

（二）按计划表达形式划分

有文字说明计划与图表形式计划。文字说明计划是用文字来说明各阶段的施工任务，以及要达到的形象进度要求；图表形式计划是用图表形式表达施工的进度安排，可用横道图表示进度计划或用网络图表示进度计划。

（三）按计划对象划分

有施工总进度计划、单位工程施工进度计划和分项工程进度计划。施工总进度计划是以整个建设项目为对象编制的，它确定各单项工程施工顺序和开竣工时间以及相互衔接关系，是全局性的施工战略部署；单位工程施工进度计划是对单位工程中的各分部、分项工程的计划安排；分项进度计划是针对项目中某一部分（子项目）或某一专业工种的计划安排。

（四）按计划的作用来划分

施工项目进度计划一般可分为控制性进度计划和指导性进度计划两类。控制性进度计划按分部工程来划分施工过程，控制各分部工程的施工时间及其相互搭接配合关系。它主要适用于工程结构较复杂、规模较大、工期较长而需跨年度施工的工程，还适用于虽然工程规模不大或结构不复杂但各种资源（劳动力、机械、材料等）不落实的情况，以及建筑结构设计等可能变化的情况。指导性进度计划按分项工程或施工工序来划分施工过程，具体确定各施工过程的施工时间及其相互搭接、配合关系。它适用于任务具体而明确、施工条件基本落实、各项资源供应正常及施工工期不太长的工程。

二、施工项目进度计划编制依据

为了使施工进度计划能更好地、密切地结合工程的实际情况，更好地发挥其在施工中的指导作用，在编制施工进度计划时，按其编制对象的要求，依据下列资料编制：

（一）施工总进度计划的编制依据

1.工程项目承包合同及招投标书。主要包括招投标文件及签订的工程承包合同，工程材料和设备的订货、供货合同等。

2.工程项目全部设计施工图纸及变更洽商。建设项目的扩大初步设计、技术设计、施工图设计、设计说明书、建筑总平面图及建筑竖向设计及变更洽商等。

3.工程项目所在地区位置的自然条件和技术经济条件。主要包括：气象、地形地貌、水文地质情况、地区施工能力、交通、水电条件等，建筑施工企业的人力、设备、技术和管理水平等。

4.工程项目设计概算和预算资料、劳动定额及机械台班定额等。

5.工程项目拟采用的主要施工方案及措施、施工顺序、流水段划分等。

6.工程项目需要的主要资源。主要包括：劳动力状况、机具设备能力、物资供应来源条件等。

7.建设方及上级主管部门对施工的要求。

8.现行规范、规程和有关技术规定。国家现行的施工及验收规范、操作规程、技术规定和技术经济指标。

（二）单位工程进度计划的编制依据

1.主管部门的批示文件及建设单位的要求。

2.施工图纸及设计单位对施工的要求。其中包括：单位工程的全部施工图纸、会审记录和标准图、变更洽商等有关部门设计资料，对较复杂的建筑工程还要有设备图纸和设备安装对土建施工的要求，及设计单位对新结构、新材料、新技术和新工艺的要求。

3.施工企业年度计划对该工程的有关指标，如：进度、其他项目穿插施工的要求等。

4.施工组织总设计或大纲对该工程的有关部门规定和安排。

5.资源配备情况。如：施工中需要的劳动力、施工机械和设备、材料、预制构件和加工品的供应能力及来源情况。

6.建设单位可能提供的条件和水电供应情况。如：建设单位可能提供的临时房屋数量，水电供应量，水压、电压能否满足施工需要等。

7.施工现场条件和勘察。如：施工现场的地形、地貌、地上与地下的障碍物、工程地质和水文地质、气象资料、交通运输通路及场地面积等。

8.预算文件和国家及地方规范等资料。工程的预算文件等提供的工程量和预算成本，国家和地方的施工验收规范、质量验收标准、操作规程和有关定额是确定编制施工进度计划的主要依据。

三、施工总进度计划的编制

施工总进度计划一般是建设工程项目的施工进度计划。它是用来确定建设工程项目中所包含的各单位工程的施工顺序、施工时间及相互衔接关系的计划。施工总进度计划的编制步骤和方法如下：

（一）计算工程量

根据批准的工程项目一览表，按单位工程分别计算其主要实物工程量。工程量的计算可按初步设计（或扩大初步设计）图纸和有关定额手册或资料进行。常用的定额、资料有：每万元、每10万元投资工程量、劳动量及材料消耗扩大指标；概算指标和扩大结构定额；已建成的类似建筑物、构筑物的资料。

（二）确定各单位工程的施工期限

各单位工程的施工期限应根据合同工期确定，同时还要考虑建筑类型、结构特征、施工方法、施工管理水平、施工机械化程度及施工现场条件等因素。如果在编制施工总进度计划时没有合同工期，则应保证计划工期不超过工期定额。

（三）确定各单位工程的开竣工时间和相互搭接关系

确定各单位工程的开竣工时间和相互搭接关系主要应考虑以下几点：

1.同一时期施工的项目不宜过多，以避免人力、物力过于分散。

2.尽量做到均衡施工，以使劳动力、施工机械和主要材料的供应在整个工期范围内达到均衡。

3.尽量提前建设可供工程施工使用的永久性工程，以节省临时工程费用。

4.急需和关键的工程先施工，以保证工程项目如期交工。对于某些技术复杂、施工周期较长、施工困难较多的工程，亦应安排提前施工，以利于整个工程项目按期交付使用。

5.施工顺序必须与主要生产系统投入生产的先后次序相吻合。同时还要安排好配套工程的施工时间，以保证建成的工程能迅速投入生产或交付使用。

6.应注意季节对施工顺序的影响，使施工季节不导致工期拖延，不影响工程质量。

7.安排一部分附属工程或零星项目作为后备项目，用以调整主要项目的施工进度。

8.注意主要工种和主要施工机械能连续施工。

（四）编制初步施工总进度计划

施工总进度计划应安排全工地性的流水作业。全工地性的流水作业安排应以工程量大、工期长的单位工程为主导，组织若干条流水线，并以此带动其他工程。施工总进度计划既可以用横道图表示，也可以用网络图表示。

（五）编制正式施工总进度计划

初步施工总进度计划编制完成后，要对其进行检查。主要是检查总工期是否符合要求，资源使用是否均衡且其供应是否能得到保证。

四、单位工程施工进度计划的编制

单位工程施工进度计划是在既定施工方案的基础上，根据规定的工期和各种资源供应条件，对单位工程中的各分部分项工程的施工顺序、施工起止时间及衔接关系进行合理安排。

单位工程施工进度计划的编制步骤及方法如下：

（一）划分施工过程

施工过程是施工进度计划的基本组成单元。编制单位工程施工进度计划时，应按照图纸和施工顺序将拟建工程的各个施工过程列出，并结合施工方法、施工条件、劳动组织等因素，加以适当调整。施工过程划分应考虑以下因素：

1.施工进度计划的性质和作用

一般来说，对长期计划及建筑群体、规模大、工程复杂、工期长的建筑工程，编制控制性施工进度计划，施工过程划分可粗些，综合性可大些，一般可按分部工程划分施工过程。如：开工前准备、打桩工程、基础工程、主体结构工程等。对中小型建筑工程及工期不长的工程，编制实施性计划，其施工过程划分可细些、具体些，要求每个分部工程所包括的主要分项工程均一一列出，起到指导施工的作用。

2.施工方案及工程结构

如厂房基础采用敞开式施工方案时，柱基础和设备基础可合并为一个施工过程；而采用封闭式施工方案时，则必须列出柱基础、设备基础这两个施工过程。又如结构吊装工程，采用分件吊装方法时，应列出柱吊装、梁吊装、屋架扶直就位、屋盖吊装等施工过程；而采用综合吊装法时，只要列出结构吊装一项即可。

砌体结构、大墙板结构、装配式框架与现浇钢筋混凝土框架等不同的结构体系，其施工过程划分及其内容也各不相同。

3.结构性质及劳动组织

现浇钢筋混凝土施工，一般可分为支模、绑扎钢筋、浇筑混凝土等施工过程。一般对于现浇钢筋混凝土框架结构的施工应分别列项，而且可得细一些，如：绑扎柱钢筋、支柱模板、浇捣柱混凝土、支梁、板模板、绑扎梁、板钢筋、浇捣梁、板混凝土、养护、拆模等施工过程。砌体结构工程中，现浇工程量不大的钢筋混凝土工程一般不再细分，可合并为一项，由施工班组的各工种互相配合施工。

施工过程的划分还与施工班组的组织形式有关。如玻璃与油漆的施工，如果是单一工种组成的施工班组，可以划分为玻璃、油漆两个施工过程；同时为了组织流水施工的方便或需要，也可合并成一个施工过程，这时施工班组是由多工种混合的混合班组。

4. 对施工过程进行适当合并，达到简明清晰

施工过程划分太细，则过程越多，施工进度图表就会显得繁杂，重点不突出，反而失去指导施工的意义，并且增加编制施工进度计划的难度。因此，可考虑将一些次要的、穿插性施工过程合并到主要施工过程中去，如基础防潮层可合并到基础施工过程，门窗框安装可并入砌筑工程；有些虽然重要但工程量不大的施工过程也可与相邻的施工过程合并，如挖土可与垫层施工合并为一项，组织混合班组施工；同一时期由同一工种施工的施工项目也可合并在一起，如墙体砌筑不分内墙、外墙、隔墙等，而合并为墙体砌筑一项；有些关系比较密切，不容易分出先后的施工过程也可合并，如散水、勒脚和明沟可合并为一项。

5. 设备安装应单独列项

民用建筑的水、暖、煤、卫、电等房屋设备安装是建筑工程的重要组成部分，应单独列项；工业厂房的各种机电等设备安装也要单独列项。土建施工进度计划中列出设备安装的施工过程，只是表明其与土建施工的配合关系，一般不必细分，可由专业队或设备安装单位单独编制其施工进度计划。

6. 明确施工过程对施工进度的影响程度

有些施工过程直接在拟建工程上进行作业、占用时间、资源，对工程的完成与否起着决定性的作用，它在条件允许的情况下，可以缩短或延长工期。这类施工过程必须列入施工进度计划，如砌筑、安装、混凝土的养护等。另外有些施工过程不占用拟建工程的工作面，虽需要一定的时间和消耗一定的资源，但不占用工期，故不列入施工进度计划，如构件制作和运输等。

（二）计算工程量

当确定了施工过程之后，应计算每个施工过程的工程量。工程量应根据施工图纸、工程量计算规则及相应的施工方法进行计算。计算时应注意工程量的计量单位应与采用的施工定额的计量单位相一致。

如果编制单位工程施工进度计划时，已编制出预算文件（施工图预算或施工预算），则工程量可从预算文件中抄出并汇总。但是，施工进度计划中某些施工过程与预算文件的内容不同或有出入时（如计量单位、计算规则、采用的定额等），则应根据施工实际情况加以修改、调整或重新计算。

（三）套用施工定额

确定了施工过程及其工程量之后，即可套用施工定额（当地实际采用的劳动定额及机械台班定额），以确定劳动量和机械台班量。

在套用国家或当地颁布的定额时，必须注意结合本单位工人的技术等级、实际操作水平、施工机械情况和施工现场条件等因素，确定完成定额的实际水平，使计算出来的劳

动量、机械台班量符合实际需要。

有些采用新技术、新材料、新工艺或特殊施工方法的施工过程，定额中尚未编入，这时可参考类似施工过程的定额、经验资料，按实际情况确定。

（四）初排施工进度计划

1.根据施工经验直接安排的方法

这种方法是根据经验资料及有关计算，直接在进度表上画出进度线。其一般步骤是：先安排主导施工过程的施工进度，然后再安排其余施工过程，它们应尽可能配合主导施工过程并最大限度地搭接，形成施工进度计划的初步方案。

2.按工艺组合组织流水的施工方法

这种方法是将某些在工艺上有关系的施工过程归并为一个工艺组合，组织各工艺组合内部的流水施工，然后将各工艺组合最大限度地搭接起来。

施工进度计划由两部分组成，一部分反映拟建工程所划分施工过程的工程量、劳动量或台班量、施工人数或机械数、工作班次及工作延续时间等计算内容；另一部分则用图表形式表示各施工过程的起止时间、延续时间及其搭接关系。

（五）检查与调整施工进度计划

施工进度计划初步方案编制后，应根据建设单位和有关部门的要求、合同规定及施工条件等，先检查各施工过程之间的施工顺序是否合理、工期是否满足要求、劳动力等资源需要量是否均衡，然后再进行调整，直至满足要求，正式形成施工进度计划。

1.施工顺序的检查与调整

施工顺序应符合建筑施工的客观规律，应从技术上、工艺上、组织上检查各个施工过程的安排是否正确合理。

2.施工工期的检查与调整

施工进度计划安排的计划工期首先应满足上级规定或施工合同的要求，其次应具有较好的经济效益，即安排工期要合理，但并不是越短越好。当工期不符合要求时，应进行必要的调整。检查时主要看各施工过程的持续时间、起止时间是否合理，特别应注意对工期起控制作用的施工过程，即首先要缩短这些施工过程的持续时间，并注意施工人数、机械台数的重新确定。

3.资源消耗均衡性的检查与调整

施工进度计划的劳动力、材料、机械等供应与使用，应避免过分集中，尽量做到均衡。

应当指出，施工进度计划并不是一成不变的，在执行过程中，往往由于人力、物资供应等情况的变化，打破了原来的计划。因此，在执行中应随时掌握施工动态，并经常不断地检查和调整施工进度计划。

五、施工进度计划的实施

施工进度计划的实施就是用施工进度计划指导施工活动、落实和完成进度计划。施工进度计划逐步实施的过程就是施工项目建造逐步完成的过程。为了保证施工进度计划的实施，保证各进度目标的实现，应做好如下工作：

（一）施工进度计划的审核

项目经理应进行施工项目进度计划的审核，其主要内容包括：

1. 进度安排是否符合施工合同中确定的建设项目总目标和分目标，是否符合开、竣工日期的规定。
2. 施工进度计划中的项目是否有遗漏，分期施工是否满足分批交工的需要和配套交工的要求。
3. 总进度计划中施工顺序的安排是否合理。
4. 资源供应计划是否能保证施工进度的实现，供应是否均衡，分包人供应的资源是否能满足进度的要求。
5. 总分包之间的进度计划是否相协调，专业分工与计划的衔接是否明确、合理。
6. 对实施进度计划的风险是否分析清楚，是否有相应的对策。
7. 各项保证进度计划的实现的措施是否周到、可行、有效。

（二）施工项目进度计划的贯彻

1. 检查各层次的计划，形成严密的计划保证系统

施工项目的所有施工进度计划包括施工总进度计划、单位工程施工进度计划、分部分项工程施工进度计划，都是围绕一个总任务而编制的，它们之间关系是高层次的计划为低层次计划的依据，低层次计划是高层次计划的具体化。在其贯彻执行时应当首先检查是否协调一致，计划目标是否层层分解，互相衔接，组成一个计划实施的保证体系，以施工任务书的方式下达施工队以保证实施。

2. 层层明确责任或下达施工任务书

施工项目经理、施工队和作业班组之间分别签订承包合同，按计划目标明确规定合同工期、相互承担的经济责任、权限和利益，或者采用下达施工任务书，将作业下达到施工班组，明确具体施工任务、技术措施、质量要求等内容，使施工班组必须保证按作业计划时间完成规定的任务。

3. 进行计划的交底，促进计划的全面、彻底实施

施工进度计划的实施需要全体员工的共同行动，要使有关人员都明确各项计划的目标、任务、实施方案和措施，使管理层和作业层协调一致，将计划变成全体员工的自觉行动。在计划实施前要根据计划的范围进行计划交底工作，使计划得到全面、彻底的实施。

（三）施工进度计划的实施

1. 编制施工作业计划

由于施工活动的复杂性，在编制施工进度计划时，不可能考虑到施工过程中的一切变化情况，因而不可能一次安排好未来施工活动中的全部细节，所以施工进度计划很难作为直接下达施工任务的依据。因此，还必须有更为符合当时情况、更为细致具体的、短时间的计划，这就是施工作业计划。

施工作业计划一般可分为月作业计划和旬作业计划。月（旬）作业计划应保证年、季度计划指标的完成。

2. 签发施工任务书

编制好月（旬）作业计划以后，将每项具体任务通过签发施工任务书的方式使其进一步落实。施工任务书是向班组下达任务实行责任承包、全面管理和原始记录的综合性文件。施工班组必须保证指令任务的完成。它是计划和实施的纽带。

施工任务书应由工长编制并下达。它包括施工任务单、限额领料单和考勤表。施工任务单包括：分项工程施工任务、工程量、劳动量、开工日期、完工日期、工艺、质量、安全要求。限额领料单是根据施工任务书编制的控制班组领用材料的依据，应具体规定材料名称、规格、型号、单位、数量和领用记录、退料记录等。考勤表可附在施工任务书背面，按班组人名排列，供考勤时填写。

3. 做好施工进度记录，填好施工进度统计表

在计划任务完成的过程中，各级施工进度计划的执行者都要跟踪做好施工记录，记载计划中的每项工作开始日期、工作进度和完成日期，为施工项目进度检查分析提供信息，并填好有关图表。

4. 做好施工中的调度工作

施工中的调度是组织施工中各阶段、环节、专业和工种的互相配合、进度协调的指挥核心。调度工作是使施工进度计划实施顺利进行的重要手段。其主要任务是掌握计划实施情况，协调各方面关系，采取措施，排除各种矛盾，加强各薄弱环节，实现动态平衡，保证完成作业计划和实现进度目标。

调度工作内容主要有：监督作业计划的实施、调整协调各方面的进度关系；监督检查施工准备工作；督促资源供应单位按计划供应劳动力、施工机具、运输车辆、材料构配件等，并对临时出现的问题采取调配措施；由于工程变更引起资源需求的数量变更和品种变化时，应及时调整供应计划；按施工平面图管理施工现场，结合实际情况进行必要调整，保证文明施工；了解气候、水、电、气的情况，采取相应的防范和保证措施；及时发现和处理施工中各种事故和意外事件；定期、及时召开现场调度会议，贯彻施工项目主管人员的决策，发布调度令。

六、施工项目进度计划的检查

在施工项目的实施进程中，为了进行进度控制，进度控制人员应经常、定期地跟踪检查施工实际进度情况。主要检查工作量的完成情况、工作时间的执行情况、资源使用及与进度的互相配合情况等。进行进度统计整理和对比分析，确定实际进度与计划进度之间的关系，其主要工作包括：

（一）跟踪检查施工实际进度

跟踪检查施工实际进度是项目施工进度控制的关键措施。其目的是收集实际施工进度的有关数据。跟踪检查的时间和收集数据的质量，直接影响控制工作的质量和效果。

一般检查的时间间隔与施工项目的类型、规模、施工条件和对进度执行要求程度有关。通常可以确定每月、每半月、每旬或每周进行一次。若在施工中遇到天气、资源供应等不利因素的严重影响，检查的时间间隔可临时缩短，次数应频繁，甚至可以每日进行检查，或派人员驻现场督阵。检查和收集资料的方式一般采用进度报表方式或定期召开进度工作汇报会。为了保证汇报资料的准确性，进度控制的工作人员，要经常到现场察看施工项目的实际进度情况，从而保证经常、定期地准确掌握施工项目的实际进度。

根据不同需要，进行日检查或定期检查的内容包括：

1. 检查期内实际完成和累计完成工程量。
2. 实际参加施工的人数、机械数量和生产效率。
3. 窝工人数、窝工机械台班数及其原因分析。
4. 进度偏差的情况。
5. 进度管理情况。
6. 影响进度的特殊原因及分析。
7. 整理统计检查数据。

（二）整理统计检查数据

收集到的施工项目实际进度数据，要进行必要的整理，按计划控制的工作项目进行统计，形成与计划进度具有可比性的数据、相同的量纲和形象进度。一般可以按实物工程量、工作量和劳动消耗量以及累计百分比整理和统计实际检查的数据，以便与相应的计划完成量相对比。

（三）对比实际进度与计划进度

将收集的资料整理和统计成具有与计划进度可比性的数据后，用施工项目实际进度与计划进度的比较方法进行比较。通常用的比较方法有：横道图比较法、S型曲线比较法、香蕉曲线比较法、前锋线比较法等。

（四）施工项目进度检查结果的处理

施工项目进度检查的结果，按照检查报告制度的规定，形成进度控制报告并向有关主管人员和部门汇报。

进度控制报告是把检查比较的结果、有关施工进度现状和发展趋势，提供给项目经理及各级业务职能负责人的最简单的书面形式报告。

进度控制报告根据报告的对象不同，确定不同的编制范围和内容而分别编写。一般分为：项目概要级进度控制报告，是报给项目经理、企业经理或业务部门以及建设单位或业主的，它是以整个施工项目为对象说明进度计划执行情况的报告；项目管理级进度控制报告，是报给项目经理及企业的业务部门的，它是以单位工程或项目分区为对象说明进度计划执行情况的报告；业务管理级进度控制报告，是就某个重点部位或重点问题为对象编写的报告，供项目管理者及各业务部门为其采取应急措施而使用的。

进度控制报告的内容主要包括：项目实施概况、管理概况、进度概要的总说明；项目施工进度、形象进度及简要说明；施工图纸提供进度；材料、物资、构配件供应进度；劳务记录及预测；日历计划；对建设单位、业主和施工者的变更指令等；进度偏差的状况和导致偏差的原因分析；解决的措施；计划调整意见等。

七、施工项目进度计划的调整

在计划执行过程中，由于组织、管理、经济、技术、资源、环境和自然条件等因素的影响，往往会造成实际进度与计划进度产生的偏差，如果偏差不能及时纠正，必将影响进度目标的实现。因此，在计划执行过程中采取相应措施来进行管理，对保证计划目标的顺利实现具有重要意义。

第三节 进度控制方法及进度计划的调整

一、横道图比较法

横道图比较法是指将项目实施过程中检查实际进度收集到的数据，经加工整理后直接用横道线平行绘于原计划的横道线处，进行实际进度与计划进度的比较方法。采用横道图比较法可以形象、直观地反映实际进度与计划进度的比较情况。

（一）匀速进展横道图比较法

匀速进展是指在工程项目中，每项工作在单位时间内完成的任务量都是相等的，即工作的进展速度是均匀的。此时，每项工作累计完成的任务量与时间呈线性关系。

完成的任务量可以用实物工程量、劳动消耗量或费用支出表示。为了便于比较，通常用上述物理量的百分比表示。

采用匀速进展横道图比较法时，其步骤如下：

1.编制横道图进度计划。

2.在进度计划上标出检查日期。

3.将检查收集到的实际进度数据经加工整理后按比例用涂黑的粗线标于计划进度的下方。

4.对比分析实际进度与计划进度：如果涂黑的粗线右端落在检查日期左侧，表明实际进度拖后；如果涂黑的粗线右端落在检查日期右侧，表明实际进度超前；如果涂黑的粗线右端与检查日期重合，表明实际进度与计划进度一致。

必须指出，该方法仅适用于工作从开始到结束的整个过程中，其进展速度均为固定不变的情况。如果工作的进展速度是变化的，则不能采用这种方法进行实际进度与计划进度的比较；否则，会得出错误的结论。

（二）非匀速进展横道图比较法

匀速施工横道图比较法，只适用施工进展速度是匀速情况下的施工实际进度与计划进度之间的比较。当工作在不同的单位时间里的进展速度不同时，累计完成的任务量与时间的关系不是成直线变化的。按匀速施工横道图比较法绘制的实际进度涂黑粗线，不能反映实际进度与计划进度完成任务量的比较情况。这种情况的进度比较可以采用非匀速横道图比较法。

非匀速横道图比较法适用于工作的进度按变速进展的情况下，工作实际进度与计划进度进行比较的一种方法。它是在表示工作实际进度的涂黑粗线同时，在表上标出某对应时刻完成任务的累计百分比，将该百分比与其同时刻计划完成任务累计百分比相比较，判断工作的实际进度与计划进度之间的关系的一种方法。该方法的步骤为：

1.编制横道图进度计划。

2.在横道线上方标出各工作主要时间的计划完成任务累计百分比。

3.在计划横道线的下方标出工作的相应日期实际完成的任务累计百分比。

4.用涂黑粗线标出实际进度线，并从开工日起，同时反映出施工过程中工作的连续与间断情况。

5.对照横道线上方计划完成累计量与同时间的下方实际完成累计量，比较出实际进度与计划进度之间的偏差，可能有三种情况。

当同一时刻上下两个累计百分比相等的，表明实际进度与计划进度一致；当同一时刻上面的累计百分比大于下面的累计百分比时表明该时刻实际施工进度拖后，拖后的量为二者之差；

当同一时刻上面的累计百分比小于下面累计百分比时表明该时刻实际施工进度超前，超前的量为二者之差。

这种比较法不仅适合于施工速度是变化情况下的进度比较，同样地（除找出检查日期进度比较情况外）还能提供某一指定时间二者比较情况的信息。当然，这要求实施部门按规定的时间记录当时的完成情况。

值得指出的是：由于工作的施工速度是变化的，因此横道图中进度横线，不管是计划的还是实际的，都只表示工作的开始时间、持续天数和完成的时间，并不表示计划完成量和实际完成量，这两个量分别通过标注在横道线上方及下方的累计百分比数量表示。实际进度的涂黑粗线是从实际工程的开始日期划起，若工作实际施工间断，亦可在图中将涂黑粗线作相应的空白。

二、S曲线比较法

S曲线比较法是以横坐标表示时间，纵坐标表示累计完成任务量，绘制一条按计划时间累计完成任务量的S曲线；然后将工程项目实施过程中各检查时间实际累计完成任务量的S曲线也绘制在同一坐标系中，进行实际进度与计划进度比较的一种方法。

从整个工程项目实际进展全过程看，若施工过程是匀速时，时间与累计完成任务量之间曲线呈成正比例直线；若施工过程是变速的，则计划呈曲线形态。具体而言，若施工速度是先快后慢，计划累计曲线呈抛物线形态；若施工速度是先慢后快，计划累计曲线呈指数曲线形态；若施工速度是中期快首尾慢（工程中多是这种情况），随工程进展累计完成的任务量则应呈S形变化。由于其形似英文字母"S"，S曲线因此而得名。在实际施工过程中，由于单位时间投入的资源量一般是开始和结束时较少，中间阶段较多，因此计划累计曲线多呈S曲线形态。

（一）S曲线的绘制方法

1.确定单位时间完成任务量q_j

在实际工程中，可以根据每单位时间内计划完成的实物工程量或投入的劳动力与费用，计算出计划单位时间的量值q_j。

2.计算不同时间累计完成任务量Q_j

累计完成任务量，可按下式确定：

$$Q_j = \sum_{j=1}^{j} Q_j$$

式中Q_j——某时间j计划累计完成的任务量；

q_j——单位时间j的计划完成任务量；

j——某规定计划时间。

3.根据累计完成任务量绘制S曲线

（二）实际进度与计划进度的比较

同横道图比较法一样，S曲线比较法也是在图上进行工程项目实际进度与计划进度的比较。在工程项目实施过程中，按照规定时间将检查收集到的实际累计完成任务量绘制在原计划S曲线图上，即可得到实际进度S曲线。通过比较实际进度S曲线与计划进度S曲线，可获得以下信息。

1.工程项目实际进展状况

如果工程实际进展点落在计划S曲线左侧，表明此时实际进度比计划进度超前；如果工程实际进展点落在S计划曲线右侧，表明此时实际进度拖后；如果工程实际进展点正好落在计划S曲线上，则表示此时实际进度与计划进度一致。

2.工程项目实际进度超前或拖后的时间

在S曲线比较图中可以直接读出实际进度比计划进度超前或拖后的时间。ΔT_A表示T_A时刻实际进度超前的时间，ΔT_b表示T_b时刻实际进度拖后的时间。

3.工程项目实际超额或拖欠的任务量

在S曲线比较图中也可直接读出实际进度比计划进度超额或拖欠的任务量。ΔQ_a表示T_A时刻超额完成的任务量，ΔQ_b表示T_b时刻拖欠的任务量。

4.后期工程进度预测

如果后期工程按原计划速度进行，则可做出后期工程计划S曲线，从而可以确定工期拖延预测值ΔT。

三、香蕉形曲线比较法

（一）香蕉形曲线的定义

香蕉形曲线是两条S形曲线组合成的闭合曲线。对于一个施工项目的网络计划，在理论上总是分为最早和最迟两种开始与完成时间的。因此，一般情况，任何一个施工项目的网络计划，都可以绘制出两条S形曲线。其一是计划以各项工作的最早开始时间安排进度而绘制的S形曲线，称为ES曲线；其二是计划以各项工作的最迟开始时间安排进度，而绘制的S形曲线，称为LS曲线。两条S形曲线都是从计划的开始时刻开始和完成时刻结束，因此两条曲线是闭合的。一般情况，其余时刻ES曲线上的各点均落在LS曲线相应点的左侧，形成一个形如香蕉的曲线，故此称为香蕉形曲线。

在项目实施中，进度控制的理想状况是任一时刻按实际进度描绘的点，应落在该"香蕉"形曲线的区域内。

（二）香蕉形曲线比较法的作用

香蕉形曲线比较法能直观地反映工程项目的实际进度情况，并可以获得比S形曲线更多的作用。其主要作用有：

1.利用香蕉形曲线进行进度的合理安排

如果工程项目中的各项工作均按其最早开始时间安排进度，将导致项目的投资加大；而如果各项工作均按其最迟开始时间安排进度，则一旦受到进度影响因素的干扰，又将导致工期拖延，使工程进度风险加大。因此，一个科学合理的进度计划优化曲线应处于香蕉形曲线所包络的区域之内。

2.进行施工实际进度与计划进度比较

在工程项目实施过程中，根据每次检查收集到的实际完成任务量，绘制出实际进度S形曲线，便可以与计划进度进行比较。工程项目实施进度的理想状态是任一时刻工程实际进展点应落在香蕉形曲线图的范围之内。如果工程实际进展点落在ES曲线的左侧，表明此刻实际进度比各工作按其最早开始时间安排的计划进度超前；如果工程实际进展点落在LS曲线的右侧，则表明此刻实际进度比各项工作按其最迟开始时间安排的计划进度拖后。

3.确定在检查状态下，后期工程的ES曲线和LS曲线的发展趋势

利用香蕉形曲线可以对后期工程的进展情况进行预测。工程项目在检查日实际进度超前。检查日期之后的后期工程进度安排，预计该工程项目将提前完成。

（三）香蕉形曲线的作图方法

香蕉形曲线的作图方法与S形曲线的作图方法基本一致，所不同之处在于它是分别以工作的最早开始时间和最迟开始时间而绘制的两条S形曲线的结合。其具体步骤如下：

1.以施工项目的网络计划为基础，确定该施工项目的工作数目n和计划检查次数m，并计算各项工作的最早开始时间和最迟开始时间。

2.确定各项工作在各单位时间的计划完成任务量。分别按两种情况确定：根据各项工作按最早开始时间安排的进度计划，确定各项工作在各单位时间的计划完成任务量；根据各项工作按最迟开始时间安排的进度计划，确定各项工作在各单位时间的计划完成任务量。

3.计算工程项目总任务量，即对所有工作在各单位时间计划完成的任务量累加求和。

4.分别根据各项工作按最早开始时间、最迟时间安排的进度计划，确定施工项目在各单位时间计划完成的任务量，即将各项工作在某一单位时间内计划完成的任务量求和。

5.分别根据各项工作按最早开始时间、最迟开始时间安排的进度计划，确定不同时间累计完成的任务量或任务量的百分比。

6.绘制香蕉形曲线。分别根据各项工作按最早开始时间、最迟开始时间安排的进度计划而确定的累计完成任务量或任务量的百分比描绘各点，并连接各点得到ES曲线和LS曲线，由ES曲线和LS曲线组成香蕉形曲线。

四、前锋线比较法

前锋线比较法也是一种简单地进行工程实际进度与计划进度的比较方法，它主要适用于时标网络计划。前锋线是指在原时标网络计划上，从检查时刻的时标点出发，用点划线依次将各项工作实际进展点连接而成的折线。前锋线比较法就是通过实际进度的前锋线与原进度计划中各工作箭线交点的位置来判断工作实际进度与计划进度的偏差，进而判定

该偏差对后续工作及总工期影响程度的一种方法。

采用前锋线比较法进行实际进度与原进度计划的比较，其步骤如下：

（一）制时标网络计划图

工程项目实际进度的前锋线是在时标网络计划图上标示，为清楚起见，可在时标网络计划图的上方和下方各设一时间坐标。

（二）绘制实际进度前锋线

一般从时标网络计划图上方时间坐标的检查日期开始绘制，依次连接相邻工作的实际进展位置点，最后与时标网络计划图下方坐标的检查日期相连接。工作实际进展位置点的标定方法有两种：

1.按该工作已完成任务量比例进行标定

假设工程项目中各项工作均为匀速进展，根据实际进度检查时刻该工作已完成任务量占其计划完成总任务量的比例，在工作箭线上从左至右按相同的比例标定其实际进展位置点。

2.按尚需作业时间进行标定

当某些工作的持续时间难以按实物工程量来计算而只能凭经验估算时，可以先估算出检查时刻到该工作全部完成尚需作业的时间，然后在该工作箭线上从右向左逆向标定其实际进展位置点。

（三）进行实际进度与计划进度的比较

前锋线可以直观地反映出检查日期有关工作实际进度与计划进度之间的关系。对某项工作来说，其实际进度与计划进度之间的关系可能存在以下三种情况：

1.工作实际进展位置点落在检查日期的左侧，表明该工作实际进度拖后，拖后的时间为二者之差。

2.工作实际进展位置点与检查日期重合，表明该工作实际进度与计划进度一致。

3.工作实际进展位置点落在检查日期的右侧，表明该工作实际进度超前，超前的时间为二者之差。

（四）预测进度偏差对后续工作及总工期的影响

通过实际进度与计划进度的比较确定进度偏差后，还可根据工作的自由时差和总时差预测该进度偏差对后续工作及项目总工期的影响。由此可见，前锋线比较法既适用于工作实际进度与计划进度之间的局部比较，又可用来分析和预测工程项目整体进度状况。

五、施工项目进度计划的调整

施工进度计划在执行过程中呈现出波动性、多变性和不均衡性的特点，因此在施工项目进度计划执行中，要经常检查进度计划的执行尾部，及时发现问题，当实际进度与计划进度存在差异，必须对进度计划进行调整，以实现进度目标。

（一）分析偏差对后续工作及总工期的影响

1.分析出现进度偏差的工作是否为关键工作

若出现偏差的工作为关键工作，则无论偏差大小，都对后续工作及总工期产生影响，必须采取相应的调整措施；若出现偏差的工作不为关键工作，需要根据偏差值与总时差和自由时差的大小关系，确定对后续工作和总工期的影响程度。

2.分析进度偏差是否超过总时差

若工作的进度偏差大于该工作的总时差，说明此偏差必将影响后续工作和总工期，必须采取相应的调整措施；若工作的进度偏差小于或等于该工作的总时差，说明此偏差对总工期无影响，但它对后续工作的影响程度，需要根据比较偏差与自由时差的情况来确定。

3.分析进度偏差是否超过自由时差

若工作的进度偏差大于该工作的自由时差，说明此偏差对后续工作产生影响，应该如何调整，应根据后续工作允许影响的程度而定；若工作的进度偏差小于或等于该工作的自由时差，则说明此偏差对后续工作无影响，因此，原进度计划可以不作调整。

经过如此分析，进度控制人员可以确认应该调整产生进度偏差的工作和调整偏差值的大小，以便确定采取调整措施，获得新的符合实际进度情况和计划目标的新进度计划。

（二）施工项目进度计划的调整方法

在对实施的进度计划分析的基础上，应确定调整原计划的方法，一般主要有以下两种：

1.改变某些工作间的逻辑关系

若检查的实际施工进度产生的偏差影响了总工期，在工作之间的逻辑关系允许改变的条件下，改变关键线路和超过计划工期的非关键线路上的有关工作之间的逻辑关系，达到缩短工期的目的。用这种方法调整的效果是很显著的，例如可以把依次进行有关工作改变为平行的或互相搭接的以及分成几个施工段进行流水施工等都可以达到缩短工期的目的。

2.缩短某些工作的持续时间

这种方法是不改变工程项目中各项工作之间的逻辑关系，而通过采取增加资源投入、提高劳动效率等措施来缩短某些工作的持续时间，使工程进度加快，以保证按计划工期完成该工程项目。其调整方法视限制条件及对其后续工作的影响程度的不同而有所区别，一般可分为以下三种情况：

（1）计划中某项工作进度拖延的时间未超过其总时差

此时该工作的实际进度不会影响总工期，而只对其后续工作产生影响。因此，在进行调整前，需要确定其后续工作允许拖延的时间限制，并以此作为进度调整的限制条件。

（2）网络计划中某项工作进度拖延的时间超过其总时差

如果网络计划中某项工作进度拖延的时间超过其总时差，则无论该工作是否为关键工作，其实际进度都将对后续工作和总工期产生影响。此时，进度计划的调整方法又可分为以下三种情况：

①项目总工期不允许拖延。如果工程项目必须按照原计划工期完成，则只能采取缩短关键线路上后续工作持续时间的方法来达到调整计划的目的。

②项目总工期允许拖延。如果项目总工期允许拖延，则此时只需以实际数据取代原计划数据，并重新绘制实际进度检查日期之后的简化网络计划即可。

③项目总工期允许拖延的时间有限。如果项目总工期允许拖延，但允许拖延的时间有限。则当实际进度拖延的时间超过此限制时，也需要对网络计划进行调整，以便满足要求。

具体的调整方法是以总工期的限制时间作为规定工期，对检查日期之后尚未实施的网络计划进行工期优化，即通过缩短关键线路上后续工作持续时间的方法来使总工期满足规定工期的要求。

（3）网络计划中某项工作进度超前

如果建设工程实施过程中出现进度超前的情况，进度控制人员必须综合分析进度超前对后续工作产生的影响，并同承包单位协商，提出合理的进度调整方案，以确保工期总目标的顺利实现。

（三）施工项目进度控制的措施

1.组织措施

（1）增加工作面，组织更多的施工队伍。

（2）增加每天的施工时间。

2.技术措施

（1）改进施工工艺和施工技术、缩短工艺技术间歇时间。

（2）采用更先进的施工方法，以减少施工过程的数量。

（3）采用更先进的施工机械。

3.经济措施

（1）实行包干奖励。

（2）提高奖金数额。

（3）对所采取的技术措施给予相应的经济补偿。

4.其他配套措施

（1）改善外部配合条件。

（2）改善劳动条件。

（3）实施强有力的调度等。

第五章

建筑工程项目资源管理

第一节　建筑工程项目资源管理概述

一、建筑工程项目资源管理的概念

（一）资源

资源，也称为生产要素，是指创造出产品所需要的各种因素，即形成生产力的各种要素。建筑工程项目的资源通常是指投入施工项目的人力资源、材料、机械设备、技术和资金等各要素，是完成施工任务的重要手段，也是建筑工程项目得以实现的重要保证。

1.人力资源

人力资源是指在一定时间空间条件下，劳动力数量和质量的总和。劳动力泛指能够从事生产活动的体力和脑力劳动者，是施工活动的主体，是构成生产力的主要因素，也是最活跃的因素，具有主观能动性。

人力资源掌握生产技术，运用劳动手段，作用于劳动对象，从而形成生产力。

2.材料

材料是指在生产过程中将劳动加于其上的物质资料，包括原材料、设备和周转材料。通过对其进行"改造"形成各种产品。

3.机械设备

机械设备是指在生产过程中用以改变或影响劳动对象的一切物质的因素，包括机械、设备工具和仪器等。

4.技术

技术指人类在改造自然、改造社会的生产和科学实践中积累的知识、技能、经验及体现它们的劳动资料。包括操作技能、劳动手段、劳动者素质、生产工艺、试验检验、管理程序和方法等。

科学技术是构成生产力的第一要素。科学技术的水平，决定和反映了生产力的水平。科学技术被劳动者所掌握，并且融入在劳动对象和劳动手段中，便能形成相当于科学技术水平的生产力水平。

5.资金

在商品生产条件下，进行生产活动，发挥生产力的作用，进行劳动对象的改造，还必须有资金，资金是一定货币和物资的价值总和，是一种流通手段。投入生产的劳动对象、劳动手段和劳动力，只有支付一定的资金才能得到；也只有得到一定的资金，生产者才能将产品销售给用户，并以此维持再生产活动或扩大再生产活动。

（二）建筑工程项目资源管理

建筑工程项目资源管理，是按照建筑工程项目一次性特点和自身规律，对项目实施过程中所需要的各种资源进行优化配置，实施动态控制，有效利用，以降低资源消耗的系统管理方法。

二、建筑工程项目资源管理的内容

建筑工程项目资源管理包括人力资源管理、材料管理、机械设备管理、技术管理和资金管理。

（一）人力资源管理

人力资源管理是指为了实现建筑工程项目的既定目标，采用计划、组织、指挥、监督、协调、控制等有效措施和手段，充分开发和利用项目中人力资源所进行的一系列活动的总称。

目前，我国企业或项目经理部在人员管理上引入了竞争机制，具有多种用工形式，包括固定工、临时工、劳务分包公司所属合同工等。项目经理部进行人力资源管理的关键在于加强对劳务人员的教育培训，提高他们的综合素质，加强思想政治工作，明确责任制，调动职工的积极性，加强对劳务人员的作业检查，以提高劳动效率，保证作业质量。

（二）材料管理

材料管理是指项目经理部为顺利完成工程项目施工任务进行的材料计划、订货采购、运输、库存保管、供应加工、使用、回收等一系列的组织和管理工作。

材料管理的重点在现场，项目经理部应建立完善的规章制度，厉行节约和减少损耗，力求降低工程成本。

（三）机械设备管理

机械设备管理是指项目经理部根据所承担的具体工作任务，优化选择和配备施工机械，并且合理使用、保养和维修等各项管理工作。机械设备管理包括选择、使用、保养、维修、改造、更新等诸多环节。

机械设备管理的关键是提高机械设备的使用效率和完好率，实行责任制，严格按照操作规程加强机械设备的使用、保养和维修。

（四）技术管理

技术管理是指项目经理部运用系统的观点、理论和方法对项目的技术要素与技术活动过程进行计划、组织、监督、控制、协调的全过程管理。

技术要素包括技术人才、技术装备、技术规程、技术资料等；技术活动过程指技术计划、技术运用、技术评价等。技术作用的发挥，除决定于技术本身的水平外，很大程度上还依赖于技术管理水平。没有完善的技术管理，先进的技术是难以发挥作用的。

建筑工程项目技术管理的主要任务是科学地组织各项技术工作，充分发挥技术的作用，确保工程质量；努力提高技术工作的经济效果，使技术与经济有机地结合起来。

（五）资金管理

资金，从流动过程来讲，首先是投入，即筹集到的资金投入到工程项目上；其次是使用，也就是支出。资金管理，也就是财务管理，指项目经理部根据工程项目施工过程中资金流动的规律，编制资金计划，筹集资金，投入资金，资金使用，资金核算与分析等管理工作。项目资金管理的目的是保证收入、节约支出、防范风险和提高经济效益。

三、建筑工程项目资源管理的意义

建筑工程项目资源管理的最根本意义是通过市场调研，对资源进行合理配置，并在项目管理过程中加强管理，力求以较小的投入，取得较好的经济效益。具体体现在以下几点：

（一）进行资源优化配置，即适时、适量、比例适当、位置适宜地配备或投入资源，以满足工程需要。

（二）进行资源的优化组合，使投入工程项目的各种资源搭配适当，在项目中发挥协调作用，有效地形成生产力，适时、合格地生产出产品（工程）。

（三）进行资源的动态管理，即按照项目的内在规律，有效地计划、组织、协调、控制各资源，使之在项目中合理流动，在动态中寻求平衡。动态管理的目的和前提是优化配置与组合，动态管理是优化配置和组合的手段与保证。

（四）在建筑工程项目运行中，合理、节约地使用资源，以降低工程项目成本。

四、建筑工程项目资源管理的主要环节

（一）编制资源配置计划

编制资源配置计划的目的，是根据业主需要和合同要求，对各种资源投入量、投入时间、投入步骤做出合理安排，以满足施工项目实施的需要。计划是优化配置和组合的手段。

（二）资源供应

为保证资源的供应，应根据资源配置计划，安排专人负责组织资源的来源，进行优化选择，并投入到施工项目，使计划得以实现，保证项目的需要。

（三）节约使用资源

根据各种资源的特性，科学配置和组合，协调投入，合理使用，不断纠正偏差，达到节约资源，降低成本的目的。

（四）对资源使用情况进行核算

通过对资源的投入、使用与产出的情况进行核算，了解资源的投入、使用是否恰当，最终实现节约使用的目的。

（五）进行资源使用效果的分析

一方面对管理效果进行总结，找出经验和问题，评价管理活动；另一方面又为管理提供储备和反馈信息，以指导以后（或下一循环）的管理工作。

第二节 建筑工程项目人力资源管理

建筑企业或项目经理部进行人力资源管理，根据工程项目施工现场客观规律的要求，合理配备和使用人力资源，并按工程进度的需要不断调整，在保证现场生产计划顺利完成的前提下，提高劳动生产率，达到以最小的劳动消耗，取得最大的社会效益和经济效益。

一、人力资源优化配置

人力资源优化配置的目的是保证施工项目进度计划的实现，提高劳动力使用效率，降低工程成本。项目经理部应根据项目进度计划和作业特点优化配置人力资源，制定人力需求计划，报企业人力资源管理部门批准。企业人力资源管理部门与劳务分包公司签订劳务分包合同。远离企业本部的项目经理部，可在企业法定代表人授权下与劳务分包公司签订劳务分包合同。

（一）人力资源配置的要求

1. 数量合适

根据工程量的多少和合理的劳动定额，结合施工工艺和工作面的情况确定劳动者的数量，使劳动者在工作时间内满负荷工作。

2. 结构合理

劳动力在组织中的知识结构、技能结构、年龄结构、体能结构、工种结构等方面，应与所承担的生产任务相适应，满足施工和管理的需要。

3. 素质匹配

素质匹配是指：劳动者的素质结构与物质形态的技术结构相匹配；劳动者的技能素质与所操作的设备、工艺技术的要求相适应；劳动者的文化程度、业务知识、劳动技能、熟练程度和身体素质等与所担负的生产和管理工作相适应。

（二）人力资源配置的方法

人力资源的高效率使用，关键在于制定合理的人力资源使用计划。企业管理部门应审核项目经理部的进度计划和人力资源需求计划，并做好下列工作：

1.在人力资源需求计划的基础上编制工种需求计划,防止漏配。必要时根据实际情况对人力资源计划进行调整。

2.人力资源配置应贯彻节约原则,尽量使用自有资源;若现在劳动力不能满足要求,项目经理部应向企业申请加配,或在企业授权范围内进行招募,或把任务转包出去;如现有人员或新招收人员在专业技术或素质上不能满足要求,应提前进行培训,再上岗作业。

3.人力资源配置应有弹性,让班组有超额完成指标的可能,激发工人的劳动积极性。

4.尽量使项目使用的人力在组织上保持稳定,防止频繁变动。

5.为保证作业需要,工种组合、能力搭配应适当。

6.应使人力资源均衡配置以便于管理,达到节约的目的。

(三)劳动力的组织形式

企业内部的劳务承包队,是按作业分工组成的,根据签订的劳务合同可以承包项目经理部所辖的一部分或全部工程的劳务作业任务。其职责是接受企业管理层的派遣,承包工程,进行内部核算,并负责职工培训,思想工作,生活服务,支付工人劳动报酬等。

项目经理部根据人力需求计划、劳务合同的要求,接收劳务分包公司提供的作业人员,根据工程需要,保持原建制不变,或重新组合。组合的形式有以下三种:

1.专业班组。即按施工工艺由同一工种(专业)的工人组成的班组。专业班组只完成其专业范围内的施工过程。这种组织形式有利于提高专业施工水平,提高劳动熟练程度和劳动效率,但各工种之间协作配合难度较大。

2.混合班组。即按产品专业化的要求由相互联系的多工种工人组成的综合性班组。工人在一个集体中可以打破工种界限,混合作业,有利于协作配合,但不利于专业技能及操作水平的提高。

3.大包队。大包队实际上是扩大了的专业班组或混合班组,适用于一个单位工程或分部工程的综合作业承包,队内还可以划分专业班组。优点是可以进行综合承包,独立施工能力强,有利于协作配合,简化了项目经理部的管理工作。

二、劳务分包合同

项目所使用的人力资源无论是来自企业内部,还是企业外部,均应通过劳务分包合同进行管理。

劳务分包合同是委托和承接劳动任务的法律依据,是签约双方履行义务、享受权利及解决争议的依据,也是工程顺利实施的保障。劳务分包合同的内容应包括工程名称,工作内容及范围,提供劳务人员的数量、合同工期,合同价款及确定原则,合同价款的结算和支付,安全施工,重大伤亡及其他安全事故处理,工程质量、验收与保修,工期延误,文明施工,材料机具供应,文物保护,发包人、承包人的权利和义务,违约责任等。

劳务合同通常有两种形式:一是按施工预算中的清工承包;一是按施工预算或投标

价承包。一般根据工程任务的特点与性质来选择合同形式。

三、人力资源动态管理

人力资源的动态管理是指根据项目生产任务和施工条件的变化对人力需求和使用进行跟踪平衡、协调，以解决劳务失衡、劳务与生产脱节的动态过程。其目的是实现人力动态的优化组合。

（一）人力资源动态管理的原则

1.以建筑工程项目的进度计划和劳务合同为依据。

2.始终以劳动力市场为依托，允许人力在市场内充分合理地流动。

3.以企业内部劳务的动态平衡和日常调度为手段。

4.以达到人力资源的优化组合和充分调动作业人员的积极性为目的。

（二）项目经理部在人力资源动态管理中的责任

为了提高劳动生产率，充分有效地发挥和利用人力资源，项目经理部应做好以下工作：

1.项目经理部应根据工程项目人力需求计划向企业劳务管理部门申请派遣劳务人员，并签订劳务合同。

2.为了保证作业班组有计划地进行作业，项目经理部应按规定及时向班组下达施工任务单或承包任务书。

3.在项目施工过程中不断进行劳动力平衡、调整，解决施工要求与劳动力数量、工种、技术能力、相互配合间存在的矛盾。项目经理部可根据需要及时进行人力的补充或减员。

4.按合同支付劳务报酬。解除劳务合同后，将人员遣归劳务市场。

（三）企业劳务管理部门在人力资源动态管理中的职责

企业劳务管理部门对劳动力进行集中管理，在动态管理中起着主导作用，它应做好以下工作：

1.根据施工任务的需要和变化，从社会劳务市场中招募和遣返劳动力。

2.根据项目经理部提出的劳动力需要量计划与项目经理部签订劳务合同，按合同向作业队下达任务，派遣队伍。

3.对劳动力进行企业范围内的平衡、调度和统一管理。某一施工项目中的承包任务完成后，收回作业人员，重新进行平衡、派遣。

4.负责企业劳务人员的工资、奖金管理，实行按劳分配，兑现奖罚。

四、人力资源的教育培训

作为建筑工程项目管理活动中至关重要的一个环节，人力资源培训与考核起到了及时为项目输送合适的人才，在项目管理在过程中不断提高员工素质和适应力，全力推动项目进展等作用。在组织竞争与发展中，努力使人力资源增值，从长远来说是一项战略任务，而培训开发是人力资源增值的重要途径。

建筑业属于劳动密集型产业，人员素质层次不同，劳动用工中合同工和临时工比重大，人员素质较低，劳动熟练程度参差不齐，专业跨度大，室外作业及高空作业多，使得人力资源管理具有很大的复杂性。只有加强人力资源的教育培训，对拟用的人力资源进行岗前教育和业务培训，不断提高员工素质，才能提高劳动生产率，充分有效地发挥和利用人力资源，减少事故的发生率，降低成本，提高经济效益。

（一）合理的培训制度

1.计划合理

根据以往培训的经验，初步拟定各类培训的时间周期。认真细致的分析培训需求，初步安排出不同层次员工的培训时间、培训内容和培训方式。

2.注重实施

在培训过程当中，做好各个环节的记录，实现培训全过程的动态管理。与参加培训的员工保持良好的沟通，根据培训意见反馈情况，对出现的问题和建议，与培训师进行沟通，及时纠偏。

3.跟踪培训效果

培训结束后，对培训质量、培训费用、培训效果进行科学的评价。其中，培训效果是评价的重点，主要应包括是否公平分配了企业员工的受训机会、通过培训是否提高了员工满意度、是否节约了时间和成本、受训员工是否对培训项目满意等。

（二）层次分明的培训

建筑工程项目人员一般有三个层次，即高层管理者、中层协调者和基层执行者。其职责和工作任务各不相同，对其素质的要求自然也是不同的。因此，在培训过程中，对于三个层次人员的培训内容、方式均要有所侧重。如对进场劳务人员首先要进行入场教育和安全教育，使其具备必要的安全生产知识，熟悉有关安全生产规章制度和操作规程，掌握本岗位的安全操作技能；然后再不断进行技术培训，提高其施工操作熟练程度。

（三）合适的培训时机

培训的时机是有讲究的。在建筑工程项目管理中，鉴于施工季节性强的特点，不能强制要求现场技术人员在施工的最佳时机离开现场进行培训，否则，不仅会影响生产，培训的效果也会大打折扣。因此，合适的培训时机，会带来更好的培训效果。

五、人力资源的绩效评价与激励

人力资源的绩效评价既要考虑人力的工作业绩，还要考虑其工作过程、行为方式和客观环境条件，并且应与激励机制相结合。

（一）绩效评价的含义

绩效评价指按一定标准，应用具体的评价方法，检查和评定人力个体或群体的工作过程、工作行为、工作结果，以反映其工作成绩，并将评价结果反馈给个体或群体的过程。

绩效评价一般分为三个层次：组织整体的、项目团队或项目小组的、员工个体的绩效评价。其中，个体的绩效评价是项目人力资源管理的基本内容。

（二）绩效评价的作用

现代项目人力资源管理是系统性管理，即从人力资源的获得、选择与招聘，到使用中的培训与提高、激励与报酬、考核与评价等全方位、专门的管理体系，其中绩效评价尤其重要。绩效评价为人力资源管理各方面提供反馈信息，作用如下：

1.绩效评价可使管理者重新制定或修订培训计划，纠正可识别的工作失误。

2.确定员工的报酬。现代项目管理要求员工的报酬遵守公平与效率的原则。因此，必须对每位员工的劳动成果进行评定和计量，按劳分配。合理的报酬不仅是对员工劳动成果的认可，还可以产生激励作用，在组织内部形成竞争的氛围。

3.通过绩效评价，可以掌握员工的工作信息，如工作成就、工作态度、知识和技能的运用程度等，从而决定员工的留退、升降、调配。

4.通过绩效评价，有助于管理者对员工实施激励机制，如薪酬奖励、授予荣誉、培训提高等。

为了充分发挥绩效评价的作用，在绩效评价方法、评价过程、评价影响等方面，必须遵循公开公平、客观公正、多渠道、多方位、多层次的评价原则。

（三）员工激励

员工激励是做好项目管理工作的重要手段，管理者必须深入了解员工个体或群体的各种需要，正确选择激励手段，制定合理的奖惩制度，恰当地采取奖惩和激励措施。激励能够提高员工的工作效率，有助于项目整体目标的实现，有助于提高员工的素质。

激励方式有多种多样，如物质激励与荣誉激励、参与激励与制度激励、目标激励与环境激励、榜样激励与情感激励等。

第三节 建筑工程项目材料管理

做好建筑工程项目材料管理工作，有利于合理使用和节约材料，保证并提高建筑产品的质量，降低工程成本，加速资金周转，增加企业盈利，提高经济效益。

一、建筑工程项目材料的分类

一般建筑工程项目中，用到的材料品种繁多，材料费用占工程造价的比重较大，加强材料管理是提高经济效益的最主要途径。材料管理应抓住重点，分清主次，分别管理控制。

材料分类的方法很多。可按材料在生产中的作用，材料的自然属性和管理方法的不同进行分类。

（一）按材料的作用分类

按材料在建筑工程中所起的作用可分为主要材料、辅助材料和其他材料。这种分类方法便于制定材料的消耗定额，从而进行成本控制。

（二）按材料的自然属性分类

按材料的自然属性可分为金属材料和非金属材料。这种分类方法便于根据材料的物理、化学性能进行采购、运输和保管。

（三）按材料的管理方法分类

ABC分类法是按材料价值在工程中所占比重来划分的，这种分类方法便于找出材料管理的重点对象，针对不同对象采取不同的管理措施，以便取得良好的经济效益。

ABC分类法是把成本占材料总成本75%~80%，而数量占材料总数量10%~15%的材料列为A类材料；成本占材料总成本10%~15%，而数量占材料总数量20%~25%的材料列为B类材料；成本占材料总成本5%~10%，而数量占材料总数量65%~70%的材料列为C类材料。A类材料为重点管理对象，如钢材、水泥、木材、砂子、石子等，由于其占用资金较多，要严格控制订货量，尽量减小库存，把这类材料控制好，能对节约资金起到重要的作用；B类材料为次要管理对象，对B类材料也不能忽视，应认真管理，定期检查，控制其库存，按经济批量订购，按储备定额储备；C类材料为一般管理对象，可采取简化方法管理，稍加控制即可。

二、建筑工程项目材料管理的任务

建筑工程项目材料管理的主要任务，可归纳为保证供应、降低消耗、加速周转、节约费用四个方面，具体内容有：

（一）保证供应

材料管理的首要任务是根据施工生产的要求，按时、按质、按量供应生产所需的各种材料。经常保持供需平衡，既不短缺导致停工待料，也不超储积压造成浪费和资金周转失灵。

（二）降低消耗

合理地、节约地使用各种材料，提高它们的利用率。为此，要制定合理的材料消耗定额，严格地按定额计划平衡材料、供应材料、考核材料消耗情况，在保证供应时监督材料的合理使用、节约使用。

（三）加速周转

缩短材料的流通时间，加速材料周转，这也意味着加快资金的周转。为此，要统筹安排供应计划，搞好供需衔接；要合理选择运输方式和运输工具，尽量就近组织供应，力争直达直拨供应，减少二次搬运；要合理设库和科学地确定库存储备量，保证及时供应，加快周转。

（四）节约费用

全面地实行经济核算，不断降低材料管理费用，以最少的资金占用，最低的材料成本，完成最多的生产任务。为此，在材料供应管理工作中，必须明确经济责任，加强经济核算，提高经济效益。

三、建筑工程项目材料的供应

（一）企业管理层的材料采购供应

建筑工程项目材料管理的目的是贯彻节约原则，降低工程成本。材料管理的关键环节在于材料的采购供应。工程项目所需要的主要材料和大宗材料，应由企业管理层负责采购，并按计划供应给项目经理部，企业管理层的采购与供应直接影响着项目经理部工程项目目标的实现。

企业物流管理部门对工程项目所需的主要材料、大宗材料实行统一计划、统一采购、统一供应、统一调度和统一核算，并对使用效果进行评估，实现工程项目的材料管理目标。企业管理层材料管理的主要任务有：

1.综合各项目经理部材料需用量计划，编制材料采购和供应计划，确定并考核施工项目的材料管理目标。

2.建立稳定的供货渠道和资源供应基地，在广泛搜集信息的基础上，发展多种形式的横向联合，建立长期、稳定、多渠道可供选择的货源，组织好采购招标工作，以便获取优质低价的物质资源，为提高工程质量、降低工程成本打下牢固的物质基础。

3.制定本企业的材料管理制度，包括材料目标管理制度，材料供应和使用制度，并进

（二）项目经理部的材料采购

供应为了满足施工项目的特殊需要，调动项目管理层的积极性，企业应授权项目经理部必要的材料采购权，负责采购授权范围内所需的材料，以利于弥补相互间的不足，保证供应。随着市场经济的不断完善，建筑材料市场必将不断扩大，项目经理部的材料采购权也会越来越大。此外，对于企业管理层的采购供应，项目管理层也可拥有一定的建议权。

（三）企业应建立内部材料市场

为了提高经济效益，促进节约，培养节约意识，降低成本，提高竞争力，企业应在专业分工的基础上，把商品市场的契约关系、交换方式、价格调节、竞争机制等引入企业，建立企业内部的材料市场，满足施工项目的材料需求。

在内部材料市场中，企业材料部门是卖方，项目管理层是买方，各方的权限和利益由双方签订买卖合同予以明确。主要材料和大宗材料、周转材料、大型工具、小型及随手工具均应采取付费或租赁方式在内部材料市场解决。

四、建筑工程项目材料的现场管理

（一）材料的管理责任

项目经理是现场材料管理的全面领导者和责任者；项目经理部材料员是现场材料管理的直接责任人；班组料具员在主管材料员业务指导下，协助班组长并监督本班组合理领料、用料、退料。

（二）材料的进场验收

材料进场验收能够划清企业内部和外部经济责任，防止进料中的差错事故和因供货单位、运输单位的责任事故给企业造成不应有的损失。

1. 进场验收要求

材料进场验收必须做到认真、及时、准确、公正、合理；严格检查进场材料的有害物质含量检测报告，按规范应复验的必须复验，无检测报告或复验不合格的应予以退货；严禁使用有害物质含量不符合国家规定的建筑材料。

2. 进场验收

材料进场前应根据施工现场平面图进行存料场地及设施的准备，保持进场道路畅通，以便运输车辆进出。验收的内容包括单据验收、数量验收和质量验收。

3. 验收结果处理

（1）进场材料验收后，验收人员应按规定填写各类材料的进场检测记录。

（2）材料经验收合格后，应及时办理入库手续，由负责采购供应的材料人员填写《验收单》，经验收人员签字后办理入库，并及时登账、立卡、标识。

（3）经验收不合格，应将不合格的物资单独码放于不合格区，并进行标识，尽快退场，以免用于工程。同时做好不合格品记录和处理情况记录。

（4）已进场（入库）材料，发现质量问题或技术资料不齐时，收料员应及时填报《材料质量验收报告单》报上一级主管部门，以便及时处理，暂不发料，不使用，原封妥善保管。

（三）材料的储存与保管

材料的储存，应根据材料的性能和仓库条件，按照材料保管规程，采用科学的方法进行保管和保养，以减少材料保管损耗，保持材料原有使用价值。进场的材料应建立台账，要日清、月结、定期盘点、账实相符。

材料储存应满足下列要求：

1. 入库的材料应按型号、品种分区堆放，并分别编号、标识。
2. 易燃易爆的材料应专门存放、专人负责保管，并有严格的防火、防爆措施。
3. 有防湿、防潮要求的材料，应采取防湿、防潮措施，并做好标识。
4. 有保质期的库存材料应定期检查，防止过期，并做好标识。
5. 易损坏的材料应保护好外包装，防止损坏。

（四）材料的发放和领用

材料领发标志着料具从生产储备转入生产消耗，必须严格执行领发手续，明确领发责任。控制材料的领发，监督材料的耗用，是实现工程节约，防止超耗的重要保证。

凡有定额的工程用料，都应凭定额领料单实行限额领料。限额领料是指在施工阶段对施工人员所使用物资的消耗量控制在一定的消耗范围内，是企业内开展定额供应，提高材料的使用效果和企业经济效益，降低材料成本的基础和手段。超限额的用料，用料前应办理手续，填写超限额领料单，注明超耗原因，经项目经理部材料管理人员审批后实施。

材料的领发应建立领发料台账，记录领发状况和节超状况，分析、查找用料节超原因，总结经验，吸取教训，不断提高管理水平。

（五）材料的使用监督

对材料的使用进行监督是为了保证材料在使用过程中能合理地消耗，充分发挥其最大效用。监督的内容包括：是否认真执行领发手续，是否严格执行配合比，是否按材料计划合理用料，是否做到随领随用、工完料净、工完料退、场退地清，谁用谁清，是否按规定进行用料交底和工序交接，是否做到按平面图堆料，是否按要求保护材料等。检查是监督的手段，检查要做好记录，对存在的问题应及时分析处理。

第四节 建筑工程项目机械设备管理

随着工程施工机械化程度的不断提高，机械设备在施工生产中发挥着不可替代的决定性作用。施工机械设备的先进程度及数量，是施工企业的主要生产力，是保持企业在市场经济中稳定协调发展的重要物质基础。加强建筑工程项目机械设备管理，对于充分发挥机械设备的潜力，降低工程成本，提高经济效益起着决定性的作用。

一、机械设备管理的内容

机械设备管理的具体工作内容包括：机械设备的选择及配套、维修和保养、检查和修理、制定管理制度、提高操作人员技术水平、有计划地做好机械设备的改造和更新。

二、建筑工程项目机械设备的来源

建筑工程项目所需用的机械设备通常由以下方式获得：

（一）企业自有

建筑企业根据本身的性质、任务类型、施工工艺特点和技术发展趋势购置部分企业常年大量使用的机械设备，达到较高的机械利用率和经济效果。项目经理部可调配或租赁企业自有的机械设备。

（二）租赁方式

某些大型、专用的特殊机械设备，建筑企业不适宜自行装备时，可以租赁方式获得使用。租用施工机械设备时，必须注意核实以下内容：出租企业的营业执照、租赁资质、机械设备安装资质、安全使用许可证、设备安全技术定期检定证明、机械操作人员作业证等。

（三）机械施工承包

某些操作复杂、工程量较大或要求人与机械密切配合的工程，如大型土方、大型网架安装、高层钢结构吊装等，可由专业机械化施工公司承包。

（四）企业新购

根据施工情况需要自行购买的施工机械设备、大型机械及特殊设备，应充分调研，制定出可行性研究报告，上报企业管理层和专业管理部门审批。

施工中所需的机械设备具体采用哪种方式获得，应通过技术经济分析确定。

三、建筑工程项目机械设备的合理使用

要使施工机械正常运转，在使用过程中经常保持完好的技术状况，就要尽量避免机件的过早磨损及消除可能产生的事故，延长机械的使用寿命，提高机械的生产效率。合理使用机械设备必须做好以下工作：

（一）人机固定

实行机械使用、保养责任制，指定专人使用、保养，实行专人专机，以便操作人员更好地熟悉机械性能和运转情况，更好地操作设备。非本机人员严禁上机操作。

（二）实行操作证制度

对所有机械操作人员及修理人员都要进行上岗培训，建立培训档案，让他们既掌握实际操作技术又懂得基本的机械理论知识和机械构造，经考核合格后持证上岗。

（三）遵守合理使用规定

严格遵守合理的使用规定，防止机件早期磨损，延长机械使用寿命和修理周期。

（四）实行单机或机组核算

将机械设备的维护、机械成本与机车利润挂钩进行考核，根据考核成绩实行奖惩，这是提高机械设备管理水平的重要举措。

（五）合理组织机械设备施工

加强维修管理，提高单机效率和机械设备的完好率，合理组织机械调配，搞好施工计划工作。

（六）做好机械设备的综合利用

施工现场使用的机械设备尽量做到一机多用，充分利用台班时间，提高机械设备利用率。如垂直运输机械，也可在回转范围内作水平运输、装卸等。

（七）机械设备安全作业

在机械作业前项目经理部应向操作人员进行安全操作交底，使操作人员清楚地了解施工要求、场地环境、气候等安全生产要素。项目经理部应按机械设备的安全操作规程安排工作和进行指挥，不得要求操作人员违章作业，也不得强令机械设备带病操作，更不得指挥和允许操作人员野蛮施工。

（八）为机械设备的施工创造良好条件

现场环境、施工平面布置应满足机械设备作业要求，道路交通应畅通、无障碍，夜间施工要安排好照明。

四、建筑工程项目机械设备的保养与维修

为保证机械设备经常处于良好的技术状态，必须强化对机械设备的维护保养工作。机械设备的保养与维修应贯彻"养修并重、预防为主"的原则，做到定期保养，强制进行，正确处理使用、保养和修理的关系，不允许只用不养，只修不养。

（一）机械设备的保养

机械设备的保养坚持推广以"清洁、润滑、调整、紧固、防腐"为主要内容的"十字"作业法，实行例行保养和定期保养制，严格按使用说明书规定的周期及检查保养项目进行。

1. 例行（日常）保养

例行保养属于正常使用管理工作，不占用机械设备的运转时间，例行保养是在机械运行的前后及过程中进行的清洁和检查，主要检查要害、易损零部件（如机械安全装置）的情况、冷却液、润滑剂、燃油量、仪表指示等。例行保养由操作人员自行完成，并认真填写机械例行保养记录。

2. 强制保养

所谓强制保养，是按一定的周期和内容分级进行，需占用机械设备运转时间而停工进行的保养。机械设备运转到了规定的时限，不管其技术状态好坏，任务轻重，都必须按照规定作业范围和要求进行检查和维护保养，不得借故拖延。

企业要开展现代化管理教育，使各级领导和广大设备使用工作者认识到：机械设备的完好率和使用寿命，在很大程度上决定于保养工作的好坏。如忽视机械技术保养，只顾眼前的需要和方便，直到机械设备不能运转时才停用，则必然会导致设备的早期磨损、寿命缩短，各种材料消耗增加，甚至危及安全生产。不按照规定保养设备是粗野的使用、愚昧的管理，与现代化企业的科学管理是背道而驰的。

（二）机械设备的维修

机械设备修理是对机械设备的自然损耗进行修复，排除机械运行的故障，对损坏的零部件进行更换、修复。对机械设备的维修可以保证机械设备的使用效率，延长使用寿命。机械设备修理分为大修理、中修理和小修理。

1. 大修理

大修理是对机械设备进行全面的解体检查修理，保证各零部件质量和配合要求，使其达到良好的技术状态，恢复可靠性和精度等工作性能，以延长机械的使用寿命。

2. 中修理

中修理是更换与修复设备的主要零部件和数量较多的其他磨损件，并校正机械设备的基准，恢复设备的精度、性能和效率，以延长机械设备的大修间隔。

3. 小修理

小修理一般指临时安排的修理，目的是消除操作人员无力排除的突然故障、个别零件损坏或一般事故性损坏等问题，一般都和保养相结合，不列入修理计划。而大修、中修需列入修理计划，并按计划的预检修制度执行。

第五节　建筑工程项目技术管理

一、建筑工程项目技术管理工作的内容

建筑工程项目技术管理工作包括技术管理基础工作、施工过程的技术管理工作、技术开发管理工作三方面的内容。

（一）技术管理基础工作

技术管理基础工作包括：实行技术责任制、执行技术标准与规程、制定技术管理制度、开展科学研究、开展科学实验、交流技术情报和管理技术文件等。

（二）施工过程技术管理工作

施工过程的技术管理工作包括：施工工艺管理、材料试验与检验、计量工具与设备的技术核定、质量检查与验收和技术处理等。

（三）技术开发管理工作

技术开发管理工作包括：技术培训、技术革新、技术改造、合理化建议和技术攻关等。

二、建筑工程项目技术管理基本制度

（一）图纸自审与会审制度

建立图纸会审制度，明确会审工作流程，了解设计意图，明确质量要求，将图纸上存在的问题和错误、专业之间的矛盾等，尽可能地在工程开工之前解决。

施工单位在收到施工图及有关技术文件后，应立即组织有关人员学习研究施工图纸。在学习、熟悉图纸的基础上进行图纸自审。

图纸会审是指在开工前，由建设单位或其委托的监理单位组织、设计单位和施工单位参加，对全套施工图纸共同进行的检查与核对。图纸会审的程序为：

1.设计单位介绍设计意图和图纸、设计特点及对施工的要求。

2.施工单位提出图纸中存在的问题和对设计的要求。

3.三方讨论与协商，解决提出的问题，写出会议纪要，交给设计人员，设计人员对会议纪要提出的问题进行书面解释或提出设计变更通知书。

图纸会审是施工单位领会设计意图，熟悉设计图纸的内容，明确技术要求，及早发现并消除图纸中的技术错误和不当之处的重要手段，它是施工单位在学习和审查图纸的基础上，进行质量控制的一种重要而有效的方法。

（二）建筑工程项目管理实施规划与季节性施工方案管理制度

建筑工程项目管理实施规划是整个工程施工管理的执行计划，必须由项目经理组织项目经理部在开工前编制完成，旨在指导施工项目实施阶段的管理和施工。

由于工程项目生产周期长，一般项目都要跨季施工，又因施工为露天作业，所以跨季连续施工的工程项目必须编制季节性施工方案，遵守相关规范，采取一定措施保证工程质量。如工程所在地室外平均气温连续5天稳定低于5℃时，应按冬期施工方案施工。

（三）技术交底制度

制定技术交底制度，明确技术交底的详细内容和施工过程中需要跟踪检查的内容，以保证技术责任制的落实、技术管理体系正常运转以及技术工作按标准和要求运行。

技术交底是在正式施工前，对参与施工的有关管理人员、技术人员及施工班组的工人交代工程情况和技术要求，避免发生指导和操作错误，以便科学地组织施工，并按合理的工序、工艺流程进行作业。技术交底包括整个工程、各分部分项工程、特殊和隐蔽工程，应重点强调易发生质量事故和安全事故的工程部位或工序，防止发生事故。技术交底必须满足施工规范、规程、工艺标准、质量验收标准和施工合同条款。

1.技术交底形式

（1）书面交底。把交底的内容和技术要求以书面形式向施工的负责人和全体有关人员交底，交底人与接受人在交底完成后，分别在交底书上签字。

（2）会议交底。通过组织相关人员参加会议，向到会者进行交底。

（3）样板交底。组织技术水平较高的工人作出样板，经质量检查合格后，对照样板向施工班组交底。交底的重点是操作要领、质量标准和检验方法。

（4）挂牌交底。将交底的主要内容、质量要求写在标牌上，挂在操作场所。

（5）口头交底。适用于人员较小，操作时间比较短，工作内容比较简单的项目。

（6）模型交底。对于比较复杂的设备基础或建筑构件，可做模型进行交底，使操作者加深认识。

2.设计交底

由设计单位的设计人员向施工单位交底，一般和图纸会审一起进行。内容包括：设计文件的依据，建设项目所处规划位置、地形、地貌、气象、水文地质、工程地质、地震烈度，施工图设计依据，设计意图以及施工时的注意事项等。

3.施工单位技术负责人向下级技术负责人交底

施工单位技术负责人向下级技术负责人交底的内容包括：工程概况一般性交底，工程特点及设计意图，施工方案，施工准备要求，施工注意事项，包括地基处理、主体施工、装饰工程的注意事项及工期、质量、安全等。

4.技术负责人对工长、班组长进行技术交底

施工项目技术负责人应按分部分项工程对工长、班组长进行技术交底，内容包括：设计图纸具体要求，施工方案实施的具体技术措施及施工方法，土建与其他专业交叉作业的协作关系及注意事项，各工种之间协作与工序交接质量检查，设计要求，规范、规程、工艺标准，施工质量标准及检验方法，隐蔽工程记录、验收时间及标准，成品保护项目、办法与制度以及施工安全技术措施等。

5.工长对班组长、工人交底

工长主要利用下达施工任务书的时间对班组长、工人进行分项工程操作交底。

（四）隐蔽、预验工作管理制度

隐蔽、预检工作实行统一领导，分专业管理。各专业应明确责任人，管理制度要明确隐蔽、预检的项目和工作程序，参加的人员制定分栋号、分层、分段的检查计划，对遗留问题的处理要有专人负责。确保及时、真实、准确、系统，资料完整具有可追溯性。

隐蔽工程是指完工后将被下一道工序掩盖，其质量无法再次进行复查的工程部位。隐蔽工程项目在隐蔽前应进行严密检查，做好记录，签署意见，办理验收手续，不得后补。如有问题需复验的，必须办理复验手续，并由复验人作出结论，填写复验日期。

施工预检是工程项目或分项工程在施工前所进行的预先检查。预检是保证工程质量、防止发生质量事故的重要措施。除施工单位自身进行预检外，监理单位还应对预检工作进行监督并予以审核认证。预检时要做好记录。建筑工程的预检项目如下：

1.建筑物位置线。包括水准点、坐标控制点和平面示意图，重点工程应有测量记录。

2.基槽验线。包括轴线、放坡边线、断面尺寸、标高（槽底标高、垫层标高）和坡度等。

3.模板。包括几何尺寸、轴线、标高、预埋件和留孔洞位置、模板牢固性、清扫口留置、模板清理、脱膜剂涂刷和止水要求等。

4.楼层放线。包括各层墙柱轴线和边线。

5.翻样检查。包括几何尺寸和节点做法等。

6.楼层50cm水平线检查。

7.预制构件吊装。包括轴线位置、构件型号、堵孔、清理、标高、垂直偏差及构件裂缝和损伤处理等。

8.设备基础。包括位置、标高、几何尺寸、预留孔和预埋件等。

9.混凝土施工缝留置的方法和位置和接槎的处理。

（五）材料、设备检验和施工试验制度

由项目技术负责人明确责任人和分专业负责人，明确材料、成品、半成品的检验和施工试验的项目，制定试验计划和操作规程，对结果进行评价。确保项目所用材料、构

件、零配件和设备的质量，进而保证工程质量。

（六）工程洽商、设计变更管理制度

由项目技术负责人指定专人组织制定管理制度，经批准后实施。明确工程洽商内容、技术洽商的责任人及授权规定等。涉及影响规划及公用、消防部门已审定的项目，如改变使用功能，增减建筑高度、面积，改变建筑外廓形态及色彩等项目时，应明确其变更需具备的条件及审批的部门。

（七）技术信息和技术资料管理制度

技术信息和技术资料的形成，须建立责任制度，统一领导，分专业管理。做到及时、准确、完整，符合法规要求，无遗留问题。

技术信息和技术资料由通用信息、资料（法规和部门规章、材料价格表等）和本工程专项信息资料两大部分组成。前者是指导性、参考性资料，后者是工程归档资料，是为工程项目交工后，给用户在使用维护、改建、扩建及给本企业再有类似的工程施工时作参考。工程归档资料是在生产过程中直接产生和自然形成的，内容有：图纸会审记录、设计变更，技术核定单，原材料、成品、半成品的合格证明及检验记录，隐蔽工程验收记录等；还有工程项目施工管理实施规划、研究与开发资料、大型临时设施档案、施工日志和技术管理经验总结等。

（八）技术措施管理制度

技术措施是为了克服生产中的薄弱环节，挖掘生产潜力，保证完成生产任务，获得良好经济效果，在提高技术水平方面采取的各种手段或办法。技术措施不同于技术革新，技术革新强调一个"新"字，而技术措施则是综合已有的先进经验或措施。要做好技术措施工作，必须编制并执行技术措施计划。

1.技术措施计划的主要内容

（1）加快施工进度方面的技术措施。

（2）保证和提高工程质量的技术措施。

（3）节约劳动力、原材料、动力、燃料和利用"三废"等方面的技术措施。

（4）推广新技术、新工艺、新结构、新材料的技术措施。

（5）提高机械化水平，改进机械设备的管理以提高完好率和利用率的措施。

（6）改进施工工艺和施工技术以提高劳动生产率的措施。

（7）保证安全施工的措施。

2.技术措施计划的执行

（1）技术措施计划应在下达施工计划的同时，下达到工长及有关班组。

（2）对技术组织措施计划的执行情况应认真检查，督促执行，发现问题及时处理。如无法执行，应查明原因，进行分析。

（3）每月月底，施工项目技术负责人应汇总当月的技术措施计划执行情况，填写报表上报，进行总结并公布成果。

（九）计量、测量工作管理制度

制定计量、测量工作管理制度，明确需计量和测量的项目及其所使用的仪器、工具，规定计量和测量操作规程，对其成果、工具和仪器设备进行管理。

（十）其他技术管理制度

除以上几项主要技术管理制度外，施工项目经理部还应根据实际需要，制定其他技术管理制度，保证相关技术工作正常运行。如土建与水电专业施工协作技术规定、技术革新与合理化建议管理制度和技术发明奖励制度等。

第六节 建筑工程项目资金管理

建筑工程项目的资金，是项目资源的重要组成内容，是项目经理部在项目实施阶段占用和支配其他资源的货币表现，是保证其他资源市场流通的手段，是进行生产经营活动的必要条件和基础。资金管理直接关系到施工项目的顺利实施和经济效益的获得。

一、建筑工程项目资金管理的目的

建筑工程项目资金管理的目的是保证收入、节约支出、防范风险和提高经济效益。

（一）保证收入

目前我国工程造价多采用暂定量或合同价款加增减账结算，因此抓好工程预算结算工作，尽快确定工程价款，以保证工程款的收入。开工后，必须随工程施工进度抓好已完工工程量的确认及变更、索赔等工作，及时同建设单位办理工程进度款的结算。在施工过程中，保证工程质量，消除质量隐患和缺陷，以保证工程款足额拨付。同时还要注意做好工程的回访和保修，以利于工程尾款（质量保证金）在保修期满后及时回收。

（二）节约支出

工程项目施工中各种费用支出须精心计划，节约使用，保证项目经理部有足够的资金支付能力。必须加强资金支出的计划控制，工、料、机的投入采用定额管理，管理费用要有开支标准。

（三）防范风险

项目经理部要合理预测项目资金的收入和支出情况，对各种影响因素进行正确评估，最大限度地避免资金的收入和支出风险（如工程款拖欠、施工方垫付工程款等）。

注意发包方资金到位情况，签好施工合同，明确工程款支付办法和发包方供料范围。关注发包方资金动态，在已经发生垫资的情况下，要适当控制施工进度，以利资金的回收。如垫资超出计划，应调整施工方案，压缩规模，甚至暂缓或停止施工，同时积极与发包主协商，保住工程项目以利收回垫资。

（四）提高经济效益

项目经济效益的好坏，在很大程度上取决于能否管好、用好资金。节约资金可降低财务费用，减少银行贷款利息支出。在支付工、料、机生产费用时，应考虑资金的时间因素，签好相关付款协议，货比三家，尽量做到所购物物美价廉。承揽施工任务，既要保证质量，按期交工，又要加强施工管理，做好预决算，按期回收工程价款，提高经济效益和企业竞争力。

二、建筑工程项目资金收支的预测与分析

编制项目资金收支计划，是项目经理部在资金管理工作中首先要完成的工作，因为一方面要及时上报企业管理层审批，另一方面，项目资金收支计划是实现项目资金管理目标的重要手段。

（一）资金收入预测

施工项目的资金收入一般指预测收入。在施工项目实施过程中，应从按合同规定收取工程预付款开始，每月按工程进度收取工程进度款，直到最终竣工结算。所以应根据施工进度计划及合同规定按时测算出价款数额，作出项目收入预测表，绘出项目资金按月收入图及项目资金按月累加收入图。

施工项目资金收入主要来源有：

1.按合同规定收取的工程预付款。

2.每月按工程进度收取的工程进度款。

3.各分部分项、单位工程竣工验收合格和工程最终验收合格后的竣工结算款。

4.自有资金的投入或为弥补资金缺口而获得的有偿资金。

（二）资金支出预测

施工项目资金的支出主要用于其他资源的购买或租赁、劳动者工资的支付、施工现场的管理费用等。资金的支出预测依据主要有：施工项目的责任成本控制计划、施工管理规划及材料和物资的储备计划。

施工项目资金预测支出包括：

1.消耗人力资源的支付。

2.消耗材料及相关费用的支付。

3.消耗机械设备、工器具等的支付。

4.其他直接费用和间接费用的支付。

5.自有资金投入后利息的损失或投入有偿资金后利息的支付。

（三）资金预测结果分析

将施工项目资金收入预测累计结果和支出预测累计结果绘制在同一坐标图上进行分析。

三、建筑工程项目资金的使用管理

项目实施过程中所需资金的使用由项目经理部负责管理，资金运作全过程要接受企业内部银行的管理。

（一）企业内部银行

内部银行即企业内部各核算单位的结算中心，按照商业银行运行机制，为各核算单位开立专用账号，核算各单位货币资金的收支情况。内部银行对存款单位负责，"谁账户的资金谁使用"，不许透支、存款有息、贷款付息、违规罚款，实行金融市场化管理。

内部银行同时行使企业财务管理职能，进行项目资金的收支预测，统一对外收支与结算，统一对外办理贷款筹集资金和内部单位的资金借款，并负责组织企业内部各单位利税和费用上缴等工作，发挥企业内部的资金调控管理职能。

项目经理部在施工项目所需资金的运作上具有相当的自主性，项目经理部以独立身份在企业内部银行设立项目专用账号，包括存款账号和贷款账号。

（二）项目资金的使用管理

项目资金的管理实际上反映了项目施工管理的水平，从施工方案的选择、进度安排，到工程的建造，都要用先进的施工技术，科学的管理方法提高生产效率、保证工程质量、降低各种消耗，努力做到以较少的投入，创造较大的经济效益。

建立健全项目资金管理责任制，明确项目资金的使用管理由项目经理负责，明确财务管理人员负责组织日常管理工作，明确项目预算员、计划员、统计员、材料员、劳动定额员等管理人员的资金管理职责和权限，做到统一管理，归口负责。

明确了职责和权限，还需要有具体的落实。管理方式讲求经济手段，针对资金使用过程中的重点环节，在项目经理部管理层与操作层之间可运用市场和经济的手段，其中在管理层内部主要运用经济手段。总之，一切有市场规则性的、物质的、经济的、带有激励和惩罚性的手段，均可供项目经理部在管理工作中选择并合法而有效地加以利用。

第六章

建筑工程项目成本管理

第一节　建筑工程项目成本管理概述

一、项目成本的概念、构成及形式

成本是指为进行某项生产经营活动所发生的全部费用。它是一种耗费，是耗费劳动（物化劳动和活劳动）的货币表现形式。

项目成本是指在建设工程项目的施工过程中所发生的全部生产费用的总和，包括消耗的原材料、辅助材料、构配材料等费用，周转材料的摊销费或租赁费，施工机械的使用费或租赁费，支付给生产工人的工资、奖金、工资性质的津贴等，以及进行施工组织与管理所发生的全部费用支出。建筑工程项目成本由直接成本和间接成本构成。

（一）建筑工程项目成本的构成

按照国家现行制度的规定，施工过程中所发生的各项费用支出均应计入施工项目成本。在经济运行过程中，没有一种单一的成本概念能适用于各种不同的场合，不同的研究目的就需要不同的成本概念。成本费用按性质可将其划分为直接成本和间接成本两部分。

1.直接成本

直接成本是指施工过程中耗费的构成工程实体或有助于工程实体形成的各项费用支出，是可以直接计入工程对象的费用，包括人工费、材料费、施工机械使用费和施工措施费等。

2.间接成本

间接成本是指为施工准备、组织和管理施工生产的全部费用的支出，是非直接用于也无法直接计入工程对象，但为进行工程施工所必须发生的费用，包括管理人员工资、办公费、差旅交通费等。

对于企业所发生的企业管理费用、财务费用和其他费用，则按规定计入当期损益，亦即计为期间成本，不得计入施工项目成本。

企业下列支出不仅不能列入施工项目成本，也不能列入企业成本，如购置和建造固定资产、无形资产和其他资产的支出；对外投资的支出；被没收的财物；支付的滞纳金、罚款、违约金、赔偿金、企业赞助和捐赠支出等。

（二）建筑安装工程费用项目组成

目前我国的建筑安装工程费由直接费、间接费、利润和税金组成。

(三) 建筑工程项目成本的主要形式

依据成本管理的需要,施工项目成本的形式要求从不同的角度来考察。

1.事前成本和事后成本

根据成本控制要求,施工项目成本可分为事前成本和事后成本。

(1) 事前成本

工程成本的计算和管理活动是与工程实施过程紧密联系的,在实际成本发生和工程结算之前所计算和确定的成本都是事前成本,它带有预测性和计划性。常用的概念有预算成本（包括施工图预算、标书合同预算）和计划成本（包括责任目标成本——企业计划成本、施工预算——项目计划成本）之分。

①预算成本。工程预算成本反映各地区建筑业的平均成本水平。它是根据施工图,以全国统一的工程量计算规则计算出来的工程量,按《全国统一建筑工程基础定额》《全国统一安装工程预算定额》和由各地区的人工日工资单价、材料价格、机械台班单价,并按有关费用的取费费率进行计算,包括直接费用和间接费用。预算成本又称施工图预算成本,它是确定工程成本的基础,也是编制计划成本、评价实际成本的依据。

②计划成本。施工项目计划成本是指施工项目经理部根据计划期的有关资料（如工程的具体条件和施工企业为实施该项目的各项技术组织措施）,在实际成本发生前预先计算的成本;也就是说,它是根据反映本企业生产水平的企业定额计划得到的成本计算数额反映了企业在计划期内应达到的成本水平,它是成本管理的目标也是控制项目成本的标准。成本计划对于加强施工企业和项目经理部的经济核算,建立和健全施工项目成本管理责任制,控制施工过程中的生产费用,以及降低施工项目成本,具有十分重要的作用。

(2) 事后成本

事后成本即实际成本,它是施工项目在报告期内实际发生的各项生产费用支出的总和。将实际成本与计划成本比较,可提示成本的节约和超支,考核企业施工技术水平及技术组织措施的贯彻执行情况和企业的经营效果。实际成本与预算成本比较,可以反映工程盈亏情况。因此,计划成本和实际成本都反映了施工企业的成本水平,它与建筑施工企业本身的生产技术水平、施工条件及生产管理水平相对应。

2.直接成本和间接成本

按生产费用计入成本的方法可将工程成本划分为直接成本和间接成本两种形式。按前所述,直接耗用于工程对象的费用构成直接成本;为进行工程施工但非直接耗用于工程对象的费用构成间接成本。成本如此分类,能正确反映工程成本的构成,考核各项生产费用的使用是否合理,便于找出降低成本的途径。

3.固定成本和可变成本

按生产费用与工程量的关系,工程成本又可划分为固定成本和可变成本,主要目的是进行成本分析，寻求降低成本的途径。

（1）固定成本

固定成本指在一定期间和一定的工程量范围内，其发生的成本额不受工程量增减变动的影响而相对固定的成本。如折旧费、大修理费、管理人员工资、办公费、照明费等。这一成本是为了保持一定的生产管理条件而发生的，项目的固定成本每月基本相同，但是，当工程量超过一定范围需要增添机械设备或管理人员时，固定成本将会发生变动。此外，所谓固定，指其总额而言，分配到单位工程量上的固定费用则是变动的。

（2）可变成本

可变成本指发生总额随着工程量的增减变动而成比例变动的费用，如直接用于工程的材料费、实行计件工资制的人工费等。所谓可变，指其总额而言，分配到单位工程量上的可变费用则是不变的。

将施工过程中发生的全部费用划分为固定成本和可变成本，对于成本管理和成本决策具有重要作用。由于固定成本是维持生产能力必须的费用，要降低单位工程量的固定费用，就需从提高劳动生产率，增加总工程量数额并降低固定成本的绝对值入手，降低变动成本就需从降低单位分项工程的消耗入手。

二、建筑工程项目成本管理概念

施工成本管理就是指在保证工期和质量满足要求的情况下，采取相应管理措施，包括组织措施、经济措施、技术措施、合同措施，把成本控制在计划范围内，并进一步寻求最大限度的成本节约。

项目成本管理的重要性主要体现在以下几方面：

（1）项目成本管理是项目实现经济效益的内在基础。

（2）项目成本管理是动态反映项目一切活动的最终水准。

（3）项目成本管理是确立项目经济责任机制，实现有效控制和监督的手段。

三、项目成本管理的内容

项目成本管理的内容包括：成本预测、成本计划、成本控制、成本核算、成本分析和成本考核等。项目经理部在项目施工过程中对所发生的各种成本信息，通过有组织、有系统地进行预测、计划、控制、核算和分析等工作，使工程项目系统内各种要素按照一定的目标运行，从而将工程项目的实际成本控制在预定的计划成本范围内。

1.成本预测

项目成本预测是通过成本信息和工程项目的具体情况，并运用一定的专门方法，对未来的成本水平及其可能发展趋势作出科学的估计，其实质就是在施工以前对成本进行核算。项目成本预测是项目成本决策与计划的依据。

2. 成本计划

项目成本计划是项目经理部对项目施工成本进行计划管理的工具。它是以货币形式编制工程项目在计划期内的生产费用、成本水平、成本降低率以及为降低成本所采取的主要措施和规划的书面方案，它是建立项目成本管理责任制、开展成本控制和核算的基础。一般来说，一个项目成本计划应包括从开工到竣工所必需的施工成本，它是降低项目成本的指导文件，是设立目标成本的依据。

3. 成本控制

项目成本控制是指在施工过程中，对影响项目成本的各种因素加强管理，并采取各种有效措施，将施工中实际发生的各种消耗和支出严格控制在成本计划范围内，随时揭示并及时反馈，严格审查各项费用是否符合标准、计算实际成本和计划成本之间的差异并进行分析，消除施工中的损失浪费现象，发现和总结先进经验。通过成本控制，使之最终实现甚至超过预期的成本节约目标。项目成本控制应贯穿在工程项目从招投标阶段开始直到项目竣工验收的全过程，它是企业全面成本管理的重要环节。

4. 成本核算

项目成本核算是指项目施工过程中所发生的各种费用和各种形式项目成本的核算。一是按照规定的成本开支范围对施工费用进行归集，计算出施工费用的实际发生额；二是根据成本核算对象，采用适当的方法，计算出该工程项目的总成本和单位成本。项目成本核算所提供的各种成本信息，是成本预测、成本计划、成本控制、成本分析和成本考核等各个环节的依据。因此，加强项目成本核算工作，对降低项目成本、提高企业的经济效益有积极的作用。

5. 成本分析

项目成本分析是在成本形成过程中，对项目成本进行的对比评价和剖析总结工作，它贯穿于项目成本管理的全过程，也就是说项目成本分析主要利用工程项目的成本核算资料（成本信息），与目标成本（计划成本）、预算成本以及类似的工程项目的实际成本等进行比较，了解成本的变动情况，同时也要分析主要技术经济指标对成本的影响，系统地研究成本变动的因素，检查成本计划的合理性，并通过成本分析，深入揭示成本变动的规律，寻找降低项目成本的途径，以便有效地进行成本控制。

6. 成本考核

成本考核是指在项目完成后，对项目成本形成中的各责任者，按项目成本目标责任制的有关规定，将成本的实际指标与计划、定额、预算进行对比和考核，评定项目成本计划的完成情况和各责任者的业绩，并以此给以相应的奖励和处罚。通过成本考核，做到有奖有惩，赏罚分明，才能有效地调动企业的每一个职工在各自的施工岗位上努力完成目标成本的积极性，为降低项目成本和增加企业的积累做出自己的贡献。

综上所述，项目成本管理中每一个环节都是相互联系和相互作用的。成本预测是成本决策的前提，成本计划是成本决策所确定目标的具体化。成本控制则是对成本计划的实施进行监督，保证决策的成本目标实现，而成本核算又是成本计划是否实现的最后检验，它所提供的成本信息又对下一个项目成本预测和决策提供基础资料。成本考核是实现成本目标责任制的保证和实现决策目标的重要手段。

四、建筑工程项目成本管理的措施

为了取得施工成本管理的理想成效，应当从多方面采取措施实施管理，通常可以将这些措施归纳为组织措施、技术措施、经济措施和合同措施。

（一）组织措施

组织措施是从施工成本管理的组织方面采取的措施。施工成本控制是全员的活动，如实行项目经理责任制，落实施工成本管理的组织机构和人员，明确各级施工成本管理人员的任务和职能分工、权利和责任。施工成本管理不仅是专业成本管理人员的工作，各级项目管理人员也负有成本控制责任。

组织措施的另一方面是编制施工成本控制工作计划，确定合理详细的工作流程。要做好施工采购规划，通过生产要素的优化配置、合理使用、动态管理，有效控制实际成本；加强施工定额管理和施工任务单管理，控制活劳动和物化劳动的消耗；加强施工调度，避免因施工计划不周和盲目调度造成窝工损失、机械利用率降低、物料积压等而使施工成本增加。成本控制工作只有建立在科学管理的基础之上，具备合理的管理体制，完善的规章制度，稳定的作业秩序，完整准确的信息传递，才能取得成效。组织措施是其他各类措施的前提和保障，而且一般不需要增加什么费用，运用得当可以收到良好的效果。

（二）技术措施

施工过程中降低成本的技术措施，包括：进行技术经济分析，确定最佳的施工方案；结合施工方法，进行材料使用的比选，在满足功能要求的前提下，通过代用、改变配合比、使用添加剂等方法降低材料消耗的费用；确定最合适的施工机械、设备使用方案。结合项目的施工组织设计及自然地理条件，降低材料的库存成本和运输成本；先进的施工技术的应用，新材料的运用，新开发机械设备的使用等。在实践中，也要避免仅从技术角度选定方案而忽视对其经济效果的分析论证。

技术措施不仅对解决施工成本管理过程中的技术问题是不可缺少的，而且对纠正施工成本管理目标偏差也有相当重要的作用。因此，运用技术纠偏措施的关键，一是要能提出多个不同的技术方案，二是要对不同的技术方案进行技术经济分析。

（三）经济措施

经济措施是最易为人们所接受和采用的措施。管理人员应编制资金使用计划，确定、分解施工成本管理目标。对施工成本管理目标进行风险分析，并制定防范性对策。对各种支出，应认真做好资金的使用计划，并在施工中严格控制各项开支。及时准确地记录、收集、整理、核算实际发生的成本。对各种变更，及时做好增减账，及时落实业主签证，及时结算工程款。通过偏差分析和未完工程预测，可发现一些潜在的问题将引起未完工程施工成本增加，对这些问题应以主动控制为出发点，及时采取预防措施。由此可见，经济措施的运用绝不仅仅是财务人员的事情。

（四）合同措施

采用合同措施控制施工成本，应贯穿整个合同周期，包括从合同谈判开始到合同终结的全过程。首先是选用合适的合同结构，对各种合同结构模式进行分析、比较，在合同谈判时，要争取选用适合于工程规模、性质和特点的合同结构模式。其次，在合同的条款中应仔细考虑一切影响成本和效益的因素，特别是潜在的风险因素。通过对引起成本变动的风险因素的识别和分析，采取必要的风险对策，如通过合理的方式，增加承担风险的个体数量，降低损失发生的比例，并最终使这些策略反映在合同的具体条款中。在合同执行期间，合同管理的措施既要密切注视对方合同执行的情况，以寻求合同索赔的机会；同时也要密切关注自己履行合同的情况，以防止被对方索赔。

五、项目成本管理的原则

项目成本管理需要遵循以下六项原则：

（1）领导者推动原则。

（2）以人为本，全员参与原则。

（3）目标分解，责任明确原则。

（4）管理层次与管理内容的一致性原则。

（5）动态性、及时性、准确性原则。

（6）过程控制与系统控制原则。

六、项目成本管理影响因素和责任体系

（一）项目成本管理影响因素

影响项目成本管理的主要因素有以下几方面：投标报价；合同价；施工方案；施工质量；施工进度；施工安全；施工现场平面管理；工程变更；索赔费用等。

（二）项目成本管理责任体系

建立健全项目全面成本管理责任体系，有利于明确业务分工和成本目标的分解，层层落实，保证成本管理控制的具体实施。根据成本运行规律，成本管理责任体系应包括组织管理层和项目经理部。

1.组织管理层。组织管理层主要是设计和建立项目成本管理体系、组织体系的运行，行使管理和监督职能。它的成本管理除生产成本，还包括经营管理费用。负责项目全面管理的决策，确定项目的合同价格和成本计划，确定项目管理层的成本目标。

2.项目经理部。项目经理部的成本管理职能,是组织项目部人员执行组织确定的项目成本管理目标,发挥现场生产成本控制中心的管理职能。负责项目生产成本的管理,实施成本控制,实现项目管理目标责任书的成本目标。

第二节 建筑工程项目成本预测

一、项目成本预测的概念

成本预测,就是依据成本的历史资料和有关信息,在认真分析当前各种技术经济条件、外界环境变化及可能采取的管理措施的基础上,对未来的成本与费用及其发展趋势所作的定量描述和逻辑推断。

项目成本预测是通过成本信息和工程项目的具体情况,对未来的成本水平及其发展趋势作出科学的估计,其实质就是工程项目在施工以前对成本进行核算。通过成本预测,使项目经理部在满足业主和企业要求的前提下,确定工程项目降低成本的目标,克服盲目性,提高预见性,为工程项目降低成本提供决策与计划的依据。

二、项目成本预测的意义

(一)成本预测是投标决策的依据

建筑施工企业在选择投标项目过程中,往往需要根据项目是否盈利、利润大小等诸因素确定是否对工程投标。

(二)成本预测是编制成本计划的基础

计划是管理的第一步。正确可靠的成本计划,必须遵循客观经济规律,从实际出发,对成本作出科学的预测。这样才能保证成本计划不脱离实际,切实起到控制成本的作用。

(三)成本预测是成本管理的重要环节

推算其成本水平变化的趋势及其规律性,预测实际成本。它是预测和分析相结合,是事后反馈与事前控制相结合。通过成本预测,发现问题,找出薄弱环节,有效控制成本。

三、项目成本预测程序

科学、准确的预测必须遵循合理的预测程序。

(一)制定预测计划

制定预测计划是预测工作顺利进行的保证。预测计划的内容主要包括:组织领导及工作布置,配合的部门,时间进度,搜集材料范围等。

(二）搜集整理预测资料

根据预测计划，搜集预测资料是进行预测的重要条件。预测资料一般有纵向和横向两方面的数据。纵向资料是企业成本费用的历史数据，据此分析其发展趋势；横向资料是指同类工程项目、同类施工企业的成本资料，据此分析所预测项目与同类项目的差异，并作出估计。

(三）选择预测方法

成本的预测方法可以分为定性预测法和定量预测法。

1.定性预测法是根据经验和专业知识进行判断的一种预测方法。常用的定性预测法有：管理人员判断法、专业人员意见法、专家意见法及市场调查法等。

2.定量预测法是利用历史成本费用资料以及成本与影响因素之间的数量关系，通过一定的数学模型来推测、计算未来成本的可能结果。

(四）成本初步预测

根据定性预测的方法及一些横向成本资料的定量预测，对成本进行初步估计。这一步的结果往往比较粗糙，需要结合现在的成本水平进行修正，才能保证预测结果的质量。

(五）影响成本水平的因素预测

影响成本水平的因素主要有：物价变化、劳动生产率、物料消耗指标、项目管理费开支、企业管理层次等。可根据近期内工程实施情况、本企业及分包企业情况、市场行情等，推测未来哪些因素会对成本费用水平产生影响，其结果如何。

(六）成本预测

根据初步的成本预测以及对成本水平变化因素预测结果，确定成本情况。

(七）分析预测

误差成本预测往往与实施过程中及其后的实际成本有出入，而产生预测误差。预测误差大小，反映预测准确程度的高低。如果误差较大，应分析产生误差的原因，并积累经验。

四、项目成本预测方法

(一）定性预测方法

成本的定性预测指成本管理人员根据专业知识和实践经验，通过调查研究，利用已有资料，对成本的发展趋势及可能达到的水平所作的分析和推断。由于定性预测主要依靠管理人员的素质和判断能力，因而这种方法必须建立在对项目成本耗费的历史资料、现状及影响因素深刻了解的基础之上。

定性预测偏重于对市场行情的发展方向和施工中各种影响项目成本因素的分析，发挥专家经验和主观能动性，比较灵活，可以较快地提出预测结果。但进行定性预测时，也要尽可能地搜集数据，运用数学方法，其结果通常也是从数量上测算。这种方法简便易行，在资料不多、难以进行定量预测时最为适用。

在项目成本预测地过程中，经常采用的定性预测方法主要有：经验评判法、专家会议法、德尔菲法和主观概率法等。

（二）定量预测方法

定量预测方法也称统计预测方法，是根据已掌握的比较完备的历史统计数据，运用一定数学方法进行科学的加工整理，借以揭示有关变量之间的规律性联系，从而推判未来发展变化情况。

定量预测偏重于数量方面的分析，重视预测对象的变化程度，能将变化程度在数量上准确地描述；它需要积累和掌握历史统计数据，客观实际资料，作为预测地依据，运用数学方法进行处理分析，受主观因素影响较少。

定量预测的主要方法有：算术平均法、回归分析法、高低点法、量本利分析法和因素分析法。

五、回归分析法和高低点法

（一）回归分析法

在具体的预测过程中经常会涉及几个变量或几种经济现象，并且需要探索它们之间的相互关系。例如成本与价格及劳动生产率等都存在着数量上的一定相互关系。对客观存在的现象之间相互依存关系进行分析研究，测定两个或两个以上变量之间的关系，寻求其发展变化的规律性，从而进行推算和预测，称为回归分析。在进行回归分析时，不论变量的个数多少，必须选择其中的一个变量为因变量，而把其他变量作为自变量，然后根据已知的历史统计数据资料，研究测定因变量和自变量之间的关系。利用回归分析法进行预测，称之为回归预测。

在回归分析预测中，所选定的因变量是指需要求得预测值的那个变量，即预测对象。自变量则是影响预测对象变化的，与因变量有密切关系的那个或那些变量。

回归分析有一元线性回归分析、多元线性回归分析和非线性回归分析等。这里仅介绍一元线性回归分析在成本预测中的应用。

1.一元线性回归分析预测的基本原理

一元线性回归分析预测法是根据历史数据在直角坐标系上描绘出相应点，再在各点间作一直线，使直线到各点的距离最小，即偏差平方和为最小，因而，这条直线就最能代表实际数据变化的趋势（或称倾向线），用这条直线适当延长来进行预测是合适的。

2.一元线性回归分析预测的步骤

（1）先根据X、Y两个变量的历史统计数据，把X与Y作为已知数，寻求合理的a、b回归系数，然后，依据a、b回归系数来确定回归方程。这是运用回归分析法的基础。

（2）利用已求出的回归方程中a、b回归系数的经验值，把a、b作为已知数，根据具体条件，测算y值随着x值的变化而呈现的未来演变。这是运用回归分析法的目的。

（二）高低点法

高低点法是成本预测的一种常用方法，它是根据统计资料中完成业务量（产量或产值）最高和最低两个时期的成本数据，通过计算总成本中的固定成本、变动成本和变动成本率来预测成本的。

第三节　建筑工程项目成本计划

一、项目成本计划的概念和重要性

成本计划，是在多种成本预测的基础上，经过分析、比较、论证、判断之后，以货币形式预先规定计划期内项目施工的耗费和成本所要达到的水平，并且确定各个成本项目比预计要达到的降低额和降低率，提出保证成本计划实施所需要的主要措施方案。

项目成本计划是项目成本管理的一个重要环节，是实现降低项目成本任务的指导性文件，也是项目成本预测的继续。

项目成本计划的过程是动员项目经理部全体职工，挖掘降低成本潜力的过程；也是检验施工技术质量管理、工期管理、物资消耗和劳动力消耗管理等效果的全过程。

项目成本计划的重要性具体表现为以下几个方面：

（1）是对生产耗费进行控制、分析和考核的重要依据。

（2）是编制核算单位其他有关生产经营计划的基础。

（3）是国家编制国民经济计划的一项重要依据。

（4）可以动员全体职工深入开展增产节约、降低产品成本的活动。

（5）是建立企业成本管理责任制、开展经济核算和控制生产费用的基础。

二、成本计划与目标成本

所谓目标成本，即项目（或企业）对未来产品成本所规定的奋斗目标。它比已经达到的实际成本要低，但又是经过努力可以达到的。目标成本管理是现代化企业经营管理的重要组成部分，它是市场竞争的需要，是企业挖掘内部潜力、不断降低产品成本、提高企业整体工作质量的需要，是衡量企业实际成本节约或开支，考核企业在一定时期内成本管理水平高低的依据。

施工项目的成本管理实质就是一种目标管理。项目管理的最终目标是低成本、高质量、短工期，而低成本是这三大目标的核心和基础。目标成本有很多形式，在制定目标成本作为编制施工项目成本计划和预算的依据时，可能以计划成本、定额成本或标准成本作为目标成本，还将随成本计划编制方法的变化而变化。

一般而言，目标成本的计算公式如下：项目目标成本＝预计结算收入－税金－项目目标利润，目标成本降低额＝项目的预算成本－项目的目标成本，目标成本降低率＝目标成本降低额项目的预算成本、

三、项目成本目标的分解

通过计划目标成本的分解，使项目经理部的所有成员和各个单位、部门明确自己的成本责任，并按照分工去开展工作。通过计划目标成本的分解，将各分部分项工程成本控制目标和要求，各成本要素的控制目标和要求，落实到成本控制的责任者。

项目经理部进行目标成本分解，方法有两个：一是按工程成本项目分解。二是按项目组成分解，大中型工程项目通常是工程由若干单项工程构成的，而每个单项工程包括了多个单位工程，每个单位工程又是由若干个分部分项工程所构成。因此，首先要把项目总施工成本分解到单项工程和单位工程，再进一步分解到分部工程和分项工程中。

在完成施工项目成本分解之后，接下来就要具体地分析成本，编制分项工程的成本支出计划，从而得到详细的成本计划表。

四、成本计划的编制依据

编制成本计划的过程是动员全体施工项目管理人员的过程，是挖掘降低成本潜力的过程，是检验施工技术质量管理、工期管理、物资消耗和劳动力消耗管理等是否落实的过程。

项目成本计划编制依据有：

（1）承包合同。合同文件除了包括合同文本外，还包括招标文件、投标文件、设计文件等，合同中的工程内容、数量、规格、质量、工期和支付条款都将对工程的成本计划产生重要的影响，因此，承包方在签订合同前应进行认真的研究与分析，在正确履约的前提下降低工程成本。

（2）项目管理实施规划。其中工程项目施工组织设计文件为核心的项目实施技术方案与管理方案，是在充分调查和研究现场条件及有关法规条件的基础上制定的，不同实施条件下的技术方案和管理方案，将导致工程成本的不同。

（3）可行性研究报告和相关设计文件。

（4）已签订的分包合同（或估价书）。

（5）生产要素价格信息。包括：人工、材料、机械台班的市场价；企业颁布的材料指导价、企业内部机械台班价格、劳动力内部挂牌价格；周转设备内部租赁价格、摊销损耗标准；结构件外加工计划和合同等。

（6）反映企业管理水平的消耗定额（企业施工定额），以及类似工程的成本资料。

五、项目成本计划的原则和程序

（一）项目成本计划的原则

1. 合法性原则。
2. 先进可行性原则。
3. 弹性原则。
4. 可比性原则。
5. 统一领导分级管理的原则。
6. 从实际出发的原则。
7. 与其他计划结合的原则。

（二）项目成本计划编制的程序

编制成本计划的程序，因项目的规模大小、管理要求不同而不同。大中型项目一般采用分级编制的方式，即先由各部门提出部门成本计划，再由项目经理部汇总编制全项目工程的成本计划；小型项目一般采用集中编制方式，即由项目经理部先编制各部门成本计划，再汇总编制全项目的成本计划。

六、项目成本计划的内容

（一）项目成本计划的组成

施工项目的成本计划，一般由施工项目直接成本计划和间接成本计划组成。如果项目设有附属生产单位，成本计划还包括产品成本计划和作业成本计划。

1. 直接成本计划

直接成本计划主要反映工程成本的预算价值、计划降低额和计划降低率。直接成本计划的具体内容如下：

（1）编制说明。指对工程的范围、投标竞争过程及合同条件、承包人对项目经理提出的责任成本目标、项目成本计划编制的指导思想和依据等的具体说明。

（2）项目成本计划的指标。项目成本计划的指标应经过科学的分析预测确定，可以采用对比法、因素分析法等进行测定。

（3）按工程量清单列出的单位工程计划成本汇总表。

（4）按成本性质划分的单位工程成本汇总表，根据清单项目的造价分析，分别对人工费、材料费、机械费、措施费、企业管理费和税费进行汇总，形成单位工程成本计划表。

（5）项目计划成本应在项目实施方案确定和不断优化的前提下进行编制，因为不同的实施方案将导致直接工程费、措施费和企业管理费的差异。成本计划的编制是项目成本预控的重要手段。因此，应在开工前编制完成，以便将计划成本目标分解落实，为各项成本的执行提供明确的目标、控制手段和管理措施。

2.间接成本

计划间接成本计划主要反映施工现场管理费用的计划数、预算收入数及降低额。间接成本计划应根据工程项目的核算期，以项目总收入费的管理费为基础，制定各部门费用的收支计划，汇总后作为工程项目的管理费用的计划。在间接成本计划中，收入应与取费口径一致，支出应与会计核算中管理费用的二级科目一致。间接成本的计划的收支总额，应与项目成本计划中管理费一栏的数额相符。各部门应按照节约开支、压缩费用的原则，制定"管理费用归口包干指标落实办法"，以保证该计划的实施。

（二）项目成本计划表

1.项目成本计划任务表

项目成本计划任务表主要是反映项目预算成本、计划成本、成本降低额、成本降低率的文件，是落实成本降低任务的依据。

2.项目间接成本计划表

项目间接成本计划表主要指施工现场管理费计划表。反映发生在项目经理部的各项施工管理费的预算收入、计划数和降低额。

3.项目技术组织措施表

项目技术组织措施表由项目经理部有关人员分别就应采取的技术组织措施预测它的经济效益，最后汇总编制而成。编制技术组织措施表的目的，是为了在不断采用新工艺、新技术的基础上提高施工技术水平，改善施工工艺过程，推广工业化和机械化施工方法，以及通过采纳合理化建议达到降低成本的目的。

4.项目降低成本计划表

根据企业下达给该项目的降低成本任务和该项目经理部自己确定的降低成本指标而制定出项目成本降低计划。它是编制成本计划任务表的重要依据。它是由项目经理部有关业务和技术人员编制的。其根据是项目的总包和分包的分工，项目中的各有关部门提供的降低成本资料及技术组织措施计划。在编制降低成本计划表时，还应参照企业内外以往同类项目成本计划的实际执行情况。

七、项目成本计划编制的方法

（一）施工预算法

施工预算法，是指以施工图中的工程实物量，套以施工工料消耗定额，计算工料消耗量，并进行工料汇总，然后统一以货币形式反映其施工生产耗费水平。

采用施工预算法编制成本计划，是以单位工程施工预算为依据，并考虑结合技术节约措施计划，以进一步降低施工生产耗费水平。

施工预算法计划成本＝施工预算工料消耗费用－技术节约措施计划节约额

（二）技术节约措施法

技术节约措施法是指以工程项目计划采取的技术组织措施和节约措施所能取得的经济效果为项目成本降低额，然后求工程项目的计划成本的方法。用公式表示为：

工程项目计划成本＝工程项目预算成本－技术节约措施计划节约额（成本降低额）

（三）成本习性法

成本习性法是固定成本和变动成本在编制成本计划中的应用，主要按照成本习性，将成本分成固定成本和变动成本两类，以此计算计划成本。具体划分可采用按费用分解的方法。

1.材料费：与产量有直接联系，属于变动成本。

2.人工费：在计时工资形式下，生产工人工资属于固定成本，因为不管生产任务完成与否，工资照发，与产量增减无直接联系。如果采用计件超额工资形式，其计件工资部分属于变动成本，奖金、效益工资和浮动工资部分，亦应计入变动成本。

3.机械使用费：其中有些费用随产量增减而变动，如燃料费、动力费等，属变动成本。有些费用不随产量变动，如机械折旧费、大修理费、机修工和操作工的工资等，属于固定成本。此外还有机械的场外运输费和机械组装拆卸、替换配件、润滑擦拭等经常修理费，由于不直接用于生产，也不随产量增减成正比例变动，而是在生产能力得到充分利用，产量增长时，所分摊的费用就少些，在产量下降时，所分摊的费用就要大一些，所以这部分费用为介于固定成本和变动成本之间的半变动成本，可按一定比例划为固定成本和变动成本。

4.措施费：水、电、风、气等费用以及现场发生的其他费用，多数与产量发生联系，属于变动成本。

5.施工管理费：其中大部分在一定产量范围内与产量的增减没有直接联系，如工作人员工资、生产工人辅助工资、工资附加费、办公费、差旅交通费、固定资产使用费、职工教育经费、上级管理费等，基本上属于固定成本。检验试验费、外单位管理费等与产量增减有直接联系，则属于变动成本范围。此外，劳动保护费中的劳保服装费、防暑降温费、防寒用品费，劳动部门都有规定的领用标准和使用年限，基本上属于固定成本范围。技术安全措施费、保健费，大部分与产量有关，属于变动成本。工具用具使用费中，行政使用的家具费属固定成本。工人领用工具，随管理制度不同而不同，有些企业对机修工、电工、钢筋、车工、钳工、刨工的工具按定额配备，规定使用年限，定期以旧换新，属于固定成本；而对民工、木工、抹灰工、油漆工的工具采取定额人工数、定价包干，则又属于变动成本。

在成本按习性划分为固定成本和变动成本后，可用下列公式计算：

工程项目计划成本＝项目变动成本总额＋项目固定成本总额

第四节 建筑工程项目成本控制

一、建筑工程项目成本控制概要

（一）项目成本控制的概念

项目成本控制是指项目经理部在项目成本形成的过程中，为控制人、机、材消耗和费用支出，降低工程成本，达到预期的项目成本目标，所进行的成本预测、计划、实施、核算、分析、考核、整理成本资料与编制成本报告等一系列活动。

项目成本控制是在成本发生和形成的过程中，对成本进行的监督检查。成本的发生和形成是一个动态的过程，这就决定了成本的控制也应该是一个动态过程，因此，也可称为成本的过程控制。

项目成本控制的重要性，具体可表现为以下几个方面：

1. 监督工程收支，实现计划利润。
2. 做好盈亏预测，指导工程实施。
3. 分析收支情况，调整资金流动。
4. 积累资料，指导今后投标。

（二）项目成本控制的依据

1. 项目承包合同文件

项目成本控制要以工程承包合同为依据，围绕降低工程成本这个目标，从预算收入和实际成本两方面，努力挖掘增收节支潜力，以求获得最大的经济效益。

2. 项目成本计划

项目成本计划是根据工程项目的具体情况制定的施工成本控制方案，既包括预定的具体成本控制目标，又包括实现控制目标的措施和规划，是项目成本控制的指导文件。

3. 进度报告

进度报告提供了每一时刻工程实际完成量，工程施工成本实际支付情况等重要信息。施工成本控制工作正是通过实际情况与施工成本计划相比较，找出二者之间的差别，分析偏差产生的原因，从而采取措施改进以后的工作。此外，进度报告还有助于管理者及时发现工程实施中存在的隐患，并在事态还未造成重大损失之前采取有效措施，尽量避免损失。

4.工程变更与索赔资料

在项目的实施过程中，由于各方面的原因，工程变更是很难避免的。工程变更一般包括设计变更、进度计划变更、施工条件变更、技术规范与标准变更、施工次序变更、工程数量变更等。一旦出现变更，工程量、工期、成本都必将发生变化，从而使得施工成本控制工作变得更加复杂和困难。因此，施工成本管理人员应当通过对变更要求当中各类数据的计算、分析，随时掌握变更情况，包括已发生工程量、将要发生工程量、工期是否拖延、支付情况等重要信息，判断变更以及变更可能带来的索赔额度等。

除了上述几种项目成本控制工作的主要依据以外，有关施工组织设计、分包合同文本等也都是项目成本控制的依据。

（三）项目成本控制的要求

项目成本控制应满足下列要求：

1.要按照计划成本目标值来控制生产要素的采购价格，并认真做好材料、设备进场数量和质量的检查、验收与保管。

2.要控制生产要素的利用效率和消耗定额，如任务单管理、限额领料、验工报告审核等。同时要做好不可预见成本风险的分析和预控，包括编制相应的应急措施等。

3.控制影响效率和消耗量的其他因素（如工程变更等）所引起的成本增加。

4.把项目成本管理责任制度与对项目管理者的激励机制结合起来，以增强管理人员的成本意识和控制能力。

5.承包人必须有一套健全的项目财务管理制度，按规定的权限和程序对项目资金的使用和费用的结算支付进行审核、审批，使其成为项目成本控制的一个重要手段。

（四）项目成本控制的原则

1.全面控制原则

（1）项目成本的全员控制。

（2）项目成本的全过程控制。

（3）项目成本的全企业各部门控制。

2.动态控制原则

（1）项目施工是一次性行为，其成本控制应更重视事前、事中控制。

（2）编制成本计划，制订或修订各种消耗定额和费用开支标准。

（3）施工阶段重在执行成本计划，落实降低成本措施，实行成本目标管理。

（4）建立灵敏的成本信息反馈系统。各责任部门能及时获得信息，纠正不利成本偏差。

3.目标管理原则

4.责、权、利相结合原则

5.节约原则

（1）编制工程预算时，应"以支定收"，保证预算收入；在施工过程中，要"以收定支"，控制资源消耗和费用支出。

（2）严格控制成本开支范围，费用开支标准和有关财务制度，对各项成本费用的支出进行限制和监督。抓住索赔时机，搞好索赔、合理力争甲方给予经济补偿。

6.开源与节流相结合原则

二、项目成本控制实施的步骤

在确定了项目施工成本计划之后，必须定期地进行施工成本计划值与实际值的比较，当实际值偏离计划值时，分析产生偏差的原因，采取适当的纠偏措施，以确保施工成本控制目标的实现。其实施步骤如下：

（一）比较

按照某种确定的方式将施工成本计划值与实际值逐项进行比较，以发现施工成本是否已超支。

（二）分析

在比较的基础上，对比较的结果进行分析，以确定偏差的严重性及偏差产生的原因。这是施工成本控制工作的核心，其主要目的在于找出产生偏差的原因，从而采取具有针对性的措施，减少或避免相同原因的事件再次发生或减少由此造成的损失。

（三）预测

根据项目实施情况估算整个项目完成时的施工成本。预测的目的在于为决策提供支持。

（四）纠偏

当工程项目的实际施工成本出现了偏差，应当根据工程的具体情况、偏差分析和预测的结果，采取适当的措施，以期达到使施工成本偏差尽可能小的目的。纠偏是施工成本控制中最具实质性的一步。只有通过纠偏，才能最终达到有效控制施工成本的目的。

（五）检查

检查是指对工程的进展进行跟踪和检查，及时了解工程进展状况以及纠偏措施的执行情况和效果，为今后的工作积累经验。

三、项目成本控制的对象和内容

（一）项目成本控制的对象

1.以项目成本形成的过程作为控制对象。根据对项目成本实行全面、全过程控制的要求，具体包括：工程投标阶段成本控制；施工准备阶段成本控制；施工阶段成本控制；竣工交代使用及保修期阶段的成本控制。

2.以项目的职能部门、施工队和生产班组作为成本控制的对象。成本控制的具体内容是日常发生的各种费用和损失。项目的职能部门、施工队和班组还应对自己承担的责任成本进行自我控制，这是最直接、最有效的项目成本控制。

3.以分部分项工程作为项目成本的控制对象。项目应该根据分部分项工程的实物量，参照施工预算定额，联系项目管理的技术素质、业务素质和技术组织措施的节约计划，编制包括工、料、机消耗数量以及单价、金额在内的施工预算，作为对分部分项工程成本进行控制的依据。

4.以对外经济合同作为成本控制对象。

（二）项目成本控制的内容

工程投标阶段中标以后，应根据项目的建设规模，组建与之相适应的项目经理部，同时以标书为依据确定项目的成本目标，并下达给项目经理部。

（三）施工准备阶段

根据设计图纸和有关技术资料，对施工方法、施工顺序、作业组织形式、机械设备选型、技术组织措施等进行认真的研究分析，并运用价值工程原理，制定出科学先进、经济合理的施工方案。

（四）施工阶段

1.将施工任务单和限额领料单的结算资料与施工预算进行核对，计算分部分项工程的成本差异，分析差异产生的原因，并采取有效的纠偏措施。

2.做好月度成本原始资料的收集和整理，正确计算月度成本。实行责任成本核算。

3.经常检查对外经济合同的履约情况，为顺利施工提供物质保证。定期检查各责任部门和责任者的成本控制情况。

（五）竣工验收阶段

1.重视竣工验收工作，顺利交付使用。在验收前，要准备好验收所需要的各种书面资料（包括竣工图）送甲方备查；对验收中甲方提出的意见，应根据设计要求和合同内容认真处理，如果涉及费用，应请甲方签证，列入工程结算。

2.及时办理工程结算。

3.在工程保修期间，应由项目经理指定保修工作的责任者，并责成保修责任者根据实际情况提出保修计划（包括费用计划），以此作为控制保修费用的依据。

四、项目成本控制的实施方法

（一）以项目成本目标控制成本支出

它通过确定成本目标并按计划成本进行施工、资源配置，对施工现场发生的各种成本费用进行有效控制，其具体的控制方法如下：

1.人工费的控制

人工费的控制实行"量价分离"的原则，将作业用工及零星用工按定额工日的一定比例综合确定用工数量与单价，通过劳务合同进行控制。

2. 材料费的控制

材料费控制同样按照"量价分离"的原则，控制材料用量和材料价格。首先，是材料用量的控制，在保证符合设计要求和质量标准的前提下，合理使用材料，通过材料需用量计划、定额管理、计量管理等手段有效控制材料物资的消耗，具体方法如下：

（1）材料需用量计划的编制实行适时性、完整性、准确性控制。在工程项目施工过程中，每月应根据施工进度计划，编制材料需用量计划。计划的适时性是指材料需用量计划的提出和进场要适时。计划的完整性是指材料需用量计划的材料品种必须齐全，材料的型号、规格、性能、质量要求等要明确。计划的准确性是指材料需用量的计算要准确，绝不能粗估冒算。需用量计划应包括需用量和供应量。需用量计划应包括两个月工程施工的材料用量。

（2）材料领用控制。材料领用控制是通过实行限额领料制度来控制。限额领料制度可采用定额控制和指标控制。定额控制指对于有消耗定额的材料，以消耗定额为依据，实行限额发料制度。指标控制指对于没有消耗定额的材料，则实行计划管理和按指标控制。

（3）材料计量控制。准确做好材料物资的收发计量检查和投料计量检查。计量器具要按期检验、校正，必须受控；计量过程必须受控；计量方法必须全面、准确并受控。

（4）工序施工质量控制。工程施工前道工序的施工质量往往影响后道工序的材料消耗量。从每个工序的施工来讲，则应时时受控，一次合格，避免返修而增加材料消耗。

其次，是材料价格的控制。材料价格主要由材料采购部门控制。由于材料价格是由买价、运杂费、运输中的合理损耗等组成，因此控制材料价格，主要是通过掌握市场信息，应用招标和询价等方式控制材料、设备的采购价格。

施工项目的材料物资，包括构成工程实体的主要材料和结构件，以及有助于工程实体形成的周转使用材料和低值易耗品。从价值角度看，材料物资的价值，约占建筑安装工程造价的60%~70%以上，其重要程度自然是不言而喻的。材料物资的供应渠道和管理方式各不相同，控制的内容和方法也有所不同。

3. 施工机械使用费的控制

合理选择施工机械设备，合理使用施工机械设备对成本控制具有十分重要的意义，尤其是高层建筑施工。据某些工程实例统计，在高层建筑地面以上部分的总费用中，垂直运输机械费用占6%~10%。由于不同的起重运输机械有不同的用途和特点，因此在选择起重运输机械时，首先应根据工程特点和施工条件确定采取何种起重运输机械的组合方式。

施工机械使用费主要由台班数量和台班单价两方面决定，为有效控制施工机械使用费支出，主要从以下几个方面进行控制：

（1）合理安排施工生产，加强设备租赁计划管理，减少因安排不当引起的设备闲置。

（2）加强机械设备的调度工作，尽量避免窝工，提高现场设备利用率。

（3）加强现场设备的维修保养，避免因不正确使用造成机械设备的停置。

（4）做好机上人员与辅助生产人员的协调与配合，提高施工机械台班产量。

4.施工分包费用的控制

分包工程价格的高低，必然对项目经理部的施工项目成本产生一定的影响。因此，施工项目成本控制的重要工作之一是对分包价格的控制。项目经理部应在确定施工方案的初期确定需要分包的工程范围。决定分包范围的因素主要是施工项目的专业性和项目规模。对分包费用的控制，主要是要做好分包工程的询价、订立平等互利的分包合同、建立稳定的分包关系网络、加强施工验收和分包结算等工作。

（二）以施工方案控制资源消耗

资源消耗数量的货币表现大部分是成本费用。因此，资源消耗的减少，就等于成本费用的节约；控制了资源消耗，也就是控制了成本费用。

以施工预算控制资源消耗的实施步骤和方法如下：

1.在工程项目开工前，根据施工图纸和工程现场的实际情况，制定施工方案。

2.组织实施。施工方案是进行工程施工的指导性文件，有步骤、有条理地按施工方案组织施工，可以合理配置人力和机械，可以有计划地组织物资进场，从而做到均衡施工。

3.采用价值工程，优化施工方案。价值工程，又称价值分析，是一门技术与经济相结合的现代化管理科学，应用价值工程，既研究在提高功能的同时不增加成本，或在降低成本的同时不影响功能，把提高功能和降低成本统一在最佳方案中。

第五节 建筑项目成本核算

一、项目成本核算概要

项目成本核算是施工项目管理系统中一个极其重要的子系统，也是项目管理最根本的标志和主要内容。

项目成本核算在施工项目成本管理中的重要性体现在两个方面：一方面，它是施工项目进行成本预测、制订成本计划和实行成本控制所需信息的重要来源；另一方面，它又是施工项目进行成本分析和成本考核的基本依据。成本预测是成本计划的基础。成本计划是成本预测的结果，也是所确定的成本目标的具体化。成本控制是对成本计划的实施进行监督，以保证成本目标的实现。而成本核算则是对成本目标是否实现的最后检验。成本考核是实现决策目标的重要手段。由此可见，施工项目成本核算是施工项目成本管理中最基本的职能，离开了成本核算，就谈不上成本管理，也就谈不上其他职能的发挥。这就是施工项目成本核算与施工项目成本管理的内在联系。

（一）项目成本核算的对象

项目成本核算的对象是指在计算工程成本中确定的归集和分配生产费用的具体对象，即生产费用承担的客体。确定成本核算对象，是设立工程成本明细分类账户、归集和分配生产费用以及正确计算工程成本的前提。

成本核算对象主要根据企业生产的特点与成本管理上的要求确定。由于建筑产品的多样性和设计、施工的单件性，在编制施工图预算、制订成本计划以及与建设单位结算工程价款时，都是以单位工程为对象。因此，按照财务制度规定，在成本核算中，施工项目成本一般应以独立编制施工图预算的单位工程为成本核算对象，但也可以按照承包工程项目的规模、工期、结构类型、施工组织和现场情况等，结合成本管理要求，灵活划分成本核算对象。一般说来有以下几种划分核算对象的方法：

1.一个单位工程由几个施工单位共同施工时，各施工单位都应以同一单位工程为成本核算对象，各自核算自行完成的部分。

2.规范大、工期长的单位工程，可以将工程划分为若干部位，以分部位的工程作为成本核算对象。

3.同一建设项目，由同一施工单位施工，并在同一施工地点，属于同一建设项目的各个单位工程合并作为一个成本核算对象。

4.改建、扩建的零星工程，可根据实际情况和管理需要，以一个单项工程为成本核算对象，或将同一施工地点的若干个工程量较少的单项工程合并作为一个成本核算对象。

（二）项目成本核算的要求

项目成本核算的基本要求如下：

1.项目经理部应根据财务制度和会计制度的有关规定，建立项目成本核算制，明确项目成本核算的原则、范围、程序、方法、内容、责任及要求，并设置核算台账，记录原始数据。

2.项目经理部应按照规定的时间间隔进行项目成本核算。

3.项目成本核算应坚持三同步的原则。项目经济核算的三同步是指统计核算、业务核算、会计核算三者同步进行。统计核算即产值统计，业务核算即人力资源和物质资源的消耗统计，会计核算即成本会计核算。根据项目形成的规律，这三者之间必然存在同步关系，即完成多少产值、消耗多少资源、发生多少成本，三者应该同步，否则项目成本就会出现盈亏异常情况。

4.建立以单位工程为对象的项目生产成本核算体系，是因为单位工程是施工企业的最终产品（成品），可独立考核。

5.项目经理部应编制定期成本报告。

二、项目成本核算的方法

（一）建筑工程项目成本核算的信息关系

建筑工程项目成本核算需要各方面提供信息。

（二）建筑工程项目成本核算的工作流程

建筑工程项目成本核算的工作流程是：预算→降低成本计划→成本计划→施工中的核算→竣工结算。

三、项目成本核算的过程

成本的核算过程，实际上也是各成本项目的归集和分配的过程。成本的归集是指通过一定的会计制度，以有序的方式进行成本数据的搜集和汇总；而成本的分配是指将归集的间接成本分配给成本对象的过程，也称间接成本的分摊或分派。

工程直接费在计算工程造价时可按定额和单位估价表直接列入，但是在项目较多的单位工程施工情况下，实际发生时却有相当一部分的费用也需要通过分配方法计入。间接成本一般按一定标准分配计入成本核算对象——单位工程。核算的内容如下：

（1）人工费的归集和分配；

（2）材料费的归集和分配；

（3）周转材料的归集和分配；

（4）结构件的归集和分配；

（5）机械使用费的归集和分配；

（6）施工措施费的归集和分配；

（7）施工间接费的归集和分配；

（8）分包工程成本的归集和分配。

四、建筑工程项目成本会计的账表

项目经理部应根据会计制度的要求，设立核算必要的账户，进行规范的核算。首先应建立三本账，再由三本账编制施工项目成本的会计报表，即四表。

（一）三账

三账包括工程施工账、其他直接费账和施工间接费账。

1.工程施工账。用于核算工程项目进行建筑安装工程施工所发生的各项费用支出，是以组成工程项目成本的成本项目设专栏记载的。

工程施工账按照成本核算对象核算的要求，又分为单位工程成本明细账和工程项目成本明细账。

2.其他直接费账。先以其他直接费费用项目设专栏记载,月终再分配计入受益单位工程的成本。

3.施工间接费账。用于核算项目经理部为组织和管理施工生产活动所发生的各项费用支出,以项目经理部为单位设账,按间接成本费用项目设专栏记载,月终再按一定的分配标准计入受益单位工程的成本。

（二）四表

四表包括在建工程成本明细表、竣工工程成本明细表、施工间接费表和工程项目成本表。

1.在建工程成本明细表。要求分单位工程列示,以组成单位工程成本项目的三本账汇总形成报表,账表相符,按月填表。

2.竣工工程成本明细表。要求在竣工点交后,以单位工程列示,实际成本账表相符,按月填表。

3.施工间接费表。要求按核算对象的间接成本费用项目列示,账表相符,按月填表。

4.工程项目成本表。该报表属于工程项目成本的综合汇总表,表中除按成本项目列示外,还增加了工程成本合计、工程结算成本合计、分建成本、工程结算其他收入和工程结算成本总计等项,综合了前三个报表,汇总反映项目成本。

第六节　建筑工程项目成本分析与考核

一、项目成本分析概要

（一）项目成本分析的概念

项目成本分析,就是根据统计核算、业务核算和会计核算提供的资料,对项目成本的形成过程和影响成本升降的因素进行分析,以寻求进一步降低成本的途径（包括项目成本中的有利偏差的挖潜和不利偏差的纠正）；另一方面,通过成本分析,可从账簿、报表反映的成本现象看清成本的实质,从而增强项目成本的透明度和可控性,为加强成本控制,实现项目成本目标创造条件。由此可见,项目成本分析,也是降低成本、提高项目经济效益的重要手段之一。

（二）项目成本分析的作用

1.有助于恰当评价成本计划的执行结果。

2.揭示成本节约和超支的原因，进一步提高企业管理水平。

3.寻求进一步降低成本的途径和方法，不断提高企业的经济效益。

（三）项目成本分析的内容

一般来说，项目成本分析主要包括以下三种方法：

1.随着项目施工的进展而进行的成本分析

（1）分部分项工程成本分析；

（2）月（季）度成本分析；

（3）年度成本分析；

（4）竣工成本分析。

2.按成本项目进行的成本分析

（1）人工费分析；

（2）材料费分析；

（3）机具使用费分析；

（4）措施费分析；

（5）间接成本分析。

3.针对特定问题和与成本有关事项的分析

（1）成本盈亏异常分析；

（2）工期成本分析；

（3）资金成本分析；

（4）质量成本分析；

（5）技术组织措施、节约效果分析；

（6）其他有利因素和不利因素对成本影响的分析。

一般来说，项目成本分析的内容主要包括以下几个方面：

（1）人工费用水平的合理性；

（2）材料、能源利用效果；

（3）机械设备的利用效果；

（4）施工质量水平的高低；

（5）其他影响项目成本变动的因素。

二、项目成本分析的依据

施工成本分析，就是根据会计核算、业务核算和统计核算提供的资料，对施工成本的形成过程和影响成本升降的因素进行分析，以寻求进一步降低成本的途径；另一方面，通过成本分析，可从账簿、报表反映的成本现象看清成本的实质，从而增强项目成本的透明度和可控性，为加强成本控制，实现项目成本目标创造条件。

（一）会计核算

会计核算主要是价值核算。会计是对一定单位的经济业务进行计量、记录、分析和检查，作出预测，参与决策，实行监督，旨在实现最优经济效益的一种管理活动。由于会计记录具有连续性、系统性、综合性等特点，所以是施工成本分析的重要依据。

（二）业务核算

业务核算是各业务部门根据业务工作的需要而建立的核算制度，它包括原始记录和计算登记表，如单位工程及分部分项工程进度登记，质量登记，工效、定额计算登记，物资消耗定额记录，测试记录等。业务核算的范围比会计、统计核算要广，会计和统计核算一般是对已经发生的经济活动进行核算，而业务核算不但可以对已经发生的，而且还可以对尚未发生或正在发生的经济活动进行核算，看是否可以做，是否有经济效果。它的特点是，对个别的经济业务进行单项核算。业务核算的目的，在于迅速取得资料，在经济活动中及时采取措施进行调整。

（三）统计核算

统计核算是利用会计核算资料和业务核算资料，把企业生产经营活动客观现状的大量数据，按统计方法加以系统整理，表明其规律性。它的计量尺度比会计宽，可以用货币计算，也可以用实物或劳动量计量。它通过全面调查和抽样调查等特有的方法，不仅能提供绝对数指标，还能提供相对数和平均数指标，可以计算当前的实际水平，确定变动速度，可以预测发展的趋势。

三、项目成本分析的方法

项目成本分析的基本方法包括比较法、因素分析法、差额计算法和比率法等。

（一）比较法

比较法，又称"指标对比分析法"，就是通过技术经济指标的对比，检查目标的完成情况，分析产生差异的原因，进而挖掘内部潜力的方法。这种方法，具有通俗易懂、简单易行、便于掌握的特点，因而得到了广泛的应用，但在应用时必须注意各技术经济指标的可比性。比较法的应用，通常有以下三种形式：

1.将实际指标与目标指标对比。

2.本期实际指标与上期实际指标对比。

3.与本行业平均水平、先进水平对比。

（二）因素分析法

因素分析法又称连环置换法。这种方法可用来分析各种因素对成本的影响程度。在进行分析时，首先要假定众多因素中的一个因素发生了变化，而其他因素不变，然后逐个替换，分别比较其计算结果，以确定各个因素的变化对成本的影响程度。因素分析法的计算步骤如下：

1.确定分析对象,并计算出实际与目标数的差异。

2.确定该指标是由哪几个因素组成的,并按其相互关系进行排序(排序规则是:先实物量,后价值量;先绝对值,后相对值)。

3.以目标数为基础,将各因素的目标数相乘,作为分析替代的基数。

4.将各个因素的实际数按照上面的排列顺序进行替换计算,并将替换后的实际数保留下来。

5.将每次替换计算所得的结果,与前一次的计算结果相比较,两者的差异即为该因素对成本的影响程度。

6.各个因素的影响程度之和,应与分析对象的总差异相等。因素分析法是把项目成本综合指标分解为各个相关联的原始因素,以确定指标变动的各因素的影响程度。它可以衡量各项因素影响程度的大小,以查明原因,改进措施,降低成本。

四、综合成本分析和专项成本分析

(一)综合成本的分析方法

所谓综合成本,是指涉及多种生产要素,并受多种因素影响的成本费用,如分部分项工程成本,月(季)度成本、年度成本等。由于这些成本都是随着项目施工的进展而逐步形成的,与生产经营有着密切的关系。因此,做好上述成本的分析工作,无疑将促进项目的生产经营管理,提高项目的经济效益。

1.分部分项工程成本分析

分部分项工程成本分析是施工项目成本分析的基础。分部分项工程成本分析的对象为已完成分部分项工程。分析的方法是:进行预算成本、目标成本和实际成本的"三算"对比,分别计算实际偏差和目标偏差,分析偏差产生的原因,为今后的分部分项工程成本寻求节约途径。

分部分项工程成本分析的资料来源是:预算成本来自投标报价成本,目标成本来自施工预算,实际成本来自施工任务单的实际工程量、实耗人工和限额领料单的实耗材料。

由于施工项目包括很多分部分项工程,不可能也没有必要对每一个分部分项工程进行成本分析。但是,对于那些主要分部分项工程必须进行成本分析,而且要做到从开工到竣工进行系统的成本分析。这是一项很有意义的工作,因为通过主要分部分项工程成本的系统分析,可以基本上了解项目成本形成的全过程,为竣工成本分析和今后的项目成本管理提供一份宝贵的参考资料。

2.月(季)度成本分析

月(季)度成本分析,是施工项目定期的、经常性的中间成本分析。对于具有一次性特点的施工项目来说,有着特别重要的意义。因为通过月(季)度成本分析,可以及时发现问题,以便按照成本目标指定的方向进行监督和控制,保证项目成本目标的实现。

月（季）度成本分析的依据是当月（季）的成本报表。分析的方法通常有以下几种：

（1）通过实际成本与预算成本的对比；

（2）通过实际成本与目标成本的对比；

（3）通过对各成本项目的成本分析，可以了解成本总量的构成比例和成本管理的薄弱环节；

（4）通过主要技术经济指标的实际与目标对比，分析产量、工期、质量、"三材"节约率、机械利用率等对成本的影响；

（5）通过对技术组织措施执行效果的分析，寻求更加有效的节约途径；

（6）分析其他有利条件和不利条件对成本的影响。

3.年度成本分析

企业成本要求一年结算一次，不得将本年成本转入下一年度。而项目成本则以项目的寿命周期为结算期，要求从开工、竣工到保修期结束连续计算，最后结算出成本总量及其盈亏。由于项目的施工周期一般较长，除进行月（季）度成本核算和分析外，还要进行年度成本的核算和分析。这不仅是为了满足企业汇编年度成本报表的需要，同时也是项目成本管理的需要。因为通过年度成本的综合分析，可以总结一年来成本管理的成绩和不足，为今后的成本管理提供经验和教训，从而对项目成本进行更有效的管理。

年度成本分析的依据是年度成本报表。年度成本分析的内容，除了月（季）度成本分析的六个方面以外，重点是针对下一年度的施工进展情况规划切实可行的成本管理措施，以保证施工项目成本目标的实现。

4.竣工成本的综合分析

凡是有几个单位工程而且是单独进行成本核算（即成本核算对象）的施工项目，其竣工成本分析应以各单位工程竣工成本分析资料为基础，再加上项目经理部的经营效益（如资金调度、对外分包等所产生的效益）进行综合分析。如果施工项目只有一个成本核算对象（单位工程），就以该成本核算对象的竣工成本资料作为成本分析的依据。

单位工程竣工成本分析，应包括以下三方面的内容：

（1）竣工成本分析。

（2）主要资源节超对比分析。

（3）主要技术节约措施及经济效果分析。通过以上分析，可以全面了解单位工程的成本构成和降低成本的来源，对今后同类工程的成本管理有一定的参考价值。

（二）项目专项成本的分析方法

1.成本盈亏异常分析

检查成本盈亏异常的原因，应从经济核算的"三同步"入手。因为，项目经济核算的基本规律是：在完成多少产值、消耗多少资源、发生多少成本之间，有着必然的同步关系。如果违背这个规律，就会发生成本的盈亏异常。

2.工期成本分析

工期成本分析，就是计划工期成本与实际工期成本的比较分析。

3.资金成本分析

资金与成本的关系，就是工程收入与成本支出的关系。根据工程成本核算的特点，工程收入与成本支出有很强的配比性。在一般情况下，都希望工程收入越多越好，成本支出越少越好。

4.技术组织措施执行效果分析

技术组织措施必须与工程项目的工程特点相结合，技术组织措施有很强的针对性和适应性（当然也有各工程项目通用的技术组织措施）。计算节约效果的方法一般按以下公式计算：

措施节约效果＝措施前的成本－措施后的成本对节约效果的分析，需要联系措施的内容和执行过程来进行。

5.其他有利因素和不利因素对成本影响的分析

五、项目成本考核

（一）项目成本考核的概念

项目成本考核，是指对项目成本目标（降低成本目标）完成情况和成本管理工作业绩两方面的考核。这两方面的考核，都属于企业对项目经理部成本监督的范畴。应该说，成本降低水平与成本管理工作之间有着必然的联系，又受偶然因素的影响，但都是对项目成本评价的一个方面，都是企业对项目成本进行考核和奖罚的依据。

项目的成本考核，特别要强调施工过程中的中间考核，这对具有一次性特点的施工项目来说尤其重要。

（二）项目成本考核的内容

1.企业对项目经理考核的内容

（1）项目成本目标和阶段成本目标的完成情况；

（2）建立以项目经理为核心的成本管理责任制的落实情况；

（3）成本计划的编制和落实情况；

（4）对各部门、各作业队和班组责任成本的检查和考核情况；

（5）在成本管理中贯彻责、权、利相结合原则的执行情况。

2.项目经理对所属各部门、各作业队和班组考核的内容

（1）对各部门的考核内容：本部门、本岗位责任成本的完成情况，本部门、本岗位成本管理责任的执行情况。

（2）对各作业队的考核内容：对劳务合同规定的承包范围和承包内容的执行情况，

劳务合同以外的补充收费情况,对班组施工任务单的管理情况以及班组完成施工任务后的考核情况。

(3)对生产班组的考核内容(平时由作业队考核)。以分部分项工程成本作为班组的责任成本。以施工任务单和限额领料单的结算资料为依据,与施工预算进行对比,考核班组责任成本的完成情况。

第七章

工程造价类型及其构成

第一节　建设工程造价构成

一、建设工程造价

建设项目总投资，是指进行一个工程项目的建造所投入的全部资金，包括固定资产投资和流动资金投入两部分。建设工程造价是建设项目投资中的固定资产投资部分，是建设项目从筹建到竣工交付使用的整个建设过程所花费的全部固定资产投资费用，这是保证工程项目建造正常进行的必要资金，是建设项目投资中最主要的部分。建筑安装工程造价是建设项目投资中的建筑安装工程投资部分，也是建设工程造价的组成部分。

建设工程造价具体包括设备及工器具购置费、建筑安装工程费用、工程建设其他费用、预备费、建设期贷款利息和固定资产投资方向调节税。

二、设备、工器具购置费

（一）设备购置费

设备购置费是指为建设项目购置或自制的达到固定资产标准的各种国产或进口设备、工器具的购置费用。它由设备原价和设备运杂费构成。

$$设备购置费=设备原价+设备运杂费$$

上式中，设备原价是指国产设备或进口设备的原价，运杂费是指除设备原价之外的关于设备采购、运输、途中包装及仓库保管等方面支出费用的总和。

建设工程造价构成：

1.国产设备原价的构成及计算

国产设备原价一般是指设备制造厂的交货价，即出厂价或订货合同价。它一般根据生产厂家或供应商的询价、报价、合同价直接或采用一定的方法计算确定。国产设备原价分为国产标准设备原价和国产非标准设备原价。

（1）国产标准设备原价。国产标准设备原价有两种，即带有备件的原价和不带有备件的原价。在计算时，一般采用带有备件的出厂价确定原价。

（2）国产非标准设备原价。国产非标准设备原价有多种不同的计算方法，如成本计算估价法、系列设备插入估价法、分部组合估价法、定额估价法等。但无论采用哪种方法都应该使非标准设备计价接近实际出厂价。按成本计算估价法，非标准设备的原价由以下各项组成：材料费、加工费、辅助材料费、专用工具费、废品损失费、外购配套件费以及包装费、利润、税金、非标准设备设计费。综上所述，单台非标准设备原价可用下式表达：

单台非标准设备原价={［（材料费+加工费+辅助材料费）×（1+专用工具费率）×（1+废品损失率）+外购配套件费］×（1+包装费率）−外购配套件费}×（1+利润率）+增值税销项税+非标准设计费+外购配套件费

2.进口设备原价的构成及计算。

进口设备的原价是指进口设备的抵岸价，即抵达买方边境港口或边境车站，且缴完关税为止所形成的价格。

进口设备的交货类型有出口国内陆交货、装运港交货和进口国目的地交货三类。通常，进口设备采用最多的是装运港交货方式，即卖方在出口国装运港交货，主要有装运港船上交货价（FOB），习惯称离岸价格；运费在内价（CFR）以及运费、保险费在内价（CIF），习惯称到岸价格。装运港船上交货价（FOB）是我国进口设备采用最多的一种货价。进口设备抵岸价的构成可概括如下：

进口设备抵岸价=货价+国外运费+运输保险费+银行财务费+外贸手续费+关税+增值税+消费税+海关监管手续费+车辆购置税

3.设备运杂费的构成及计算

设备运杂费通常由下列各项构成：

（1）运费和装卸费。国产设备由设备制造厂交货地点起至工地仓库（或施工组织设计指定的需要安装设备的堆放地点）止所发生的运费和装卸费；进口设备则由我国到岸港口或边境车站起至工地仓库（或施工组织设计指定的需安装设备的堆放地点）止所发生的运费和装卸费；

（2）包装费。在设备原价中没有包含的，为运输而进行的包装所支出的各种费用；

（3）设备供销部门手续费。按有关部门的规定的统一费率计算；

（4）采购与仓库保管费。指采购、验收、保管和收发设备所发生的各种费用，包括设备采购人员、保管人员和管理人员的工资、工资附加费、办公费、差旅交通费、设备供应部门办公和仓库所占固定资产使用费、工具用具使用费、劳动保护费、检验试验费等。这些费用应按有关部门规定的采购与保管费费率计算。设备运杂费按设备原价乘以设备运杂费率计算，其公式为：设备运杂费=设备原价×设备运杂费率

其中，设备运杂费率按有关部门的规定计取。

（二）工具、器具及生产家具购置费

工具、器具及生产家具购置费，是指新建或扩建项目初步设计规定的，保证初期正常生产必须购置的没有达到固定资产标准的设备、仪器、工卡模具、器具、生产家具和备品备件的购置费用。一般以设备购置费为计算基数，按照部门或行业规定的工具、器具及生产家具费率计算。计算公式为：

工具、器具及生产家具购置费=设备购置费用×定额费率

三、建筑安装工程费用

建筑安装工程费用又称建筑安装工程造价,由直接费、间接费、利润和税金四部分组成,具体内容详见本章第二节。

四、工程建设其他费用

工程建设其他费用是指建设单位从工程筹建起到工程竣工验收交付使用止的整个建设期间,除建筑安装工程费用和设备、工器具购置费以外的,为保证工程建设顺利完成和交付使用后能够正常发挥效用而发生的各项费用的总和。工程建设其他费用按照其内容大致可以分为三类。第一类是土地使用费;第二类是与工程建设有关的其他费用;第三类是与未来生产经营有关的其他费用。

（一）土地使用费

是指建设项目通过划拨或出让方式取得土地使用权,所需的土地征用及迁移补偿费或土地使用权出让金。

1.土地征用及迁移补偿费。是指建设项目通过划拨方式取得无限期的土地使用权,依照《中华人民共和国土地管理法》等规定所支付的费用,包括征用集体土地的费用和对城市土地实施拆迁补偿所需费用。具体内容包括：土地补偿费,青苗补偿费和被征用土地上的房屋、水井、树木等附着物补偿费,安置补助费,耕地占用税或城镇土地使用税,土地登记费及征地管理费,征地动迁费,水利水电工程、水库淹没处理补偿费等。

2.土地使用权出让金。是指建设项目通过土地使用权出让方式,取得有限期的土地使用权,依照《中华人民共和国城镇国有土地使用权出让和转让暂行条例》规定支付的土地使用权出让金。

（二）与项目建设有关的其他费用

根据项目的不同,与项目建设有关的其他费用的构成也不尽相同,一般包括以下各项：

1.建设单位管理费。是指建设项目从立项、筹建、建设、联合试运转到竣工验收交付使用全过程管理所需费用。内容包括：

（1）建设单位开办费。是指新建项目为保证筹建和建设工作正常进行所需办公设备、生活家具、用具、交通工具等的购置费用；

（2）建设单位经费。包括工作人员的基本工资、工资性津贴、职工福利费、劳动保护费、劳动保险费、办公费、差旅交通费、工会经费、职工教育经费、固定资产使用费、工具用具使用费、技术图书资料费、生产人员招募费、工程招标费、合同契约公证费、工程质量监督检测费、工程咨询费、法律顾问费、审计费、业务招待费、排污费、竣工交付使用清理及竣工验收费、后评价等费用。不包括应计入设备、材料预算价格的建设单位采

购及保管设备材料所需的费用。

2.研究试验费。是指为本建设项目提供或验证设计参数、数据资料等进行必要的研究试验以及设计规定在施工中必须进行的试验、验证所需的费用，包括自行或委托其他部门研究试验所需人工费、材料费、实验设备及仪器使用费，支付的科技成果、先进技术的一次性技术转让费。

3.勘察设计费。是指为本建设项目提供项目建议书、可行性研究报告及设计文件等所需费用，内容包括：

（1）编制项目建议书、可行性研究报告及投资估算、工程咨询、评价以及为编制上述文件所进行勘察、设计、研究试验等所需费用；

（2）委托勘察、设计单位进行初步设计、施工图设计及概预算编制等所需费用；

（3）在规定范围内由建设单位自行完成的勘察、设计工作所需费用。

4.工程监理费。是指委托工程监理单位对工程实施监理工作所需支付的费用。

5.工程保险费。是指建设项目在建设期间根据需要，实施工程保险部分所需费用。包括以各种建筑工程及其在施工过程中的物料、机器设备为保险标的建筑工程一切险，以安装工程中的各种机器、机械设备为保险标的安装工程一切险，以及机器损坏保险等。

6.建设单位临时设施费。是指建设期间建设单位所需临时设施的搭设、维修、摊销费用或租赁费用。临时设施包括：临时宿舍、文化福利及公用事业房屋与构筑物、仓库、办公室、加工厂以及规定范围内道路、水、电、管线等临时设施和小型临时设施。

7.供电贴费。供电贴费是指按照国家规定，建设项目应交付的供电工程贴费、施工临时用电贴费，是解决电力建设资金不足的临时对策。供电贴费是用户申请用电时，由供电部门统一规划并负责建设的110kV以下各级电压外部供电工程的建设、扩充、改建等费用的总称。

8.引进技术和设备进口项目的其他费用。内容包括：

（1）为引进技术和进口设备派出人员进行设计和联络、设备材料监检、培训等所发生的差旅费、置装费、生活费用等；

（2）国外工程技术人员来华差旅费、生活费和接待费用等；

（3）国外设计及技术资料费、专利、技术引进费和专有技术费、延期或分期付款利息；

（4）引进设备检验及商检费；

（5）金融机构的担保费。

9.工程总承包费。工程总承包费是指具有总承包条件的工程公司，对工程建设项目从开始建设至竣工投产全过程的总承包所需费用。包括组织勘察设计、设备材料采购、施工招标、施工管理、竣工验收的各种管理费用。不实行工程总承包的项目不计该费用。

(三）与未来生产经营有关的其他费用

1.联合试运转费。是指新建企业或新增加生产工艺过程的扩建企业在竣工验收前，按照设计规定的工程质量标准，进行整个车间的负荷或无负荷联合试运转发生的费用支出超出试运转收入亏损部分。其内容包括：试运转所需的原料、燃料、油料和动力的费用，机械使用费用，低值易耗品及其他物品的购置费用和施工单位参加联合试运转人员的工资等。试运转收入包括试运转产品销售和其他收入，不包括应由设备安装工程费项下列支的单台设备调试费和试车费用。联合试运转费一般根据不同性质的项目按需要试运转车间的工艺设备购置费的百分比计算。

2.生产准备费。是指新建企业或新增生产能力的企业，为保证竣工交付使用而进行必要的生产准备所发生的费用。内容包括：

（1）生产人员培训费，包括自行培训、委托其他单位培训的人员的工资、工资性补贴、职工福利费、差旅交通费、学习资料费、学习费、劳动保护费等；

（2）生产单位提前进厂参加施工、设备安装、调试等以及熟悉工艺流程及设备性能等人员的工资、工资性补贴、职工福利费、差旅交通费、劳动保护费等。

3.办公和生活家具购置费。是指为保证新建、改建、扩建项目初期正常生产、使用和管理所必须购置的办公和生活家具、用具的费用。改、扩建项目所需的办公和生活用具的购置费应低于新建项目。

五、预备费、建设期贷款利息、固定资产投资方向调节税

（一）预备费

按照中国现行规定，预备费包括基本预备费和涨价预备费。

1.基本预备费。是指在初步设计及概算内难以预料的工程费用。内容包括：

（1）在批准的初步设计范围内，技术设计、施工图设计及施工过程中所增加的工程费用；设计变更、局部地基处理等增加的费用；

（2）一般自然灾害造成的损失和预防自然灾害所采取的措施费用，实行工程保险的工程项目费用应适当降低；

（3）竣工验收时为鉴定工程质量对隐蔽工程进行必要的挖掘修复费用。

2.涨价预备费。是指建设项目在建设期间内由于价格等变化引起工程造价变化的预测预留费用。内容包括：人工费、设备费、材料费、施工机械的价差费，建筑安装工程费及工程建设其他费用调整，利率、汇率调整等增加的费用。

（二）建设期贷款利息

是指为筹措建设项目资金发生的各项费用，包括：建设期间投资贷款利息、企业债券发行费、国外借款手续费和承诺费、汇兑净损失及调整外汇手续费、金融机构手续费，以及为筹措建设资金发生的其他财务费用等。

(三) 固定资产投资方向调节税

除以上费用外，建设工程造价中还包括固定资产投资方向调节税。为了贯彻国家政策，控制投资规模，引导投资方向，调整投资结构，加强重点建设，促进国民经济持续、稳定、协调发展，对在我国境内进行固定资产投资的单位和个人征收固定资产投资方向调节税。

为了鼓励投资，国家有关部门规定，自2000年1月起新发生的投资额，暂停征收固定资产投资方向调节税。

六、工程造价文件

按照工程建设的不同阶段，建设工程造价分为以下类型：

（一）投资估算

投资估算一般是指在工程项目建设的前期工作（规划、项目建议书）阶段，项目建设单位向国家计划部门申请建设项目立项或国家、建设主体对拟立项目进行决策，确定建设项目在规划、项目建议书等不同阶段的投资总额而编制的造价文件。任何一个拟建项目，都要通过全面的可行性论证后，才能决定其是否正式立项或投资建设。在可行性论证过程中，除考虑国民经济发展上的需要和技术上的可行性外，还要考虑经济上的合理性。投资估算是在建设前期各个阶段工作中，作为论证拟建项目在经济上是否合理的重要文件，是决策、筹资和控制造价的主要依据。

（二）设计概算和修正概算

造价设计概算是设计文件的重要组成部分。它是由设计单位根据初步设计图纸、概算定额规定的工程量计算规则和设计概算编制方法，预先测定工程造价的文件。

设计概算文件较投资估算准确性有所提高，但又受投资估算的控制。设计概算文件包括：建设项目总概算、单项工程综合概算和单位工程概算。

修正概算是在扩大初步设计或技术设计阶段对概算进行的修正调整，较概算造价准确，但受概算造价控制。

（三）施工图预算造价

施工图预算是指施工单位在工程开工前，根据已批准的施工图纸，在施工方案（或施工组织设计）已确定的前提下，按照预算定额规定的工程量计算规则和施工图预算编制方法预先编制的工程造价文件。施工图预算造价较概算造价更为详尽和准确，但同样要受前一阶段所确定的概算造价的控制。它主要是计算单位工程施工用工、用料数量，以及施工机构（主要是大型机械）台班需用量等。实质上是施工企业基层单位的成本计划文件，它指明了管理目标和方法，用作确定用工、用料计划、备工备料、下达施工任务书和限额领料单的依据，是指导施工、控制工料、实行经济核算及统计的依据。

（四）合同价

合同价是指在工程招投标阶段通过签订总承包合同、建筑安装工程承包合同、设备材料采购合同，以及技术和咨询服务合同所确定的价格。合同价属于市场价格，它是由承发包双方，也即商品和劳务买卖双方根据市场行情共同议定和认可的成交价格，但它并不等同于实际工程造价。按计价方式不同，建设工程合同一般表现为三种类型，即总价合同、单价合同和成本加酬金合同。对于不同类型的合同，其合同价的内涵也有所不同。

（五）结算价

工程结算价是指一个单项工程、单位工程、分部工程或分项工程完工后，经发包人及有关部门验收并办理验收手续后，承包人根据工程造价计价标准、计价办法、建设项目的合同、补充协议、变更签证和现场签证，以及经发、承包人认可的其他有效文件，在工程结算时按合同调价范围和调价方法，对实际发生的工程量增减、设备和材料价差等进行调整后计算和确定的价格。结算价是该结算工程的实际价格。工程结算一般有定期（按月）结算、阶段结算和竣工结算等方式。它们是结算工程价款、确定工程收入、考核工程成本、进行计划统计、经济核算及竣工决算等的依据。其中竣工结算是反映上述工程全部造价的经济文件。一般情况下，工程结算由施工单位编制并经建设单位或其委托的中介机构进行审核，建设单位和施工单位以审核无误后的结算为依据办理完结算后，标志着双方所承担的合同义务和经济责任的结束。

（六）竣工决算

竣工决算是指在竣工验收后，由建设单位编制的建设项目从筹建到建设投产或使用的全部实际成本的技术经济文件。是最终确定的实际工程造价，是建设投资管理的重要环节，是工程竣工验收、交付使用的重要依据，也是进行建设项目财务总结的必要手段。竣工决算的内容由文字说明和决算报表两部分组成。主要说明基建计划执行情况，各项技术经济指标完成情况，各项拨款使用情况，建设成本和投资效果的分析以及建设过程中的主要经验、存在的问题和解决意见等。

七、投资估算和设计概算

（一）投资估算的内容

1.基本概念

投资估算是在项目建议书阶段和可行性研究阶段，通过编制估算文件对拟建项目所需投资预先测算和确定的过程。从费用构成来看，其估算内容包括项目筹建、施工直至竣工投产所需的全部费用。建设项目的投资估算包括固定资产投资估算和流动资金估算两部分。固定资产投资按费用性质划分，包括设备及工程器具购置费、建筑安装工程费用、工程建设其他费用、基本预备费、涨价预备费、建设期贷款利息和固定资产投资方向调节税。

固定资产投资又可分为静态部分和动态部分。涨价预备费、建设期贷款利息和固定资产投资方向调节税构成固定资产投资的动态部分，其余部分为静态投资部分。静态部分是指编制预期造价时以某一基准年、月的建设要素的价格为依据所计算的建设项目造价的瞬时值，其中包括因工程量误差而可能引起的造价增加值。动态投资部分包括基准年、月后因价格上涨等风险因素增加的投资，以及因时间推移发生的投资利息支出。流动资金是指生产经营性项目投产后，用于购买原材料、燃料、支付工资及其他经营费用等所需的周转资金。它是伴随着固定资产投资而发生的长期占用的流动资产投资，其值等于项目投产运营后所需全部流动资产扣除流动负债后的余额。

2.投资估算的编制方法

（1）固定资产投资的估算方法。静态投资部分的估算。

①资金周转率法。这是一种用资金周转率来推测投资额的简便方法。

这种方法比较简便，计算速度快，但精确度较低，可用于投资机会研究及项目建议书阶段投资估算。

②生产能力指数法。这种方法根据已建成项目的投资额或其设备投资额，估算同类而不同生产规模的项目投资或其设备投资的方法。

③比例估算法。比例估算法又分为两种，其中一种方法是以拟建项目或装置的设备费为基数，根据已建成的同类项目或装置的建筑安装费和其他工程费用等占设备价值的百分比，求出相应的建筑安装费及其他工程费用等，再加上拟建项目的其他有关费用，其总和即为项目或装置的投资。

（2）流动资金的估算。

流动资金是保证生产性建设项目投产后，能正常生产经营所需要的最基本的周转资金数额。流动资金的估算一般采用分项详细估算法进行估算，个别情况或小型项目可采用扩大指标估算法。

（二）设计概算

1.设计概算及其作用

设计概算是设计文件的重要组成部分，是在投资估算的控制下由设计单位根据初步设计（或技术设计）图纸及说明、概算定额（概算指标）、各项费用定额或取费标准（指标）、设备、材料预算价格等资料，编制和确定的建设项目从筹建至竣工交付使用所需全部建设费用的文件。按照国家规定，采用两阶段设计的建设项目，初步设计阶段必须编制设计概算；采用三阶段设计的，技术设计阶段必须编制修正概算。在施工图设计阶段，必须按照经批准的初步设计及其相应的设计概算进行施工图的设计工作。设计概算的编制内容包括静态投资和动态投资两部分。其中，静态投资部分是以某一基准年、月建设要素的价格为依据所计算出的投资瞬时值（包含因工程量误差而引起的工程造价的增减），包括：建筑安装工程费，设备和工、器具购置费，工程建设其他费用，基本预备费。动态投资部分则包括建设期贷款利息、投资方向调节税、涨价预备费等。静态投资部分作为考核工程设计和施工图预算的依据；静、动态两部分投资之和则作为筹措和控制资金使用的限额。设计概算的主要作用体现在以下几个方面：

（1）设计概算是国家制定和控制建设投资的依据。对于国家投资项目按照规定报请有关部门或单位批准初步设计及总概算，计划部门根据批准的设计概算编制建设项目年度固定资产投资计划，所批准的总概算为建设项目总造价的最高限额，国家拨款、银行贷款及竣工决算都不能突破这个限额。若建设项目实际投资数额超过了总概算，必须在原设计单位和建设单位共同提出追加投资的申请报告基础上，经上级计划部门审核批准后，方可追加投资。

（2）设计概算是编制建设计划的依据。建设年度计划安排的工程项目，其投资需要量的确定、建设物资供应计划和建筑安装施工计划等，都以主管部门批准的设计概算为依据。

（3）设计概算是进行拨款和贷款的依据。

（4）设计概算是签订总承包合同的依据。对于施工期限较长的大中型建设项目，可以根据批准的建设计划性初步设计和总概算文件确定工程项目的总承包价，采用工程总承包的方式进行建设。

（5）设计概算是考核设计方案的经济合理性和控制施工图预算和施工图设计的依据。

（6）设计概算是考核和评价工程建设项目成本和投资效果的依据。工程建设项目的投资转化为建设项目的成本回收期以及投资效果系数等技术经济指标，并将以概算造价为基础计算的指标与以实际发生造价为基础计算的指标进行对比，从而对工程建设项目成本及投资效果进行评价。

2.设计概算的编制依据和内容

（1）设计概算的编制依据。

①国家发布的有关法律、法规、规章、规程等。

②批准的可行性研究报告及投资估算、设计图纸等有关资料。

③有关部门颁布的现行概算定额、概算指标、费用定额等和建设项目设计概算编制办法。

④有关部门发布的人工、材料价格，有关设备原价及运杂费率，造价指数等。

⑤建设场地自然条件和施工条件；有关合同、协议等。

⑥其他有关资料。

（2）设计概算的内容。

设计概算可分为单位工程概算、单项工程概算和建设项目总概算三级。

①单位工程概算。单位工程概算是确定各单位工程建设费用的文件，是编制单项工程综合概算的依据，是单项工程综合概算的组成部分。对一般工业与民用建筑工程而言，单位工程概算按其工程性质分为建筑工程概算和设备及安装工程概算两大类。建筑工程概算包括土建工程概算，给排水、采暖工程概算，通风、空调工程概算，电气照明工程概算，弱电工程概算，特殊构筑物工程概算等，设备及安装工程概算包括机械设备及安装工程概算，电气设备及安装工程概算，以及工具、器具及生产家具购置费概算等。

②单项工程概算。单项工程概算是确定一个单项工程所需建设费用的文件，它是由单项工程中的各单位工程概算汇总编制而成的，是建设项目总概算的组成部分。

③建设项目总概算。建设项目总概算是由各单项工程综合概算、工程建设其他费用概算、预备费、投资方向调节税和贷款利息概算等汇总编制而成的。

八、施工图预算

(一) 施工图预算及其作用

施工图预算是施工图设计预算的简称，是在施工图设计完成后，根据施工图，按照各专业工程的预算工程量计算规则统计计算出工程量，并考虑实施施工图的施工组织设计确定的施工方案或方法，按照现行预算定额、工程建设费用定额、材料预算价格和建设主管部门规定的费用计算程序及其他取费规定或根据造价指数和价格变化等信息，确定的单位工程、单项工程及建设项目建筑安装工程造价的技术和经济文件。

施工图预算的作用主要体现在以下几个方面：

1.施工图预算是进行招投标的基础。推行工程量清单计价方法以后，传统的施工图预算在投标报价中的作用将逐渐弱化，但是，施工图预算的原理、依据、方法和编制程序仍是投标报价的重要参考资料。

2.施工图预算是施工单位组织材料、机具、设备及劳动力供应的依据；是施工企业编制进度计划、进行经济核算的依据；也是施工单位拟定降低成本措施和按照工程量计算结果编制施工预算的依据。

3.施工图预算是甲乙双方统计完成工作量、办理工程结算和拨付工程款的依据。

4.施工图预算是工程造价管理部门监督、检查执行定额标准、合理确定工程造价、测算造价指数及审定招标工程标底的依据。

(二) 施工图预算的内容和编制依据

1.施工图预算的内容

施工图预算包括单位工程预算、单项工程预算和建设项目总预算。通过施工图预算统计建设工程造价中的建筑安装工程费用。单位工程预算是根据单位工程施工图设计文件、现行预算定额、费用标准以及人工、材料、设备、机械台班等预算价格资料，以一定方法编制出的施工图预算；汇总所有单位工程施工图预算，就成为单位工程施工图预算；

再汇总所有单项工程施工图预算，便成为建设项目的总预算。单位工程预算包括建筑工程预算和设备安装工程预算。对一般工业与民用建筑工程而言，建筑工程预算按其工程性质分为一般土建工程预算、卫生工程预算（包括室内外给排水工程）、采暖通风工程、煤气工程、电气照明工程预算、特殊构筑物如炉窑、烟囱、水塔等工程预算和工业管道工程预算等。设备安装工程预算可分为机械设备安装工程预算、电气设备安装工程预算和化工设备、热力设备安装工程预算等。

2.施工图预算的编制依据

（1）施工图纸及说明书和标准图集。经审定的施工图纸、说明书和标准图集，完整地反映了工程的具体内容、各部分的具体做法、结构尺寸、技术特征以及施工方法，是编制施工图预算的重要依据。

（2）现行预算定额及单位估价表、建筑安装工程费用定额、工程量计算规则。国家和地区颁发的现行建筑、安装工程预算定额、建筑安装工程费用定额及单位估价表和相应的工程量计算规则，是编制施工图预算确定分项工程子目、计算工程量、选用单位估价表、计算直接工程费的主要依据。企业定额也是编制施工图预算的主要依据。

（3）施工组织设计或施工方案、施工现场勘察及测量资料。因为施工组织设计或施工方案中包含了编制施工图预算必不可少的有关资料，如建设地点的土质、地质情况、土石方开挖的施工方法及余土外运方式与运距、施工机械使用情况、结构件预制加工方法及运距、重要的梁板柱的施工方案、重要或特殊机械设备的安装方案等。

（4）材料、人工、机械台班预算价格、工程造价信息及动态调价规定。而且在市场经济条件下，材料、人工、机械台班的价格是随市场而变化的。为使预算造价尽可能接近实际，各地区主管部门对此都有明确的调价规定。

（5）预算工作手册及有关工具书。预算工作手册和工具书包括了计算各种结构件面积和体积的公式，钢材、木材等各种材料规格、型号及用量数据，各种单位换算比例，特殊断面、结构件的工程量的速算方法，金属材料重量表等。

（6）工程承包协议或招标文件。它明确了施工单位承包的工程范围，应承担的责任、权利和义务。

（三）一般土建工程施工图预算编制程序和方法

在编制施工图预算时，既可以采用清单方式利用综合单价结合造价指数变化或根据市场信息进行确定，也可以采用定额方法进行编制。目前国内通常采用的施工图预算的定额编制方法有单价法和实物法两种，下面分别进行介绍。

1.单价法

用单价法编制施工图预算，就是根据地区统一单位估价表中的各项定额单价，乘以相应的各分项工程的工程量，汇总相加，得到单位工程的人工费、材料费、机械使用费之和；再加上按规定程序计算出来的措施费、间接费、利润和税金，便可得出单位工程的施工图预算造价。

具体步骤如下：

（1）搜集各种编制依据资料。包括施工图纸、施工组织设计或施工方案、现行建筑安装工程预算定额、取费标准、统一的工程量计算规则、预算工作手册和工程所在地区的材料、人工、机械台班预算价格与调价规定、工程预算软件等。

（2）熟悉施工图纸和定额。只有对施工图和预算定额有全面详细的了解，才能全面准确地计算出工程量，进而合理地编制出施工图预算造价。

（3）计算工程量。工程量的计算在整个预算过程中是最重要、最繁琐的环节，不仅影响预算编制的及时性，更重要的是影响预算造价的准确性。因此，在工程量计算上要投入较大精力。计算工程量一般可按下列更具体步骤进行：

①根据施工图图示的工程内容和定额项目，列出计算工程量的分部分项工程；

②根据一定的计算顺序和计算规则，列出计算式；

③根据施工图示尺寸及有关数据，代入计算式进行数学计算；

④按照定额中的分部分项工程的计量单位对相应的计算结果的计量单位进行调整，使之相一致。

（4）套用预算定额单价。工程量计算完毕并核对无误后，用所得到的分部分项工程量套用单位估价表中相应的定额单价，与相对应的分项工程量相乘后得出各分项工程的人工费、材料费、机械费，再将各分项工程的上述费用相加汇总，便可求出单位工程的直接工程费。套用单价时需注意如下几点：

①分项工程量的名称、规格、计量单位必须与预算定额或单位估价表所列内容一致，重套、错套、漏套预算单价都会引起直接工程费的偏差，进而导致施工图预算造价出现偏差。

②当施工图纸的某些设计要求与定额单价的特征不完全符合时，必须根据定额使用说明对定额单价进行调整或换算。

③当施工图纸的某些设计要求与定额单价特征相差甚远，既不能直接套用也不能换算、调整时，必须编制补充单位估价表或补充定额。

（5）计算其他各项费用和汇总造价。按照建筑安装单位工程造价构成的规定费用项目的费率及计费基础，分别计算出措施费、间接费、利润和税金，按照规定对材料、人工、机械台班预算价格进行调整，并汇总得出单位工程造价。

（6）复核。单位工程预算编制后，有关人员对单位工程预算进行复核，以便及时发现差错，提高预算质量。复核时应对工程量计算公式和结果、套用定额单价、各项费用的取费费率及计算基础和计算结果、材料和人工预算价格及其价格调整等方面是否正确进行全面复核。

（7）编制说明，填写封面。编制说明是编制者向审核者交待编制方面的有关情况，包括编制依据、工程性质、内容范围、设计图纸号、所用预算定额编制年份（即价格水平年份），有关部门的调价文件号，套用单价或补充单位估价表方面的情况及其他需要说明的问题。封面填写应写明工程名称、工程编号、工程量（建筑面积）、预算总造价及单方造价、编制单位名称及负责人和编制日期，审查单位名称及负责人和审核日期等。单价法是目前国内编制施工图预算的常用方法，具有计算简单、工作量较小和编制速度较快、便于工程造价管理部门集中统一管理的优点。但由于是采用事先编制好的统一的单位估价表，其价格水平只能反映定额编制年份的价格水平，在市场价格波动较大的情况下，单价法的计算结果会偏离实际价格水平，虽然可采用调价，但调价系数和指数从测定到颁布又滞后且计算也较繁琐；另外由于单价法采用地区统一的单位估价表进行计价，承包商之间竞争的并不是自身的施工、管理水平，所以单价法并不适应市场经济环境。

2.实物法

编制施工图预算应用实物法编制施工图预算，首先根据施工图纸分别计算出分项工程量，然后套用相应预算人工、材料、机械台班的定额用量，再分别乘以工程所在地当时的人工、材料、机械台班的实际单价，求出单位工程的人工费、材料费和施工机械使用费，并汇总求和，进而求得直接工程费，然后再按规定计取其他各项费用，汇总后就可得出单位工程施工图预算造价。

实物法编制施工图预算的首尾步骤与单价法相同，二者最大的区别在于中间的步骤，也就是计算人工费、材料费和施工机械使用费及汇总三者费用之和的方法不同。即：

（1）套用相应预算人工、材料、机械台班定额用量。国家建设部1995年颁发的《全国统一建筑工程基础定额》（土建部分，是一部量价分离定额）和2000年颁布的《全国统一安装工程预算定额》专业统一和地区统一的计价定额的实物消耗量，是完全符合国家技术规范、质量标准并反映一定时期的施工工艺水平的分项工程计价所需的人工、材料施工机械消耗量的标准。这个标准：在建材产品、标准设计、施工技术及其相关规范和工艺水平等没有大的突破性变化之间，是相对稳定不变的。因此，它是合理确定和有效控制造价的依据。从长远角度看，特别是从承包商角度，实物消耗量根据企业自身消耗水平确定。这是因为完成单位工程量所消耗的人工、材料、机械台班的数量直接反映了企业的施工技术和管理水平，是施工企业之间展开竞争的一个重要方面。因此，实物消耗量将逐渐以企业自身消耗水平替代全国统一定额消耗水平。

（2）统计各分项工程人工、材料、机械台班消耗量并汇总单位工程所需各类人工工日、材料和机械台班的消耗量。各分项工程人工、材料、机械台班消耗量由分项工程的工程量乘以预算人工定额用量、材料定额用量和机械台班定额用量而得出，汇总便可得出单位工程各类人工、材料和机械台班的消耗量。

（3）用当时当地的各类人工、材料和机械台班的实际预算单价分别乘以相应的人工、材料和机械台班的消耗量，并汇总得出单位工程的人工费、材料费和机械使用费。人工单价、材料预算单价和机械台班的单价可在当地工程造价主管部门的专业网站查询，或由工程造价主管部门定期发布的价格、造价信息中获取，企业也可根据自己的情况自行确定。如人工单价可按各专业、各地区企业一定时期实际发放的平均工资水平来确定，并按规定加入工资性补贴计算；材料预算价格可分解为原价（供应价）和运杂费及采购保管费两部分，原价可按各地生产资料交易市场或销售部门一定时间销售量和销售价格综合确定。

在市场经济条件下，人工、材料和机械台班单价是随市场而变化的，而它们是影响工程造价最活跃、最主要的因素。用实物法编制施工图预算，采用的是工程所在地当时人工、材料、机械台班价格，较好地反映了实际价格水平，工程造价的准确性高。虽然计算过程较单价法繁琐，但利用计算机便可解决此问题。因此，定额实物法是与市场经济体制相适应的预算编制方法。

第二节　建筑安装工程费用

一、建筑安装工程费用内容及构成

（一）建筑安装工程费用内容

1.建筑工程费用

（1）各类房屋建筑工程和列入房屋建筑工程预算的供水、供暖、卫生、通风、煤气等设备费用及其装饰工程的费用，列入建筑工程预算的各种管道、电压、电信和敷设工程的费用；

（2）设备基础、支柱、工作台、烟囱、水塔、水池、灰塔等建筑工程以及各种炉窑的砌筑工程和金属结构工程的费用；

（3）为施工而进行的场地平整，工程和水文地质勘察，原有建筑物和障碍物的拆除以及施工临时用水、电、气、路和完工后的场地清理、环境绿化、美化等工作的费用；

（4）矿井开凿、井巷延伸、露天矿剥离、石油、天然气钻井，修建铁路、公路、桥梁、水库、堤坝、灌渠及防洪等工程的费用。

— 183 —

2.安装工程费用

（1）生产、动力、起重、运输、传动和医疗、实验等各种需要安装的机械设备的装配费用，与设备相连的工作台、梯子、栏杆等设施工程费用，附属于被安装设备的管线敷设工程费用，以及被安装设备的绝缘、防腐、保温、油漆等工作的材料费和安装费；

（2）为测定安装工程质量，对单台设备进行单机试运转、对系统设备进行系统联动无负荷试运转工作的调试费。

（二）我国现行建筑安装工程费用构成

建筑安装工程费用即建筑安装工程造价，是指在建筑安装工程施工过程中直接发生的费用和施工企业在组织管理施工中间接地为工程支出的费用，以及按国家规定施工企业应获得的利润和应缴纳的税金的总和。

根据建设部颁布的《建筑安装工程费用项目组成》。

二、直接费

建筑安装工程直接费由直接工程费和措施费构成。

（1）直接工程费

直接工程费是指施工过程中耗费的构成工程实体的各项费用，包括人工费、材料费、施工机械使用费。

1.人工费。是指直接从事建筑安装工程施工的生产工人开支的各项费用。构成人工费的基本要素有两个，即人工工日消耗量和人工日工资单价。计算公式为：

人工费=$\sum$（工日消耗量×日工资单价）

=$\sum$（工程量×人工工日概预算定额消耗量×相应等级日工资单价）

其中，相应等级的日工资单价包括生产工人基本工资、工资性补贴、生产工人辅助工资、职工福利费及生产工人劳动保护费。但随着劳动工资构成的改变和国家推行的社会保障和福利政策的变化，人工单价在各地区、各行业有不同的构成。

2.材料费。是指施工过程中耗费的构成工程实体的原材料、辅助材料、构配件、零件、半成品的费用。材料费由材料原价、运杂费、运输损耗费、采购及保管费、检验试验费构成。构成材料费的两个基本要素为材料消耗量和材料预算价格，计算公式为：

材料费=$\sum$（材料消耗量×材料基价）

=$\sum$（工程量×材料定额消耗量×材料预算价格）

其中，材料基价包括材料原价、运杂费、运输损耗费、采购及保管费。

3.施工机械使用费。是指施工机械作业所发生的机械使用费以及机械安拆费和进出场费。

构成施工机械使用费的基本要素是机械台班消耗量和机械台班单价，计算公式为：

施工机械使用费=$\sum$（施工机械台班消耗量×机械台班单价）

=Σ（工程量×施工机械定额台班消耗量×机械台班综合单价）

其中，机械台班单价内容包括折旧费、大修理费、经常修理费、安拆费及进出场费、燃料动力费、人工费及运输机械养路费、车船使用税及保险费等。租赁施工机械台班单价的构成除上述费用外，还包括租赁企业的管理费、利润和税金。

（二）措施费

措施费是指为完成工程项目施工，发生于该工程施工前和施工过程中非工程实体项目的费用。措施费可根据专业和地区的情况自行补充。各专业工程的专用措施费项目的计算方法由各地区或国务院有关专业主管部门的工程造价管理机构自行制定。

1.环境保护费=直接工程费×环境保护费率（%）

2.文明施工费：是指施工现场文明施工所需要的各项费用。

文明施工费=直接工程费×文明施工费费率（%）

3.安全施工费：是指施工现场安全施工所需要的各项费用。

安全施工费=直接工程费×安全施工费费率（%）

4.临时设施费：是指施工企业进行建筑施工所必须搭设的生活和生产用的临时建筑物、构筑物和其他临时设施的费用等。临时设施包括：临时宿舍、文化福利及公用事业房屋与构筑物、仓库、办公室、加工厂以及规定范围内道路、水、电管线等临时设施和小型临时设施。临时设施费用包括：临时设施的搭设、维修、拆除费或摊销费，具体包括周转使用临建（如活动房屋）、一次性使用临建（如简易建筑）和其他临时设施（如临时管线）费。

临时设施费=[（周转使用临建费+一次性使用临建费）×（1+其他临时设施所占比例（%））]

5.夜间施工费：是指因夜间施工所发生的夜班补助费、夜间施工降效、夜间施工照明设备摊销及照明用电等费用。

夜间施工增加费=（1-合同工期定额工期）×直接工程费中的人工费平均日工资单位×每工日夜间施工费开支

6.二次搬运费：是指因施工场地狭小等特殊情况而发生的二次搬运费用。

7.大型机械设备进出场及安拆费：是指机械整体或分体自停放场地运至施工现场或由一个地点运至另一个施工地点，所发生的机械进出场运输及转移费用及机械在施工现场进行安装、拆卸所需的人工费、材料费、机械费、试运转费和安装所需的辅助设施的费用。

8.混凝土、钢筋混凝土模板及支架费：是指混凝土施工过程中需要的各种钢模板、木模板、支架等的支、拆、运输费用及模板、支架的摊销（或租赁）费用。

模板及支架费=模板摊销量×模板价格+支、拆、运输费

租赁费=模板的使用量×使用日期×租赁价格+支、拆、运输费

9.脚手架费：是指施工需要的各种脚手架搭、拆、运输费用及脚手架的摊销（或租赁）费用。

脚手架搭拆费=脚手架摊销量×脚手架价格+搭、拆、运输费

租赁费=脚手架每日租金×搭设周期+搭、拆、运输费

10.已完工程及设备保护费：是指竣工验收前，对已完工程及设备进行保护所需费用。

已完工程及设备保护费=成品保护所需机械费+人工费

11.施工排水、降水费：是指为确保工程在正常条件下施工，采取各种排水、降水措施所发生的各种费用。

排水、降水费=∑排水、降水机械台班费×排水、降水周期+排水、降水使用材料费、人工费

三、间接费

按现行规定，建筑安装工程间接费由企业管理费、财务费用和其他费用组成。

（一）企业管理费

企业管理费是指建筑安装企业组织施工生产和经营管理所需费用。内容包括：

1.管理人员工资：是指管理人员的基本工资、工资性补贴、职工福利费、劳动保护费等。

2.办公费：是指企业管理办公用的文具、纸张、账表、印刷、邮电、书报、会议、水电、烧水和集体取暖（包括现场临时宿舍取暖）用煤等费用。

3.差旅交通费：是指职工因公出差、调动工作的差旅费、住勤补助费、市内交通费和误餐补助费，职工探亲路费，劳动力招募费，职工离退休、退职一次性路费，工伤人员就医路费，工地转移费以及管理部门使用的交通工具的油料、燃料、养路费及牌照费。

4.固定资产使用费：是指管理和试验部门及附属生产单位使用的属于固定资产的房屋、设备仪器等的折旧、大修、维修或租赁费。

5.工具、用具使用费：是指管理使用的不属于固定资产的生产工具、器具、家具、交通工具和检验、试验、测绘、消防用具等的购置、维修和摊销费。

6.劳动保险费：是指由企业支付离退休职工的易地安家补助费、职工退职金、6个月以上的病假人员工资、职工死亡丧葬补助费、抚恤费，及按规定支付给离休干部的各项经费。

7.工会经费：是指企业按职工工资总额计提的工会经费。

8.职工教育经费：是指企业按职工学习先进技术和提高文化水平，按职工工资总额计提的费用。

9.财产保险费：是指施工管理用财产、车辆保险。

10.财务费：是指企业为筹集资金而发生的各种费用。

11.税金：是指企业按规定缴纳的房产税、车船使用税、土地使用税、印花税等。

12.其他：包括技术转让费、技术开发费、业务招待费、绿化费、广告费、公证费、法律顾问费、审计费、咨询费等。

（二）财务费

财务费是企业为筹集资金而发生的各项费用，包括企业经营期间发生的短期贷款利息净支出，汇兑净损失、金融机构手续费以及企业为筹集资金发生的其他财务费用。

（三）间接费的计算

间接费是按相应的计费基础乘以间接费费率（指导性费率）确定的。企业管理费要根据各自的基数和费率分别计算。企业管理费的计算按取费基数的不同分为以下三种：

1.以直接费为计算基础土建工程：间接费=直接费合计×间接费费率（％）

2.以人工费和机械费合计为计算基础设备安装工程：间接费=人工费和机械费合计×间接费费率（％）

3.以人工费为计算基础装饰装修工程及其他安装工程：间接费=人工费合计×间接费费率（％）

四、利润

利润是指施工企业完成所承包工程获得的盈利。在定额计价方式下，它是按相应的计取基础乘以利润率（以前国家发布强制性的利润率，目前国家则公布指导性的比率）确定的。随着工程建设管理体制改革和建设市场的不断完善，以及建设工程招标、投标的需要，利润在投标报价中可以上、下浮动，以利于公平、合理的市场竞争。在工程量清单方式下，利润已经包括在施工单位投标的综合单价内，不再单独体现。

五、规费

规费是指政府和有关权力部门规定必须缴纳的费用。内容包括：

1.工程排污费：是指施工现场按规定缴纳的工程排污费。

2.工程定额测定费：是指按规定支付工程造价（定额）管理部门的定额测定费。

3.社会保障费。

养老保险费：是指企业按规定标准为职工缴纳的基本养老保险费。

失业保险费：是指企业按照国家规定标准为职工缴纳的失业保险费。

医疗保险费：是指企业按照规定标准为职工缴纳的基本医疗保险费。

4.住房公积金：是指企业按规定标准为职工缴纳的住房公积金。

5.危险作业意外伤害保险：是指按照建筑法规定，企业为从事危险作业的建筑安装施工人员支付的意外伤害保险费。规费根据工程所在地区典型工程发承包价的分析资料综合取定。规费的计费基数一般为工程直接费和企业管理费之和。

六、税金

建筑安装工程税金是指国家税法规定应计入建筑安装工程造价内的营业税、城市维护建设及教育费附加。建筑安装企业营业税税率为3%。城乡维护建设税的纳税人所在地为市区的，其适用税率为营业税的7%；所在地为县镇的，其适用税率为营业税的5%；所在地为农村的，其适用税率为营业税的1%。教育费附加按应纳营业税额乘以3.3%确定。

税金=（税前造价+利润）×税率（%）

七、工程施工发包与承包计价办法

根据建设部第107号部令《建设工程施工发包与承包计价管理办法》的规定，发包与承包价的计算方法为工料单价法和综合单价法。

（一）工料单价法

工料单价法是以分项工程量乘以单价后的合计为直接工程费，其中分项工程单价为人工、材料、机械的消耗量乘以相应价格合计而成的直接工程费单价。分项的工程工料单价=工日消耗量×日工资单价+材料消耗量×材料预算单价+机械台班消耗量×机械台班单价

直接工程费=∑（工程量×分项工程工料单价）

工程承发包价=直接工程费+措施费+间接费+利润+税金

（二）综合单价法

综合单价法是以各分项工程综合单价乘以工程量，得到该分项工程的合价，汇总所有分项工程合价形成工程总价的方法。综合单价法中的分项工程单价为全费用单价，全费用单价经综合计算后生成，其内容包括直接工程费、间接费和利润（措施费也可按此方法生成全费用价格）。一般情况下，综合单价中不包含规费和税金。

第八章

工程结算、决算及其审核

建筑工程管理与造价审计

工程结算是由施工单位编制的确定工程实际造价的技术经济文件，竣工决算是工程竣工之后，由建设单位编制的用来综合反映竣工建设项目或单项工程的建设成果和财务情况的总结性文件。工程结算是竣工决算的基础资料之一。

第一节　工程竣工验收

一、建设项目竣工验收

（一）建设项目竣工验收的概念

建设项目竣工验收是指由建设单位、施工单位和项目验收委员会，以项目批准的设计任务书和设计文件，以及国家或部门颁发的施工验收规范和质量检验标准为依据，按照一定的程序和手续，在项目建成并试生产合格后（工业生产性项目），对工程项目的总体进行检验和认证、综合评价和鉴定的活动。竣工验收是建设工程的最后阶段。一个单位工程或一个建设项目在全部竣工后进行检查验收及交工，是建设、施工、生产准备工作进行检查评定的重要环节，也是对建设成果和投资效果的总检验。建设项目的验收，按照被验收的对象，可以分为：单项工程、单位工程验收（称为"交工验收"）、工程整体验收（称为"动用验收"）。通常所说的建设项目竣工验收，指的是"动用验收"，是指建设单位在建设项目按批准的设计文件所规定的内容全部建成后，向使用单位交工的过程。

（二）建设项目竣工验收的作用

1.全面考核建设成果，检查设计、工程质量是否符合要求，确保项目按设计要求的各项技术经济指标正常使用。

2.通过验收办理固定资产使用手续，可以总结工程建设经验，为提高建设项目的经济效益和管理水平提供重要依据。

3.建设项目竣工验收是项目施工阶段的最后一个程序，是建设成果转入生产使用的标志，是审查投资使用是否合理的重要环节。

4.建设项目竣工验收是建设项目转入投产使用的必要环节。

二、建设项目竣工验收的内容

建设项目竣工验收的内容依据建设项目的不同而不同，一般包括以下三部分：

（一）工程资料验收

工程资料验收包括工程技术资料、工程综合资料和工程财务资料。

1.工程技术资料验收内容

（1）工程地质、水文、气象、地形、地貌、建筑物、构筑物及主要设备安装位置、勘察报告、记录；

（2）初步设计、技术设计或扩大初步设计、关键的技术试验、总体规划设计；

（3）土质试验报告、基础处理；

（4）建筑工程施工记录、单位工程质量检验记录、管线强度、密封性试验报告、设备及管线安装施工记录及质量检、仪表安装施工记录；

（5）设备试车、验收运转、维修记录；

（6）产品的技术参数、性能、图纸、工艺说明、工艺规程、技术总结、产品检验、包装、工艺图；

（7）设备的图纸、说明书；

（8）涉外合同、谈判协议、意向书；

（9）各单项工程及全部管网竣工图等的资料。

2.工程综合资料验收内容

项目建议书及批件。可行性研究报告及批件，项目评估报告，环境影响评估报告书，设计任务书。土地征用早报及批准的文件，承包合同，招标投标文件，施工执照，项目竣工验收报告，验收鉴定书。

3.工程财务资料验收内容

（1）历年建设资金供应（拨、贷）情况和应用情况；

（2）历年批准的年底财务决算；

（3）历年年度投资计划、财务收支计划；

（4）建设成本资料；

（5）支付使用的财务资料；

（6）设计概算、预算资料；

（7）施工决算资料。

（二）工程内容验收

工程内容验收包括建筑工程验收、安装工程验收。

1.建筑工程验收内容

建筑工程验收，主要是如何运用有关资料进行审查验收，主要包括：

（1）建筑物的位置、标高、轴线是否符合设计要求；

（2）对基础工程中的土石方工程、垫层工程、砌筑工程等资料的审查，因为这些工程在"交工验收"时已验收；

（3）对结构工程中的砖木结构、砖混结构、内浇外砌结构、钢筋混凝土结构的审查验收；

（4）对屋面工程的木基、望板油毡、屋面瓦、保温层、防水层等的审查验收；

（5）对门窗工程的审查验收；

（6）对装修工程的审查验收（抹灰、油漆等工程）。

2.安装工程验收内容

安装工程验收分为建筑设备安装工程、工艺设备安装工程、动力设备安装工程验收。主要包括：

（1）建筑设备安装工程（指民用建筑物中的上下水管道、暖气、煤气、通风、电气照明等安装工程）应检查这些设备的规格、型号、数量、质量是否符合设计要求，检查安装时的材料、材质、材种，检查试压、闭水试验、照明；

（2）工艺设备安装工程包括：生产、起重、传动、实验等设备的安装，以及附属管线敷设和油漆、保温等。

检查设备的规格、型号、数量、质量、设备安装的位置、标高、机座尺寸、质量、单机试车、无负荷联动试车、有负荷联动试车、管道的焊接质量、吹扫、试压、试漏、油漆、保温等及各种阀门；

（3）动力设备安装工程指有自备电厂的项目，或变配电室（反）动力配电线路的验收。

三、工程竣工验收的条件

根据国务院2000年1月发布的第279号令《建设工程质量管理条例》规定，建设工程竣工验收应当具备以下条件：

1.完成建设工程设计和合同约定的各项内容；

2.有完整的技术档案和施工管理资料；

3.有工程使用的主要建筑材料、建筑构配件和设备的进场试验报告；

4.有勘察、设计、施工、工程监理等单位分别签署的质量合格文件；

5.有施工单位签署的工程保修书。

第二节 工程结算及其审查

一、工程结算

（一）工程结算的依据

财政部、建设部共同发布的《建设工程价款结算暂行办法》（以下简称《工程价款结算办法》）规定：建设工程价款结算是指对建设工程的发承包合同价款进行约定和依据合同约定进行工程预付款、工程进度款、工程竣工价款结算的活动。

《工程价款结算办法》规定：工程价款结算应按合同约定办理，合同未做约定或约定不明的，发、承包双方应依照下列规定与文件协商处理：

1.国家有关法律、法规和规章制度；

2.国务院建设行政主管部门、省、自治区、直辖市或有关部门发布的工程造价计价标准、计价办法等有关规定；

3.建设项目合同、补充协议、变更签证和现场签证，以及经发、承包人认可的其他有效文件；

4.其他可依据的材料。

（二）工程结算的内容和方式

1.工程结算的一般内容

（1）按工程承包合同或协议预支工程预付款。在具备施工条件的前提下，发包人应在双方签订合同后的一个月内或不迟于约定的开工日期前的7天内预付工程款。包工包料工程的预付款按合同约定拨付，原则上预付比例不低于合同金额的10%，不高于合同金额的30%，对重大工程项目，按年度工程计划性逐年预付。计价执行《建设工程工程量清单计价规范》的工程，实体性消耗和非实体性消耗部分应在合同中分别约定预付款比例。

（2）按照双方确定的结算方式开列月（或阶段）报表和工程价款结算账单，提出支付工程进度申请，14天内发包人应按不低于工程价款的60%，不高于工程价款的90%向承包人支付工程进度款。

工程进度款的计算内容包括：

①以已完工程量和对应工程量清单或报价单的相应价格计算的工程款；

②设计变更应调整的合同价款；

③本期应扣回的工程预付款；

④根据合同允许调整合同价款原因应补偿给承包人的款项和应扣减的款项;

⑤经过工程师批准的承包人索赔款;

⑥其他应支付或扣回的款项等;

⑦跨年度工程年终进行已完工程、未完工程盘点和年终结算;

⑧单位工程竣工时,编写单位工程竣工书,办理单位工程竣工结算;

⑨单项工程竣工时,办理单项工程竣工结算;

⑩最后一个单项工程竣工结算审查确认后15天内,汇总编写建设项目竣工总结算,送发包人后30天内审查完成。

发包人根据确认的竣工结算报告向承包人支付工程竣工结算价款,保留5%左右的质量保证(保修)金,待工程交付使用一年质保期到期后清算(合同另有约定的,从其约定),质保期如有返修,发生费用应在质量保证(保修)金内扣除。

(三)竣工结算的编制

竣工结算是在工程竣工并经验收合格后,在原合同造价的基础上,将有增减变化的内容,按照施工合同约定的方法与规定,对原合同造价进行相应的调整,编制确定工程实际造价并作为最终结算工程价款的经济文件。

在调整合同造价中,应把施工中发生的设计变更、费用签证、费用索赔等使工程价款发生增减变化的内容加以调整。竣工结算价款的计算公式为:竣工结算工程价款=预算(概算)或合同价款+施工过程中预算或合同价款调整数额-预付及已结算工程价款-质量保证(保修)金。

1.工程竣工结算的含义及要求

工程竣工结算是指施工企业按照合同规定的内容全部完成所承包的工程,经验收质量合格,并符合合同要求之后,向发包单位进行的最终工程价款结算。

《建设工程施工合同(示范文本)》中对竣工结算做了详细规定:

(1)工程竣工验收报告经发包方认可后28天内,承包方向发包方递交竣工结算报告及完整的结算资料,双方按照协议书约定的合同价款及专用条款约定的合同价款调整内容,进行工程竣工结算。

(2)发包方收到承包方递交的竣工结算报告及结算资料后28天内进行核实,给予确认或者提出修改意见。发包方确认竣工结算报告后通知经办银行向承包方支付工程竣工结算价款。承包方收到竣工结算价款后14天内将竣工工程交付发包方。

(3)发包方收到竣工结算报告及结算资料后28天内无正当理由不支付工程竣工结算价款,从第29天起按承包方同期向银行贷款利率支付拖欠工程价款的利息,并承担违约责任。

(4)发包方收到竣工结算报告及结算资料后28天内不支付工程竣工结算价款,承包方可以催告发包方支付结算价款。发包方在收到竣工结算报告及结算资料后56天内仍不支付的，承包方可以与发包方协议将该工程折价，也可以由承包方申请人民法院将该工程依法拍卖，承包方就该工程折价或者拍卖的价款优先受偿。

（5）工程竣工验收报告经发包方认可后28天内，承包方未能向发包方递交竣工结算报告及完整的结算资料，造成工程竣工结算不能正常进行或工程竣工结算价款不能及时支付，发包方要求交付工程的，承包方应当交付；发包方不要求交付工程的，承包方承担保管责任。

（6）发包方和承包方对工程竣工结算价款发生争议时，按争议的约定处理。

在实际工作中，当年开工、当年竣工的工程，只需办理一次结算。跨年度的工程，在年终办理一次年终结算，将未完工程结转到下一年度，此时竣工结算等于各年度结算的总和。办理工程价款竣工结算的一般公式为：竣工结算工程价款=预算（或概算）或合同价款+施工过程中预算或合同价款调整数额-预付及已结算工程价款-保修金。

2.工程竣工结算的审查

工程竣工结算审查是竣工结算阶段的一项重要工作。经审查核定的工程竣工结算是核定建设工程造价的依据，也是建设项目验收后编制竣工决算和核定新增固定资产价值的依据。因此，建设单位、监理公司以及审计部门等，都十分关注竣工结算的审核把关。一般从以下几方面入手：

（1）核对合同条款。首先，应该对竣工工程内容是否符合合同条件要求，工程是否竣工验收合格，只有按合同要求完成全部工程并验收合格才能列入竣工结算。其次，应按合同约定的结算方法、计价定额、取费标准、主材价格和优惠条款等，对工程竣工结算进行审核，若发现合同开口或有漏洞，应请建设单位与施工单位认真研究，明确结算要求。

（2）检查隐蔽验收记录。所有隐蔽工程均需进行验收，两人以上签证；实行工程监理的项目应经监理工程师签证确认。审核竣工结算时应该对隐蔽工程施工记录和验明正身收签证，手续完整，工程量与竣工图一致方可列入结算。

（3）落实设计变更签证。设计修改变更应由原设计单位出具设计变更通知单和修改图纸、设计、校审人员签字并加盖公章，经建设单位和监理工程师审查同意、签证；重大设计变更应经原审批部门审批，否则不应列入结算。

（4）按图核实工程数量。竣工结算的工程量应依据竣工图、设计变更单和现场签证等进行核算，并按国家统一规定的计算规则计算工程量。

（5）认真核实单价。结算单价应按现行的计价原则和计价方法确定，不得违背。

（6）注意各项费用计取。建筑安装工程的取费标准应按合同要求其项目建设期间与计价定额配套使用的建筑安装工程费用定额及有关规定执行，先审核各项费率、价格指数或换算系数是否正确，价差调整计算是否符合要求，再核实特殊费用和计算程序。要注意各项费用的计取基数，如安装工程间接费等是以人工费为基数，这个人工费是定额人工费与人工费调整部分之和。

（7）防止各种计算误差。工程竣工结算子目多、篇幅大，往往有计算误差，应认真核算，防止因计算误差多计或少算。

第三节 竣工决算

一、竣工决算的含义

竣工决算是指所有建设项目竣工后，建设单位按照国家有关规定在新建、改建和扩建工程建设项目竣工验收阶段编制的竣工决算报告。竣工决算是以实物数量和货币数量指标为计量单位，综合反映竣工项目从筹建开始到项目竣工交付使用为止的全部建设费用、建成成果和财务状况的总结性文件，是竣工验收报告的重要组成部分，竣工决算是正确核定新增固定资产价值，考核分析投资效果，建立健全经济责任制的依据，是反映建设项目实际造价和投资效果的文件。

及时、正确地编制竣工决算，对于总结分析建设过程中的经验教训，提高工程造价管理水平以及积累技术经济资料等方面，有着重要意义。

（一）建设项目竣工决算是综合、全面反映竣工项目建设成果及财务状况的总结性文件，它采用货币指标、实物数量、建设工期和各种技术经济指标综合、全面地反映建设项目自开工建设到竣工为止的全部建设成果和财物状况。

（二）建设项目竣工决算是办理交付使用资产的依据，也是竣工验收报告的重要组成部分。

（三）建设项目竣工决算是分析和检查设计概算的执行情况，考核投资效果的依据。

二、竣工决算的内容

建设项目竣工决算应包括从筹建到竣工投产全过程的全部实际支出费用，即建筑工程费用、安装工程费用、设备工器具购置费用和其他费用等。竣工决算由竣工决算报表、竣工决算报告说明书、竣工工程平面示意图、工程造价比较分析四部分组成。大中型建设项目竣工决算报表一般包括竣工工程概况表、竣工财务决算表、建设项目交付使用财产总表及明细表，以及建设项目建成交付使用后的投资效益和交付使用财产明细表。

三、竣工决算的编制

（一）竣工决算报告说明书的内容

竣工决算报告说明书包括反映竣工工程建设的成果和经验，是全面考核与分析工程投资与造价的书面总结，是竣工决算报告的重要组成部分，其主要内容包括：

1.对工程总的评价。从工程的进度、质量、安全和造价四方面进行分析说明。

进度：主要说明开工和竣工时间，对照合理工期和要求工期说明工程进度是提前还是延期。

质量：要根据竣工验收委员会或质量监督部门的验收评定，对工程质量进行说明。

安全：根据劳动工资和施工部门的记录，对有无设备和人身事故进行说明。

造价：应对照概算造价，说明节约还是超支，用金额和百分率进行分析说明。

2.各项财务和技术经济指标的分析。

（1）概算执行情况分析。根据实际投资完成额与概算进行对比分析。

（2）新增生产能力的效益分析。说明交付使用财产占总投资额的比例，分析有机构成和成果。

（3）基本建设投资包干情况的分析。说明投资包干数、实际支用数和节约额、投资包干节余的有机构成和包干节余的分配情况。

（4）财务分析。列出历年的资金来源和资金占用情况。

（5）工程建设的经验教训及有待解决的问题。

（二）编制竣工决算报表

竣工决算报表共9个。它们是：

1.建设项目竣工工程概况表；

2.建设项目竣工财务决算总表；

3.建设项目竣工财务决算明细表；

4.交付使用固定资产明细表；

5.交付使用流动资产明细表；

6.交付使用无形资产明细表；

7.其他资产明细表；

8.建设项目工程造价执行情况分析表；

9.待摊投资明细表。

（三）进行工程造价比较分析

在竣工决算报告中，必须对控制工程造价所采取的措施、效果以及其动态的变化进行认真的比较分析，总结经验教训。批准的概算是考核建设工程造价的依据，在分析时，可将决算报表中所提供的实际数据和相关资料与批准的概算、预算指标进行对比，以考核竣工项目总投资控制的水平，在对比的基础上总结先进经验，找出落后的原因，提出改进措施。为考核概算执行情况，正确核算建设工程造价，财务部门首先必须积累概算动态变化资料（如材料价差、设备价差、人工价差、费率价差等）和设计方案变化，以及对工程造价有重大影响的设计变更资料；其次，考查竣工形成的实际工程造价节约或超支的数额。为了便于比较，可先对比整个项目的总概算，之后对比工程项目（或单项工程）的综合概算和其他工程费用概算，最后再对比单位工程概算，并分别将建筑安装工程、设备、工器具购置和其他工程费用逐一与项目竣工决算编制的实际工程造价进行对比，找出节约或超支的具体内容和原因。根据经审定的竣工结算等原始资料，对原概预算进行调整，重新核定各单项工程和单位工程的造价。属于增加固定资产价值的投资，如建设单位管理费、研究试验费、土地征用及拆迁补偿费等，应分摊于受益工程，共同构成新增固定资产价值。

第四节　工程竣工阶段的审计

工程竣工阶段的审计按照其内容可以分为竣工验收审计、工程造价审计、工程竣工结算审计和工程决算审计等四项内容。

竣工验收审计是指对已完工建设项目的验收情况、试运行情况及合同履行情况进行的检查和评价活动。工程竣工结算审计是指在项目竣工后，对施工企业编制并反映按照合同规定的内容全部完成所承包的工程，经验收质量合格，并符合合同要求之后，向发包单位进行的最终工程价款结算文件进行审核的活动，目的是确定建设单位和施工单位之间的结算价格，这个结算价格是建设单位应付给施工单位的总价款。工程造价审计是指对建设项目全部成本的真实性、合法性进行的审查和评价。工程决算审计则是对建设单位编制的综合反映竣工项目从筹建开始到项目竣工交付使用为止的全部建设费用、建成成果和财务状况的总结性文件进行审计的活动。

以上四项审计从内容和目的上来看，区别是非常明显的，但也存在内在的联系。例如，工程竣工结算审计和工程造价审计虽然不同，但很多情况下，工程造价的确定和工程结算价款的确定是一个相符合的过程。只要确定了其中一个，就可以在其基础上进行调整得出另外一个价款。

一、竣工验收审计

（一）竣工验收审计定义

竣工验收审计是指对已完工建设项目的验收情况、试运行情况及合同履行情况进行的检查和评价活动。

（二）竣工验收审计的资料依据

竣工验收审计应依据以下主要资料：

1. 经批准的可行性研究报告；
2. 竣工图；
3. 施工图设计及变更洽谈记录；
4. 国家颁发的各种标准和现行的施工验收规范；
5. 有关管理部门审批、修改、调整的文件；
6. 施工合同；
7. 技术资料和技术设备说明书；
8. 竣工决算财务资料；
9. 现场签证；
10. 隐蔽工程记录；
11. 设计变更通知单；
12. 会议纪要；
13. 工程档案结算资料清单等。

（三）竣工验收审计内容

竣工验收审计主要包括以下内容：

1. 验收审计

（1）检查竣工验收小组的人员组成、专业结构和分工；

（2）检查建设项目验收过程是否符合现行规范，包括环境验收规范、防火验收规范等；

（3）对于委托工程监理的建设项目，应检查监理机构对工程质量进行监理的有关资料；

（4）检查承包商是否按照规定提供齐全有效的施工技术资料；

（5）检查对隐蔽工程和特殊环节的验收是否按规定做了严格的检验；

（6）检查建设项目验收的手续和资料是否齐全有效；

（7）检查保修费用是否按合同和有关规定合理确定和控制；

（8）检查验收过程有无弄虚作假行为。

2.试运行情况的审计

（1）检查建设项目完工后所进行的试运行情况，对运行中暴露出的问题是否采取了补救措施；

（2）检查试生产产品收入是否冲减了建设成本。

（3）合同履行结果的审计。即检查业主、承包商因对方未履行合同条款或建设期间发生意外而产生的索赔与反索赔问题，核查其是否合法、合理，是否存在串通作弊现象，赔偿的法律依据是否充分。

（四）竣工验收审计方法

竣工验收审计主要采用现场检查法、设计图与竣工图循环审查法等方法。设计图与竣工图循环审查法是指通过分析设计图与竣工图之间的差异来分析评价相关变更、签证等的真实性与合理性的方法。

二、工程结算审计

工程竣工结算审计的内容在本章第二节已经进行了介绍，这里不再重复。

三、工程决算审计

为了严格执行建设项目竣工验收制度，正确核算新增固定资产价值，考核投资效果，建立健全经济责任制，按照国家关于基本建设项目竣工验收的规定，所有新建、扩建、改建和重建项目在竣工后都要由建设单位编制竣工决算。为了确定建设单位编制决算的准确性，就需要进行审核。

（一）工程决算审核的重点

工程项目概算执行情况；

工程项目资金的来源、支出及结余等财务情况；

工程项目合同工期执行情况和合同质量等级控制情况；

交付使用资产情况等。

（二）工程决算审核的内容、依据

关于工程决算审计的内容、审核依据在《内部审计实务指南第1号——建设项目内部审计》第十章——财务管理审计有详细介绍，这里不再赘述。

第九章

工程造价审核

工程造价审核的目的是建设单位为了节约造价，对施工单位编制并提报的工程预算、结算等造价文件或在施工过程中全方位全过程进行的自我审核或委托具备造价审核资质的中介机构进行的审核。为了节约造价，建设单位不但要在工程竣工后进行审核，更为关键的是建设单位在整个建设工期内采取适当的方法进行全过程的造价控制。只有以全过程、全方位的方式去控制造价，才能以合理的成本达到造价控制的目标。关于建设过程的不同阶段采取的方法和手段，前面已经进行了详细的介绍，这里仅对工程竣工验收后，由建设单位委托具备工程造价咨询资格的中介机构对施工单位提报的竣工结算进行审核以及跟踪审计需要关注的问题进行阐述。

第一节 工程造价审核概述

一、工程造价审核的中介机构

目前，从事工程造价审核的机构应该具备建设部颁发的工程造价咨询资格，中华人民共和国建设部《建设部关于纳入国务院决定的十五项行政许可的条件的规定》中，对工程造价咨询企业资质认定条件做出了明确规定，在规定中指出，工程造价咨询资格包括甲级和乙级两个级别，具体的条件如下：

（一）甲级资质

1.已取得乙级工程造价咨询企业资质证书满3年；

2.技术负责人已取得造价工程师注册资格，并具有工程或者经济系列高级专业技术职称，且从事工程造价专业工作15年以上；

3.专职从事工程造价专业工作的人员（简称专职专业人员）不少于20人，其中工程或者工程经济系列中级以上专业技术职称的人员不少于16人，取得造价工程师注册证书的人员不少于10人，其他人员具有从事工程造价专业工作的经历；

4.企业注册资本不得少于人民币100万元；

5.近3年企业工程造价咨询营业收入累计不低于人民币500万元；

6.具有固定办公场所，人均办公面积不少于10平方米；

7.技术档案管理制度、质量控制制度和财务管理制度齐全；

8.员工的社会养老保险手续齐全；

9.专职专业人员符合国家规定的职业年龄，人事档案关系由国家认可的人事代理机构代为管理；

10.企业的出资人中造价工程师人数不低于60%，出资额不低于注册资本总额的60%。

（二）乙级资质

1.技术负责人已取得造价工程师注册资格，并具有工程或者经济系列高级专业技术职称，且从事工程造价专业工作10年以上；

2.专职从事工程造价专业工作的人员（简称专职专业人员）不少于12人，其中工程或者经济系列中级以上专业技术职称的人员不少于8人，取得造价工程师注册证书的人员不少于6人，其他人员具有从事工程造价专业工作的经历；

3.企业注册资本不得少于人民币50万元；

4.在暂定期内企业工程造价咨询营业收入累计不低于人民币50万元；

5.具有固定办公场所，人均办公面积不得少于10平方米；

6.技术档案管理制度、质量控制制度、财务管理制度齐全；

7.员工的社会养老保险手续齐全；

8.专职专业人员符合国家规定的职业年龄，人事档案关系由国家认可的人事代理机构代为管理；

9.企业的出资人中造价工程师人数不低于60%，出资额不低于注册资本总额的60%。

（三）新设立的工程造价咨询企业的资质等级按照最低等级核定，并设1年的暂定期

二、工程造价审核的中介机构的从业人员——注册造价工程师

造价咨询公司专职从事工程造价专业工作的人员（简称专职专业人员）一般要具备工程或者工程经济系列中级以上专业技术职称的，或取得造价工程师注册证书，具有从事工程造价专业工作的经历。其中造价工程师是专门从事工程造价咨询的执业资格。

（一）造价工程师考试简介

造价工程师是指经全国统一考试合格，取得《造价工程师执业资格证书》并经注册登记，在建设工程中从事造价业务活动的专业技术人员。

依据《人事部、建设部关于印发〈造价工程师执业资格制度暂行规定〉的通知》，国家开始实施造价工程师执业资格制度。人事部、建设部下发了《人事部、建设部关于实施造价工程师执业资格考试有关问题的通知》，并于当年在全国首次实施了造价工程师执业资格考试。考试工作由人事部、建设部共同负责，日常工作由建设部标准定额司承担，具体考务工作委托人事部人事考试中心组织实施。

造价工程师执业资格考试实行全国统一大纲、统一命题、统一组织的办法。

建设部负责考试大纲的拟定、培训教材的编写和命题工作。培训工作按照与考试分开、自愿参加的原则进行。人事部负责审定考试大纲、考试科目和试题，组织或授权实施各项考务工作。会同建设部对考试进行监督、检查、指导和确定合格标准。考试每年举行一次，考试时间一般安排在10月中旬。原则上只在省会城市设立考点。

(二）造价工程师考试科目

考试设四个科目。具体是：《工程造价管理相关知识》《工程造价的确定与控制》《建设工程技术与计量》（本科目分土建和安装两个专业，考生可任选其一，下同）、《工程造价案例分析》。其中，《工程造价案例分析》为主观题，在答题纸上作答；其余3科均为客观题，在答题卡上作答。

（三）造价工程师报考条件

凡中华人民共和国公民，遵纪守法并具备以下条件之一者，均可参加造价工程师执业资格考试：

1.工程造价专业大专毕业后，从事工程造价业务工作满5年；工程或工程经济类大专毕业后，从事工程造价业务工作满6年。

2.工程造价专业本科毕业后，从事工程造价业务工作满4年；工程或工程经济类本科毕业后，从事工程造价业务工作满5年。

3.获上述专业第二学士学位或研究生班毕业和取得硕士学位后，从事工程造价业务工作满3年。

4.获上述专业博士学位后，从事工程造价业务工作满2年。

在《人事部、建设部关于印发〈造价工程师执业资格制度暂行规定〉的通知》下发之日前已受聘担任高级专业技术职务并具备下列条件之一者，可免试《工程造价管理相关知识》和《建设工程技术与计量》两个科目。

1.工程或工程经济类本科毕业，从事工程造价业务工作满15年。

2.工程或工程经济类大专毕业，从事工程造价业务工作满20年。

3.工程或工程经济类中专毕业，从事工程造价业务工作满25年。

（四）造价工程师注册管理

造价工程师执业资格考试合格者，由各省、自治区、直辖市人事（职改）部门颁发人事部统一印制的、人事部与建设部盖印的《造价工程师执业资格证书》。该证书在全国范围内有效。

取得《造价工程师执业资格证书》者，须按规定向所在省（区、市）造价工程师注册管理机构办理注册登记手续，造价工程师注册有效期为3年。有效期满前3个月，持证者须按规定到注册机构办理再次注册手续。

三、工程造价审核的方式

按照审核发生的不同阶段，可以分为投资估算审核、设计概算审核、施工图预算审核、施工合同审核、工程结算审核等。按照工程计价方式的不同，可以分为定额计价方式下的审核、清单计价方式下的审核。按照造价审计的持续阶段，可以分为事前审核、事中审核、事后审核、全过程的跟踪审核。

四、工程项目决策阶段工程造价的控制与审核

(一)建设项目决策的含义

项目投资决策是选择和决定投资行动方案的过程,是对拟建项目的必要性和可行性进行技术经济论证,对不同建设方案进行技术经济比较及做出判断和决定的过程。正确的项目投资行动来源于正确的项目投资决策。项目决策正确与否,直接关系到项目建设的成败,关系到工程造价的高低及投资效果的好坏。正确决策是合理确定与控制工程造价的前提。

(二)建设项目决策与工程造价的关系

1.项目决策的正确性是工程造价合理性的前提

项目决策正确,意味着对项目建设做出科学的决断,优选出最佳投资方案,达到资源的合理配置。这样才能合理地估计和计算工程造价,并且在实施最优投资方案过程中,有效地控制工程造价。项目决策失误,主要体现在对不该建设的项目进行投资建设,或者项目建设地点的选择错误,或者投资方案的确定不合理等。诸如此类的决策失误,会直接带来不必要的资金投入和人力、物力及财力的浪费,甚至造成不可弥补的损失。在这种情况下,合理地进行工程造价的计价与控制已经毫无意义了。因此,要达到工程造价的合理性,事先就要保证项目决策的正确性,避免决策失误。

2.目决策的内容是决定工程造价的基础

工程造价的计价与控制贯穿于项目建设全过程,但决策阶段各项技术经济决策,对该项目的工程造价有重大影响,特别是建设标准的确定、建设地点的选择、工艺的评选、设备选用等,直接关系到工程造价的高低。据有关资料统计,在项目建设各阶段中,投资决策阶段影响工程造价的程度最高,达到80%~90%。因此,决策阶段是决定工程造价的基础阶段,直接影响着决策阶段之后的各个建设阶段工程造价的计价与控制是否科学、合理的问题。

3.造价高低、投资多少也影响项目决策

决策阶段的投资估算是进行投资方案选择的重要依据之一,同时也是决定项目是否可行及主管部门进行项目审批的参考依据。

4.项目决策的深度影响投资估算的精确度,也影响工程造价的控制效果

投资决策过程,是一个由浅入深、不断深化的过程,依次分为若干工程阶段,不同阶段决策的深度不同,投资估算的精确度也不同。如投资机会及项目建议书阶段,是初步决策的阶段,投资估算的误差率在±30%左右;而详细可行性研究阶段,是最终决策阶段,投资估算误差率在±10%以内。另外,由于在项目建设各阶段中,即决策阶段、初步设计阶段、技术设计阶段、施工图设计阶段、工程招投标及承发包阶段、施工阶段,以及竣工验收阶段,通过工程造价的确定与控制,相应形成投资估算、设计概算、修正概算、

施工图预算、承包合同价、结算价及竣工决算。这些造价形式之间存在着前者控制后者，后者补充前者的相互作用关系。按照"前者控制后者"的制约关系，意味着投资估算作为限额目标，对其后面的各种形式的造价起着制约作用。由此可见，只有加强项目决策的深度，采用科学的估算方法和可靠的数据资料，合理地计算投资估算，保证投资估算打足，才能保证其他阶段的造价被控制在合理范围，使投资控制目标能够实现，避免"三超"现象发生。

（三）项目决策阶段影响工程造价的主要因素

1.项目合理规模的确定

项目合理规模的确定，就是要合理选择拟建项目的生产规模，解决"生产多少"的问题，每一个建设项目都存在着一个合理规模的选择问题。生产规模过小，使得资源得不到有效配置，单位产品成本较高，经济效益低下；生产规模过大，超过了项目产品市场的需求量，则会导致开工不足、产品积压或降价销售，致使项目经济效益也会低下。因此，项目规模的合理选择关系着项目的成败，决定着工程造价合理与否。

在确定项目规模时，不仅要考虑项目的内部各因素之间的数量匹配、能力协调，还要使所有生产力因素共同形成的经济实体（如项目）在规模上大小适中。这样可以合理确定和有效控制工程造价，提高项目的经济效益。但同时也须注意，规模扩大所产生的效益不是无限的，它受到技术进步、管理水平、项目经济技术环境等多种因素的制约。超过一定限度，规模效益将不再出现，甚至可能出现单位成本递增和收益递减的现象。项目规模合理化的制约因素有：

（1）市场因素。市场因素是项目规模确定中需考虑的首要因素。其中，项目产品的市场需求状况是确定项目生产规模的前提。一般情况下，项目的生产规模应以市场预测的需求量为限，并根据项目生产市场的长期发展趋势做相应调整。除此之外，还要考虑原材料市场、资金市场、劳动力市场等，它们也对项目规模的选择起着不同程度的制约作用。如项目规模过大可能导致材料供应紧张和价格上涨，项目需投资资金的筹集困难和资金成本上升等。

（2）技术因素。先进的生产技术及技术装备是项目规模效益赖以存在的基础，而相应的管理技术水平则是实现规模效益的保证。若与经济规模生产相适应的先进技术及其装备的来源没有保障，或获取技术的成本过高，或管理水平跟不上，则不仅预期的规模效益难以实现，还会给项目的生存和发展带来危机，导致项目投资效益低下，工程支出浪费严重。

（3）环境因素。项目的建设、生产和经营离不开一定的社会经济环境，项目规模确定中需考虑的主要环境因素有：政策因素、燃料动力供应、协作及土地条件、运输及通信条件。其中，政策因素包括产业政策、投资政策、技术经济政策，以及国家、地区及行业经济发展规划等。特别是为了取得较好的规模效益，国家对部分行业的新建项目规模作了下限规定，选择项目规模时应予以遵照执行。

2.建设标准水平的确定

建设标准的主要内容：建设规模、占地面积、工艺装备、建筑标准、配套工程、劳动定员等方面的标准或指标。建设标准是编制、评估、审批项目可行性研究的重要依据，是衡量工程造价是否合理及监督检查项目建设的客观尺度。

建设标准能否起到控制工程造价、指导建设投资的作用，关键在于标准水平定的合理与否。标准水平定得过高，会脱离我国的实际情况和财力、物力的承受能力，增加造价；标准水平定得过低，将会妨碍技术进步，影响国民经济的发展和人民生活的改善。因此，建设标准水平应从我国目前的经济发展水平出发，区别不同地区、不同规模、不同等级、不同功能，合理确定。大多数工业交通项目应采用中等适用的标准，对少数引进国外先进技术和设备的项目或少数有特殊要求的项目，标准可适当高些。在建筑方面，应坚持经济、适用、安全、朴实的原则。建设项目标准中的各项规定，能定量的应尽量给出指标，不能规定指标的要有定性的原则要求。

3.建设地区及建设地点（厂址）的选择

一般情况下，确定某个建设项目的具体地址（或厂址），需要经过建设地区选择和建设地点选择（厂址选择）这样两个不同层次的、相互联系又相互区别的工作阶段。这两个阶段是一种递进关系。其中，建设地区选择是指在几个不同地区之间对拟建项目适宜配置在哪个区域范围的选择；建设地点选择是指对项目具体坐落位置的选择。

五、工程项目设计阶段工程造价的控制与审核

（一）工程设计、设计阶段及设计程序

1.工程设计的含义

工程设计是指在工程开始施工之前，设计者根据已批准的设计任务书，为具体实现拟建项目的技术、经济要求，拟定建筑、安装及设备制造等所需的规划、图纸、数据等技术文件的工作。设计是建设项目由计划变为现实具有决定意义的工作阶段。设计文件是建筑安装施工的依据。拟建工程在建设过程中能否保证进度、保证质量和节约投资，在很大程度上取决于设计质量的优劣。工程建成后，能否获得满意的经济效果，除了项目决策之外，设计工作起着决定性的作用。设计工作的重要原则之一是保证设计的整体性。为此设计工作必须按一定的程序分阶段进行。

2.设计阶段

为保证工程建设和设计工作有机的配合和衔接，将工程设计分为几个阶段，我国规定，一般工业项目与民用建设项目设计按初步设计和施工图设计两个阶段进行，称为"两阶段设计"；对于技术上复杂而又缺乏设计经验的项目，可按初步设计、技术设计和施工图设计三个阶段进行，称之为"三阶段设计"。

3.设计程序

（1）设计准备。设计者在动手设计之前，首先要了解并掌握各种有关的外部条件和客观情况：包括地形、气候、地质、自然环境等自然条件；城市规划对建筑物的要求；交通、水、电、气、通讯等基础设施状况；业主对工程的要求，特别是工程应具备的各项使用要求；对工程经济估算的依据和所能提供的资金、材料、施工技术和装备等以及可能影响工程的其他客观因素。

（2）初步方案。在第一阶段搜集资料的基础上，设计者对工程主要内容（包括功能与形式）的安排有个大概的布局设想，然后要考虑工程与周围环境之间的关系。在这一阶段设计者可以同使用者和规划部门充分交换意见，最后使自己的设计取得规划部门的同意，与周围环境有机地融为一体。对于不太复杂的工程，这一阶段可以省略，把有关的工作并入初步设计阶段。

（3）初步设计。这是设计过程中的一个关键性阶段，也是整个设计构思基本形成的阶段。通过初步设计可以进一步明确拟建工程在指定地点和规定期限内进行建设的技术可行性和经济合理性，并规定主要技术方案、工程总造价和主要技术经济指标，以利于在项目建设和使用过程中最有效地利用人力、物力和财力。工业项目初步设计包括总平面设计、工艺设计和建筑设计三部分。在初步设计阶段应编制设计总概算。

（4）技术设计。技术设计是初步设计的具体化，也是各种技术问题的定案阶段。技术设计所应研究和决定的问题，与初步设计大致相同，但需要根据更详细的勘察资料和技术经济计算加以补充修正。技术设计的详细程度应能满足确定设计方案中重大技术问题和有关实验、设备选制等方面的要求，应能保证根据它编制施工图和提出设备订货明细表。技术设计的着眼点，除体现初步设计的整体意图外，还要考虑施工的方便易行，如果对初步设计中所确定的方案有所更改，应对更改部分编制修正概算书。对于不太复杂的工程，技术设计阶段可以省略，把这个阶段的一部分工作纳入初步设计（承担技术设计部分任务的初步设计称为扩大初步设计），另一部分留待施工图设计阶段进行。

（5）施工图设计。这一阶段主要是通过图纸，把设计者的意图和全部设计结果表示出来，作为工人施工制作的依据。它是设计工作和施工工作的桥梁。具体包括建设项目各部分工程的详图和零部件、结构件明细表，以及验收标准、方法等。施工图设计的深度应能满足设备材料的选择与确定、非标准设备的设计与加工制作、施工图预算的编制、建筑工程施工和安装的要求。

（6）设计交底和配合施工。施工图发出后，根据现场需要，设计单位应派人到施工现场，与建设、施工单位共同汇审施工图，进行技术交底，介绍设计意图和技术要求，修改不符合实际和有错误的图纸，参加试运转和竣工验收，解决试运转过程中的各种技术问题，并检验设计的正确和完善程度。

（二）设计阶段影响工程造价的因素

1. 总平面设计

总平面设计是指总图运输设计和总平面配置。主要包括的内容有：厂址方案、占地面积和土地利用情况；总图运输、主要建筑物和构筑物及公用设施的配置；外部运输、水、电、气及其他外部协作条件等。

总平面设计是否合理对于整个设计方案的经济合理性有重大影响。正确合理的总平面设计可以大大减少建筑工程量，节约建设用地，节省建设投资，降低工程造价和项目运行后的使用成本，加快建设进度，并可以为企业创造良好的生产组织、经营条件和生产环境；还可以为城市建设和工业区创造完美的建筑艺术整体。总平面设计中影响工程造价的因素有：

（1）占地面积。占地面积的大小一方面影响征地费用的高低，另一方面也会影响管线布置成本及项目建成运营的运输成本。因此，在总平面设计中应尽可能节约用地。

（2）功能分区。无论是工业建筑还是民用建筑都有许多功能组成，这些功能之间相互联系，相互制约。合理的功能分区既可以使建筑物的各项功能充分发挥，又可以使总平面布置紧凑、安全，避免大挖大填、减少土石方量和节约用地，降低工程造价。同时，合理的功能分区还可以使生产工艺流程顺畅，运输简便，降低项目建成后的运营成本。

（3）运输方式的选择。不同的运输方式其运输效率及成本不同。有轨运输运量大，运输安全，但需要一次性投入大量资金；无轨运输无须一次性大规模投资，但是运量小，运输安全性较差。从降低工程造价的角度来看，应尽可能选择无轨运输，可以减少占地，节约投资。但是运输方式的选择不能仅仅考虑工程造价，还应考虑项目运营的需要，如果运输量较大，则有轨运输往往比无轨运输成本低。

2. 工艺设计

工艺设计部分要确定企业的技术水平。主要包括建设规模、标准和产品方案；工艺流程和主要设备的选型；主要原材料、燃料供应；"三废"治理及环保措施，此外还包括三产组织及生产过程中的劳动定员情况等。按照建设程序，建设项目的工艺流程在可行性研究阶段已经确定。设计阶段的任务就是严格按照批准的可行性研究报告的内容进行工艺技术方案的设计，确定从原料到产品整个生产过程的具体工艺流程和生产技术。

3. 建筑设计

建筑设计部分，要在考虑施工过程的合理组织和施工条件的基础上，决定工程的立体平面设计和结构方案的工艺要求。建筑物和构筑物及公用辅助设施的设计标准，提出建筑工艺方案、暖气通风、给排水等问题的简要说明。在建筑设计阶段影响工程造价的主要因素有：

（1）平面形状。一般来说，建筑物平面形状越简单，它的单位面积造价就越低。当一座建筑物的平面又长又窄，或它的外形做得复杂而不规则时，其周长与建筑面积的比率必将增加，伴随而来的是较高的单位造价。因为不规则的建筑物将导致室外工程、排水工程、砌砖工程及屋面工程等复杂化，从而增加工程费用。一般情况下，建筑物周长与建筑面积之比（即单位建筑面积所占外墙长度）越低，设计越经济。

（2）流通空间。建筑物的经济平面布置的主要目标之一是，在满足建筑物使用要求的前提下，将流通空间减少到最小。因为门厅、过道、走廊、楼梯以及电梯井的流通空间都可以认为是"死空间"，都不能为了获利目的而加以使用，但是却需要相当多的采暖、采光、清扫和装饰及其他方面的费用。但是造价不是检验设计是否合理的唯一标准，其他如美观和功能质量的要求也是非常重要的。

（3）层高。在建筑面积不变的情况下，建筑层高增加会引起各项费用的增加：墙与隔墙及其有关粉刷、装饰费用的提高；供暖空间体积增加，导致热源及管理费增加；卫生设备、上下水管道长度增加；楼梯间造价和电梯设备费用的增加；另外，施工垂直运输量的增加，可能增加屋面造价；如果由于层高增加而导致建筑总高度增加很多，则还可能需要增加基础造价。

据有关资料分析，住宅层高每降低10cm，可降低造价1.2%～1.5%。层高降低还可提高住宅区的建筑密度，节约征地费、拆迁费及市政设施费。

（4）建筑物层数。毫无疑问，建筑工程造价是随着建筑物的层数增加而提高的。但是当建筑层数增加时，单位建筑面积所分担的土地费用及外部流通空间费用将有所降低，从而使建筑物单位面积造价发生变化。建筑物层数对造价的影响，因建筑类型、形式和结构不同而不同。如果增加一个楼层不影响建筑物的结构形式，单位建筑面积的造价可能会降低。但是当建筑物超过一定层数时，结构形式就要改变，单位造价通常会增加。建筑物越高，电梯及楼梯的造价将有提高的趋势，建筑物的维修费用也将增加，但是采暖费用有可能下降。

（5）柱网布置。柱网布置是确定柱子的行距（跨度）和间距（每行柱子中相邻两个柱子间的距离）的依据。柱网布置是否合理，对工程造价和厂房面积的利用效率都有较大的影响。由于科学技术的飞跃发展，生产设备和生产工艺都在不断地变化。为适应这种变化，厂房柱距和跨度应当适当地扩大，以保证厂房有更大的灵活性，避免生产设备和工艺的改变受到柱网布置的限制。

（6）建筑物的体积与面积。通常情况下，随着建筑物体积和面积的增加，工程总造价会提高。因此应尽量减少建筑物的体积与总面积。为此，对于工业建筑，在不影响生产能力的条件下，厂房、设备布置力求紧凑合理；要采用先进工艺和高效能的设备，节省厂房面积；要采用大跨度、大柱距的大厂房平面设计形式，提高平面利用系数。对于民用建筑，尽量减少结构面积比例，增加有效面积。住宅结构面积与建筑面积之比称为结构面积系数。这个系数越小，设计越经济。

（7）建筑结构。建筑结构是指建筑工程中由基础、梁、板、柱、墙屋架等构件所组成的起骨架作用的、能承受直接和间接"荷载"的体系。建筑结构按所用材料可分为：砌体结构、钢筋混凝土结构、钢结构和木结构等。

①砌体结构，是由墙砖、砌块、料石等块材通过砂浆砌筑而成的结构。具有就地取材、造价低廉、耐火性能好以及容易砌筑等优点。有关资料研究表明，五层以下的建筑物砌体结构比钢筋混凝土结构经济。

②钢筋混凝土结构坚固耐久，强度、刚度较大，抗震、耐热、耐酸、耐碱、耐火性能好，便于预制装配和采用工业化方法施工，在大中型工业厂房中广泛应用。对于大多数多层办公楼和高层公寓的主要框架工程来说，钢筋混凝土比钢结构便宜。

③结构是由钢板和型钢等钢材，通过铆、焊、螺栓等连接而成的结构。多层房屋采用钢结构在经济上的主要优点为：

A.因为柱的截面较小，而且比钢筋混凝土结构所要求的柱子占用的楼层空间也少，因而结构尺寸减少；

B.安装精确，施工迅速；

C.由于结构自重较小而降低了基础造价；

D.由于钢结构在柱网布置方面具有较大的灵活性，因而平面布置灵活；

E.外墙立面、窗的组合方式及室内布置可以适应未来变化的需要。

④木结构是指全部或大部分采用木材搭建的结构。具有就地取材、制作简单、容易加工等优点。但由于大量消耗木材资源，会对生态环境带来不利影响，因此，在各类建筑工程中较少使用木结构。木结构的主要缺点是：易燃、易腐蚀、易变形等。

以上分析可以看出，建筑材料和建筑结构是否合理，不仅直接影响到工程质量、使用寿命、耐火抗震性能，而且对施工费用、工程造价有很大的影响。尤其是建筑材料，一般占直接费的70%，降低材料费用，不仅可以降低直接费，而且也会导致间接费的降低。采用各种先进的结构形式和轻质高强度建筑材料，能减轻建筑物自重，简化基础工程，减少建筑材料和构配件的费用及运费，并能提高劳动生产率和缩短建设工期，经济效果十分明显。

（三）设计阶段工程造价计价与控制的重要意义

1.在设计阶段进行工程造价的计价分析可以使造价构成更合理，提高资金利用效率。设计阶段工程造价的计价形式是编制设计预算，通过设计预算可以了解工程造价的构成，分析资金分配的合理性。并可以利用价值工程理论分析项目各个组成部分功能与成本的匹配程度，调整项目功能与成本使其趋于合理。

2.在设计阶段进行工程造价的计价分析可以提高投资控制效率。编制设计概算并进行分析,可以了解工程各组成部分的投资比例。对于投资比例比较大的部分应作为投资的重点,这样可以提高投资控制效率。

3.在设计阶段控制工程造价会使控制工作更主动。长期以来,人们把控制理解为目标值与实际值的比较,以及当实际值偏离目标值时分析产生差异的原因,确定下一步对策。这对于批量性生产的制造业而言,是一种有效的管理方法。但是对于建筑业而言,由于建筑产品具有单件性、价值昂贵的特点,这种管理方法只能发现差异,不能消除差异,也不能预防差异的发生,而且差异一旦发生,损失往往很大,这是一种被动的控制方法。而如果在设计阶段控制工程造价,可以先按一定的质量标准,开列新建建筑物每一部分或分项的计划支出费用的报表,即造价计划。在详细设计制定出来以后,对工程的每一部分或分项的估算造价,对照造价计划中所列的指标进行审核,预先发现差异,主动采取一些控制方法消除差异,使设计更经济。

4.在设计阶段控制工程造价便于技术与经济相结合。工程设计工作往往是由建筑师等专业技术人员来完成的。他们在设计过程中往往更关注工程的使用功能,力求采用比较先进的技术方法实现项目所需功能,而对经济因素考虑较少。如果在设计阶段吸收造价工程师参与全过程设计,使设计从一开始就建立在健全的经济基础之上,在做出重要决定时能充分认识其经济后果。另外投资限额一旦确定以后,设计只能在确定限额内进行,有利于建筑师发挥个人创造力,选择一种最经济的方式实现技术目标。从而确保设计方案能较好地体现技术与经济的结合。

5.在设计阶段控制工程造价效果最显著。工程造价控制贯穿于项目建设全过程,这一点是毫无疑问的。但是进行全过程控制还必须突出重点。下图是国外描述的各阶段影响工程项目投资的规律。

六、工程项目施工阶段工程造价的控制与审核

(一)工程变更概述

1.工程变更的分类

由于工程建设的周期长、涉及的经济关系和法律关系复杂、受自然条件和客观因素的影响大,导致项目的实际情况与项目招标时的情况相比会发生一些变化。因此,工程的实际施工情况与招标投标的工程情况相比往往会有一些变化。工程变更包括工程量变更、工程项目的变更(如发包人提出或者删减原项目内容)、进度计划的变更、施工条件的变更等。如果按照变更的起因划分,变更的种类有很多,如:发包人的变更指令(包括发包人对工程有了新的要求、发包人修改项目计划、发包人削减预算、发包人对项目进度有了新的要求等);由于设计错误,必须对设计图纸做修改;工程环境变化;由于产生了新的技术和知识,有必要改变原设计、实施方案或实施计划;法律、法规或者政府对建设项目

有了新的要求等。当然，这样的分类并不是十分严格的，变更原因也不是相互排斥的。这些变更最终往往表现为设计变更，因为我国要求严格按图施工，因此，如果变更影响了原来的设计，则首先应当变更原设计。考虑到设计变更在工程变更中的重要性，往往将工程变更分为设计变更和其他变更两大类。

（1）设计变更。在施工过程中如果发生设计变更，将对施工进度产生很大的影响。因此，应尽量减少设计变更，如果必须对设计进行变更，必须严格按照国家的规定和合同约定的程序进行。由于发包人对原设计进行变更，以及经工程师同意的、承包人要求进行的设计变更，导致合同价款的增减及造成的承包人损失，由发包人承担，延误的工期相应顺延。

（2）其他变更。合同履行中发包人要求变更工程质量标准及发生其他实质性变更，由双方协商解决。

2.工程变更的处理要求

（1）如果出现了必须变更的情况，应当尽快变更。如果变更不可避免，不论是停止施工等待变更指令，还是继续施工，无疑都会增加损失。

（2）工程变更后，应当尽快落实变更。工程变更指令发出后，应当迅速落实指令，全面修改相关的各种文件。承包人也应当抓紧落实，如果承包人不能全面落实变更指令，则扩大的损失应当由承包人承担。

（3）对工程变更的影响应当做进一步分析。工程变更的影响往往是多方面的，影响持续的时间也往往较长，对此应当有充分的分析。

（二）《建设工程施工合同（示范文本）》条件下的工程变更

1.工程变更的程序

（1）设计变更的程序。从合同角度看，不论因为什么原因导致的设计变更，必须首先由一方提出，因此，可以分为发包人对原设计进行变更和承包人原因对原设计进行变更两种情况。

①发包人对原设计进行变更。施工中发包人如果需要对原工程设计进行变更，应不迟于变更前14天内以书面形式向承包人发出变更通知。承包人对于发包人的变更通知没有拒绝的权利，这是合同赋予发包人的一项权利。因为发包人是工程的出资人、所有人和管理者，对将来工程的运行承担主要的责任，只有赋予发包人这样的权利才能减少更大的损失。但是，变更超过原设计标准或者批准的建设规模时，须经原规划管理部门和其他有关部门审查批准，并由原设计单位提供变更的相应的图纸和说明。

②承包人原因对原设计进行变更。承包人应当严格按照图纸施工，不得随意变更设计。施工中承包人提出的合理化建议及对设计图纸或者施工组织设计的更改及对原材料、设备更换，须经工程师同意。工程师同意变更后，也须经原规划管理部门和其他有关部门

审查批准，并由原设计单位提供变更的相应的图纸和说明。承包人未经工程师同意不得擅自更改或换用，否则承包人承担由此发生的费用，赔偿发包人的有关损失，延误的工期不予顺延。

③计变更事项。能够构成设计变更的事项包括以下变更：
A.更改有关部分的标高、基线、位置和尺寸；
B.增减合同中约定的工程量；
C.改变有关工程的施工时间和顺序；
D.其他有关工程变更需要的附加工作。

（2）其他变更的程序。从合同角度看，除设计变更外，其他能够导致合同内容变更的都属于其他变更。如双方对工程质量要求的变化（当然是强制性标准以上的变化）、双方对工期要求的变化、施工条件和环境的变化导致施工机械和材料的变化等。这些变更的程序，首先应当由一方提出，与对方协商一致签署补充协议后，方可进行变更。

2.变更后合同价款的确定程序

（1）变更后合同价款的确定程序。设计变更发生后，承包人在工程设计变更确定后14天内，提出变更工程价款的报告，经工程师确认后调整合同价款。承包人在确定变更后14天内不向工程师提出变更工程价款报告的，视为该项设计变更不涉及合同价款的变更。工程师收到变更工程价款报告之日起7天内，予以确认。工程师无正当理由不确认时，自变更价款报告送达之日起14天后变更工程价款报造自行生效。其他变更也应当参照这一程序进行。

（2）变更后合同价款的确定方法。变更合同价款按照下列方法进行：
①合同中已有适用于变更工程的价格，按合同已有的价格计算、变更合同价款；
②合同中只有类似于变更工程的价格，可以参照此价格确定变更价格，变更合同价款；
③合同中没有适用或类似于变更工程的价格，由承包人提出适当的变更价格，经工程师确认后执行。

因此，在变更后合同价款的确定上，首先应当考虑适用合同中已有的、能够适用或者能够参照适用的，其原因在于合同中已经订立的价格（一般是通过招标投标）是较为公平合理的，因此应当尽量适用。由承包人提出的变更价格，工程师如果能够确认，则按照这一价格执行。如果工程师不确认，则应当提出新的价格，由双方协商，按照协商一致的价格执行。如果无法协商一致，则可以由工程造价部门调解，如果双方或者一方无法接受，则应当按照合同纠纷的解决方法解决。

第二节　定额计价方式下的造价审核

一、设计概算的审查

（一）审查设计概算的意义

审查设计概算，有利于合理分配投资资金、加强投资计划管理，有助于合理确定和有效控制工程造价。设计概算编制偏高或偏低，不仅影响工程造价的控制，也会影响投资计划的真实性，影响投资资金的合理分配。

审查设计概算，有利于促进概算编制单位严格执行国家有关概算的编制规定和费用标准，从而提高概算的编制质量。

审查设计概算，有利于促进设计的技术先进性与经济合理性。概算中的技术经济指标，是概算的综合反映，与同类工程对比，便可看出它的先进性与合理程度。

审查设计概算，有利于核定建设项目的投资规模，可以使建设项目总投资力求做到准确、完整，防止任意扩大投资规模或出现漏项，从而减少投资缺口，缩小概算与预算之间的差距，避免故意压低概算投资，搞"钓鱼"项目，最后导致实际造价大幅度的突破概算。

经审查的概算，有利于为建设项目投资的落实提供可靠的依据。打足投资，不留缺口，有利于提高建设项目的投资效益。

（二）设计概算的审查内容

1.审查设计概算的编制依据

（1）审查编制依据的合法性。采用的各种编制依据必须经过国家和授权机关的批准，符合国家的编制规定，未经批准的不能采用。不能强调情况特殊，擅自提高概算定额、指标或费用标准。

（2）审查编制依据的时效性。各种依据，如定额、指标、价格、取费标准等，都应根据国家有关部门的现行规定进行，注意有无调整和新的规定，如有，应按新的调整办法和规定执行。

（3）审查编制依据的适用范围。各种编制依据都有规定的适用范围，如各主管部门规定的各种专业定额及其取费标准，只适用于该部门的专业工程；各地区规定的各种定额及其取费标准，只适用于该地区范围内，特别是地区的材料预算价格区域性更强，如某市有该市区的材料预算价格，又编制了地区内一个矿区的材料预算价格，在编制该矿区某工程概算时，应采用该矿区的材料预算价格。

2.审查概算编制深度

（1）审查编制说明。审查编制说明可以检查概算的编制方法、深度和编制依据等重大原则问题，若编制说明有差错，具体概算必有差错。

（2）审查概算编制深度。一般大中型项目的设计概算，应有完整的编制说明和"三级概算"（即总概算表、单项工程综合概算表、单位工程概算表），并按有关规定的深度进行编制。审查是否有符合规定的"三级概算"，各级概算的编制、核对、审核是否是按规定签署，有无随意简化，有无把"三级概算"简化为"二级概算"，甚至"一级概算"。

（3）审查概算的编制范围。审查概算编制范围及具体内容是否与主管部门批准的建设项目范围及具体工程内容一致；审查分期建设项目的建筑范围及具体工程内容有无重复交叉，是否重复计算或漏算；审查其他费用应列的项目是否符合规定，静态投资、动态投资和经营性项目铺底流动资金是否分别列出等。

3.审查工程概算的内容

（1）审查概算的编制是否符合党的方针、政策，是否根据工程所在地的自然条件的编制。

（2）审查建设规模（投资规模、生产能力等）、建设标准（用地指标、建筑标准等）配套工程、设计定员等是否符合原批准的可行性研究报告或立项批文的标准。对总概算投资超过批准投资估算10%以上的，应查明原因，重新上报审批。

（3）审查编制方法、计价依据和程序是否符合现行规定，包括定额和指标的适用范围和调整方法是否正确。进行定额或指标的补充时，要求补充定额的项目划分、内容组成、编制原则等要与现行的定额精神相一致等。

（4）审查工程量是否正确。工程量的计算是否根据初步设计图纸、概算定额、工程量计算规则和施工组织设计的要求进行，有无多算、重算和漏算，尤其对工程量大、造价高的项目要重点审查。

（5）审查工程量是否正确。工程量的计算是否根据初步设计图纸、概算定额、工程量计算规则和施工组织设计的要求进行，有无多算、复算和漏算，尤其对工程量大、造价高的项目要重点审查。

（6）审查材料用量和价格。审查主要材料（钢材、木材、水泥、砖）的用量数据是否正确，材料预算价格是否符合工程所在地的价格水平、材料价差调整是否符合现行规定及其计算是否正确等。

（7）审查设备规格、数量和配置是否符合设计要求，是否与设备清单相一致，设备预算价格是否真实，设备原价和运杂费的计算是否正确，非标设备原价的计价方法是否符合规定，进口设备的各项费用的组成及其计算程序、方法是否符合国家主管部门的规定。

（8）审查建筑安装工程的各项费用的计取是否符合国家或地方有关部门的现行规定，计算程序和取费标准是否正确。

（9）审查综合概算、总概算的编制内容、方法是否符合现行规定和设计文件的要求，有无设计文件外项目，有无将非生产性项目以生产性项目列入。

（10）审查总概算文件的组成内容，是否完整地包括了建设项目从筹建到竣工投产为止的全部费用组成。

（11）审查工程建设其他各项费用。这部分费用内容多、弹性大，约占项目总投资25%以上，要按国家和地区规定逐项审查，不属于总概算范围的费用项目不能列入概算，具体费率或计取标准是否按国家、行业有关部门规定计算，有无随意列项、有无多列、交叉计列和漏项等。

（12）审查项目的"三废"治理。拟建项目必须同时安排"三废"（废水、废气、废渣）的治理方案和投资，对于未做安排或漏项或多算、重算的项目，要按国家有关规定核实投资，以满足"三废"排放达到国家标准。

（13）审查技术经济指标。技术经济指标计算方法和程序是否正确，综合指标和单项指标与同类型工程指标相比，是偏高还是偏低，其原因是什么，并予以纠正。

（14）审查投资经济效果。设计概算是初步设计经济效果的反映，要按照生产规模、工艺流程、产品品种和质量，从企业的投资效益和投产后的运营效益全面分析，是否达到了先进可靠、经济合理的要求。

（三）审查设计概算的方法

采用适当方法审查设计概算，是确定审查质量、提高审查效率的关键。常用方法有：

1.对比分析法。对比分析法主要是通过建设规模、标准与立项批文对比；工程数量与设计图纸对比；综合范围、内容与编制方法、规定对比；各项取费与规定标准对比；材料、人工单价与统一信息对比；引进设备、技术投资与报价要求对比；技术经济指标与同类工程对比等等；通过以上对比，容易发现设计概算存在的主要问题和偏差。

2.查询核实法。查询核实法是对一些关键设备和设施、重要装置、引进工程图纸不全、难以核算的较大投资进行多方查询核对，逐项落实的方法。主要设备的市场价向设备供应部门或招标公司查询核实；重要生产装置、设施向同类企业（工程）查询了解；引进设备价格及有关费税向进出口公司调查落实；复杂的建筑安装工程向同类工程的建设、承包、施工单位征求意见；深度不够或不清楚的问题直接同原概算编制人员、设计者询问清楚。

3.联合会审法。联合会审前，可先采取多种形式分头审查，包括设计单位自审，主管、建设、承包单位初审，工程造价咨询公司评审，邀请同行专家预审，审批部门复审等，经层层审查把关后，由有关单位和专家进行联合会审。在会审大会上，由设计单位介绍概算编制情况及有关问题，各有关单位、专家汇报初审、预审意见。然后进行认真分析、讨论，结合对各专业技术方案的审查意见所产生的投资增减，逐一核实原概算出现的问题。经过充分协商，认真听取设计单位意见后，实事求是地处理和调整。

通过以上复审后，对审查中发现的问题和偏差，按照单项、单位工程的顺序，先按设备费、安装费、建筑费和工程建设其他费用分类整理。然后按照静态投资、动态投资和铺底流动资金三大类，汇总核增或核减的项目及其投资额。最后将具体单据，按照"原编概算""审核结果""增减投资""增减幅度"四栏列表，并按照原总概算表汇总顺序，将增减项目逐一列出，相应调整所属项目投资合计，再依次汇总审核后的总投资及增减投资额。对于差错较多、问题较大或不能满足要求的，责成按会审意见修改返工后，重新报批；对于无重大原则问题，深度基本满足要求，投资增减不多的，当地核定概算投资额，并提交审批门复核后，正式下达审批概算。

二、施工图预算的审查

（一）审查施工图预算的意义

施工图预算编完之后，需要认真进行审查。加强施工图预算的审查，对于提高预算的准确性，正确贯彻党和国家的有关方针政策，降低工程造价具有重要的现实意义。

1.有利于控制工程造价，克服和防止预算超概算。

2.有利于加强固定资产投资管理，节约建设资金。

3.有利于施工承包合同价的合理确定和控制。因为，施工图预算，对于招标工程，它是编制标底的依据；对于不宜招标工程，它是合同价款结算的基础。

4.有利于积累和分析各项技术经济指标，不断提高设计水平。通过审查工程预算，核实了预算价值，为积累和分析技术经济指标，提供了准确数据，进而通过有关指标的比较，找出设计中的薄弱环节，以便及时改进，不断提高设计水平。

（二）审查施工图预算的内容

审查施工图预算的重点，应该放在工程量计算、预算单价套用、设备材料预算价格取定是否正确，各项费用标准是否符合现行规定等方面。

1.审查工程量

（1）土方工程

①平整场地、挖地槽、挖地坑、挖土方，工程量的计算是否符合现行定额计算规定和施工图纸标注尺寸，土壤类别是否与勘察资料一致，地槽与地坑放坡、带挡土板是否符合设计要求，有无重算和漏算。

②回填土工程量应注意地槽、地坑回填土的体积是否扣除了基础所占体积，地面和

室内填土的厚度是否符合设计要求。

③运土方的审查除了注意运土距离外,还要注意运土数量是否扣除了就地回填的土方。

(2) 打桩工程

①注意审查各种不同桩料,必须分别计算,施工方法必须符合设计要求。

②桩料长度必须符合设计要求,桩料长度如果超过一般桩料长度需要接桩时,注意审查接头数是否正确。

(3) 砖石工程

①墙基和墙身的划分是否符合规定。

②按规定不同厚度的内、外墙是否分别计算的,应扣除的门窗洞口及埋入墙体的各种钢筋混凝土梁、柱等是否已扣除。

③不同砂浆标号的墙和定额规定按立方米或按平方米计算的墙,有无混淆、错算或漏算。

④混凝土及钢筋混凝土工程

A.现浇与预制构件是否分别计算,有无混淆。

B.现浇与梁,主梁与次梁及各种构件计算是否符合规定,有无重算或漏算。

C.有筋与无筋构件是否按设计规定分别计算,有无混淆。

D.钢筋混凝土的含钢量与预算定额的含钢量发生差异时,是否按规定予以增减调整。

⑤木结构工程

A.门窗是否分为不同种类按门、窗洞口面积计算。

B.木装修的工程量是否按规定分别以延长米或平方米计算。

⑥楼地面工程

A.楼梯抹面是否按踏步和休息平台部分的水平投影面积计算。

B.细石混凝土地面找平层的设计厚度与定额厚度不同时,是否按其厚度进行换算。

⑦层面工程

A.卷材屋面工程是否与屋面找平层工程量相等。

B.屋面保温层的工程量是否按屋面层的建筑面积乘以保温层平均厚度计算,不做保温层的挑檐部分是否按规定不做计算。

⑧构筑物工程

当烟囱和水塔定额是以座编制时,地下部分已包括在定额内,按规定不能再另行计算。审查是否符合要求,有无重算。

⑨装饰工程内墙抹灰的工程量是否按墙面的净高和净宽计算,有无重算或漏算。

⑩金属构件制作工程金属构件制作工程量多数以吨为单位,在计算时,型钢按图示尺寸求出长度,再乘以每米的重量;钢板要求算出面积再乘以每平方米的重量,审查是否

符合规定。

（4）水暖工程

A.室内排水管道、暖气管道的划分是否符合规定。

B.各种管道的长度、口径是否按设计规定计算。

C.室内给水管道不应扣除阀门、接头零件所占的长度，但应扣除卫生设备（浴盆、卫生盆、冲洗水箱、淋浴器等）本身所附带的管道长度，审查是否符合要求，有无重算。

D.室内排水工程采用承插铸铁管，不应扣除异形管及检查口所占长度。

E.室外排水管道是否已扣除了检查井与连接井所占的长度。

F.暖气片的数量是否与设计一致。

（5）电气照明工程

A.灯具的种类、型号、数量是否与设计图一致。

B.线路的敷设方法、线材品种等，是否达到设计标准，工程量计算是否正确。

（6）设备及其安装工程

A.设备的种类、规格、数量是否与设计相符，工程量计算是否正确。

B.需要安装的设备和不需要安装的设备是否分清，有无把不需安装的设备作为安装的设备计算安装工程费用。

2.审查设备、材料的预算价格

设备、材料预算价格是施工图预算造价所占比重最大、变化最大的内容，要重点审查。

（1）审查设备、材料的预算价格是符合工程所在地的真实价格及价格水平。若是采用市场价，要核实其真实性、可靠性；若是采用有权部门公布的信息价，要注意信息价的时间、地点是否符合要求，是否要按规定调整。

（2）设备、材料的原价确定方法是否正确。非标准设备的原价的计价依据、方法是否正确、合理。

（3）设备的运杂费率及其运杂费的计算是否正确，材料预算价格的各项费用计算是否符合规定。

3.审查预算单价的套用

审查预算单价套用是否正确，是审查预算工作的主要内容之一。审查时应注意以下几个方面：

（1）预算中所列各分项工程预算单价是否与现行预算定额的预算单价相符，其名称、规格、计量单位和所包括的工程内容是否与单位估价表一致。

（2）审查换算的单价，首先要审查换算的分项工程是定额中允许换算的，其次审查换算是否正确。

（3）审查补充额和单位估价表的编制是否符合编制原则，单位估价表计算是否正确。

4.审查有关费用项目及其计取

其他直接费包括的内容，各地不一，具体计算时，应按当地的现行规定执行。审查时要注意是否符合规定和定额要求。审查现场经费和间接费的计取是否按有关规定执行。有关费用项目计取的审查，要注意以下几个方面：

（1）其他直接费和现场经费及间接费的计取基础是符合现行规定，有无不能作为计费基础的费用，列入计费的基础。

（2）预算外调增的材料差价是否计取了间接费。直接费或人工费增减后，有关费用是否相应做了调整。

（3）有无巧立名目，乱计费、乱摊费现象。

（三）审查施工图预算方法

审查施工图预算的方法较多，主要有全面审查法、标准预算审查法、分组计算审查法、筛选审查法、重点抽查法、对比审查法、利用手册审查法和分角对比审查法等8种。

1.全面审查法。全面审查法又叫逐项审查法，就是按预算定额顺序或施工的先后顺序，逐一地全部进行审查的方法。其具体计算差错比较少，质量比较高。缺点是工作量大。对于一些工程量比较小、工艺比较简单的工程，编制工程预算的技术力量又比较薄弱，可采用全面审查法。

2.标准预算审查法。对于利用标准图纸或通用图纸施工的工程，先集中力量，编制标准预算，以此为标准审查预算的方法。按标准图纸设计或通用图纸施工的工程一般上部结构和做法相同，可集中力量细审一份预算或编制一份预算，作为这种标准图纸的标准预算，或以这种标准图纸的工程量为标准，对照审查，而对局部不同的部分做单独审查即可。这种方法的优点是时间短、效果好、好定案；缺点是只适应按标准图纸设计的工程，适用范围小。

3.分组计算审查法。分组计算审查法是一种加快审查工程量速度的方法，把预算中的项目划分为若干组，并把相邻且有一定内在联系的项目编为一组，审查或计算同一组中某个分项工程量，利用工程量间具有相同或相似计算基础的关系，判断同组中其他几人分项工程量计算的准确程度的方法。一般土建工程可以分为以下几个组：

（1）地槽挖土、基础砌体、基础垫层、槽坑回填土、运土。

（2）底层建筑面积、地面面层、地面垫层、楼面面层、楼面找平层、楼板体积、天棚抹灰、天棚刷浆、屋面层。

（3）内墙外抹灰、外墙内抹灰、外墙内面刷浆、外墙上的门窗和圈过梁、外墙砌体。在第（1）组中，先将挖地槽土方、基础砌体体积（室外地坪以下部分）、基础垫层计算出业，而槽坑回填土、外运的体积按下式确定：

回填土量=挖土量-（基础砌体+垫层体积）余土外运量=基础砌体+垫层体积在第②组

中，先把底层建筑面积、楼（地）面积计算出来。而楼面找平层、顶棚抹灰、刷白的工程量与楼（地）面面积相同；垫层工程量等于地面面积乘以垫层厚度，空心楼板工程量由楼面工程量乘以楼板的折算厚度（三种空心板折算厚度）底层建筑面积加挑檐面积，乘以坡度系数（平屋面不乘）就是屋面工程量；底层建筑面积乘以坡度系数（平屋面不乘）再乘以保温层的平均厚度为保温层工程量。

4.对比审查法。是用已建成工程的预算或虽未建成但已审查修正的工程预算对比审查拟建的类似工程预算的一种方法。对比审查法，一般有以下几种情况，应根据工程的不同条件，区别对待。

（1）两个工程采用同一个施工图，但基础部分和现场条件不同。其新建工程基础以上部分可采用对比审查法；不同部分可分别采用相应的审查方法进行审查。

（2）两个工程设计相同，但建筑面积不同。根据两个工程建筑面积之比与两个工程分部分项工程量之比例基本一致的特点，可审查新建工程各分部分项工程的工程量。或者用两个工程每平方米建筑面积造价以及每平方米建筑面积的各分部分项工程量，进行对比审查，如果基本相同时，说明新建工程预算是正确的，反之，说明新建工程预算有问题，找出差错原因，加以更正。

（3）两个工程的面积相同，但设计图纸不完全相同时，可把相同的部分，如厂房中的柱子、房架、屋面、砖墙等，进行工程量的对比审查，不能对比的分部分项工程按图纸计算。

5.筛选审查法。筛选法是统筹法的一种，也是一种对比方法。建筑工程虽然有建筑面积和高度的不同，但是它们的各个分部分项工程的工程量、造价、用工量在每个单位面积上的数值变化不大，我们把这些数据加以汇集、优选、归纳为工程量、造价（价值）、用工三个单方基本值表，并注明其适用的建筑标准。这些基本值犹如"筛子孔"用来筛选各分部分项工程，筛下去的就不审查了，没有筛下去的就意味着此分部分项的单位建筑面积数值不在基本值范围之内，应对该分部分项工程详细审查。当所审查的预算的建筑面积标准与"基本值"所适用的标准不同时，就要对其进行调整。筛选法的优点是简单易懂，便于掌握，审查速度和发现问题快。但解决差错分析其原因需继续审查。因此，此法适用于住宅工程或不具备全面审查条件的工程。

6.重点抽查法。此法是抓住工程预算中的重点进行审查的方法。审查的重点一般是：工程量大或造价较高、工程结构复杂的工程，补充单位估价表，计取各项费用（计费基础、取费标准等）。重点抽查法的优点是重点突出，审查时间短、效果好。

7.利用手册审查法。此法是把工程中常用的构件、配件事先整理成预算手册，按手册对照审查的方法。如工程常用的预制构配件；洗池、大便台、检查井、化粪池、碗柜等，几乎每个工程量，套上单价，编制成预算手册使用，可大大简化预算结算的编审工作。

8.分解对比审查法。一个单位工程，按直接费与间接费进行分解，然后再把直接费按工种和分部工程进行分解，分别与审定的标准预算进行对比分析的方法，叫分解对比审查法。分解对比审查法一般有三个步骤：

第一步，全面审查某种建筑的定型标准施工图或复用施工图的工程预算，经审定后作为审查其他类似工程预算的对比基础。而且将审定预算按直接费与应取费分解成两部分，再把直接费分解为各工种工程和分部工程预算，分别计算出它们的每平方米预算价格。

第二步，把拟审的工程预算与同类型预算单方造价进行对比，若出入在1%~3%以内（根据本地区要求）再按分部分项工程进行分解，边分解边对比，对出入较大者，就进一步审查。

第三步，对比审查。其方法是：

（1）经分析对比，如发现应取费用相差较大，应考虑建设项目投资来源、级别、取费项目和取费标准是否符合现行规定；材料调价相差较大，则应进一步审查材料调价统一表，将各种调价材料的用量、单位差价及其调增数量等进行对比。

（2）经过分解对比，如发现土建工程预算价格出入较大，首先审查其土方和基础工程，因为±0.00以下的工程往往相差较大。再对比其余各个分部工程，发现某一分部工程预算价格相差较大时，再进一步对比各分项工程和工程细目。在对比时，先检查所列工程细目是否正确，预算价格是否一致。发现相差较大者，再进一步审查所套预算单价，最后审查该项工程细目的工程量。

（四）审查施工图预算的步骤

1.做好审查前的准备工作

（1）熟悉施工图纸。施工图纸是编审预算分项数量的重要依据，必须全面熟悉了解，核对所有图纸，清点无误后，依次识读。

（2）了解预算采用的单位估价表。任何单位估价表或预算定额都有一定的适用范围，应根据工程性质，搜集熟悉相应的单价、定额资料。

（3）弄清预算采用的单位估价表。任何单位估价表或预算定额都有一定的适用范围，应根据工程性质，搜集熟悉相应的单价、定额资料。

2.选择合适的审查方法，按相应内容审查

由于工程规模、繁简程度不同，施工方法和施工单位情况不一样，所编工程预算的质量也不同，因此，需选择适当的审查方法进行审查。综合整理审查资料，并与编制单位交换意见，定案后编制调整预算。审查后，需要进行增加或核减的，经与编制单位协商，统一意见，进行相应的修正。

三、工程造价结算审核

（一）工程造价审计的目的

这里所说的结算审核主要指工程竣工后针对施工单位提报的工程竣工结算文件进行的审核。它不同于前面提到的施工图预算审核。工程结算审计目的是：确定工程合理造价，为建设单位和施工单位双方进行结算提供一个合理依据。

（二）进行工程结算审计的意义

1.有利于合理确定工程造价，为建设单位和施工单位进行结算提供依据。建设单位和施工单位都站在自己角度上考虑问题，建设单位尽量降低造价，施工单位一味想提高造价，两方出于自身目的，都有可能进入误区，致使双方达不成一致意见。这样，就需要工程造价咨询中介机构，运用其专业技术，既不偏向建设单位，也不偏向施工单位，公正客观地确定工程造价，为建设单位和施工单位进行结算提供依据。

2.为建设单位节约资金，提高投资效益。施工单位属于工程造价方面的专业人士，对施工或工程造价都比较熟悉而建设单位对于工程属于外行，而且人员结构不全或不合理；从某种意义上说，其掌握的信息比建设单位多，在这一点上，建设单位处于信息不对称的弱势方；而且一般情况下，工程竣工结算都由施工单位编制，施工单位会利用其自身的专业优势、信息优势和编制优势，从自身的出发点人为地提高造价，而建设单位自身的力量不足，就会聘请中介机构进行审计，从而起到为建设单位节约造价的目的。

3.有利于对基本建设进行科学管理和监督。通过工程结算审计，可以为基本建设提供所需的人，财、物等方面的可靠数据，有于正确实施基本建设借款、拨款、计划、统计和成本核算以及制定合理的技术经济考核指标，从而提高对基本建设的科学管理和监督。

4.有利于促进施工单位提高经营管理水平。如果施工单位高估冒算提高了造价而建设单位没有审计出来，使施工单位获得较多的收入和不正当利润，就会使施工单位误入歧途，想通过不正当途径肥己害人而不考虑在管理上下工夫，导致经营管理水平下降，而堵住高估冒算的口子，就逼着施工单位在经营管理上下工夫，有利于提高施工单位的管理水平，使施工单位向管理要效益而不是通过高估冒算获利。

如果结算编制漏项或低套少算就会影响施工单位正常的经济效益，也会促使施工单位加强自身的预算管理水平。

5.可以分清责任，使建设单位基建管理人员摆脱人们的误解。

6.合理确定工程造价，有利于保证施工单位的利润，保证建筑工程质量。

合理的工程造价才为施工单位带来利润。工程造价超出合理的数额会为建设单位增加负担，使建设单位支付不必要费用，但造价低于正常的情况下对建设单位也没有什么好处。因为对施工单位来说，最终追求的是利润。当造价低于正常情况时，为了保证利润，施工单位会千方百计地偷工减料，致使建筑物质量下降，造成了豆腐渣工程，给人们以后的生活安全带来隐患。

（三）工程结算审计依据

审计依据即执行审计的法律依据、制度依据，说白了即是一个判罚尺度和标准，即根据什么去判断施工单位提供的结算的合理性、合法性和正确性。有了这个依据，施工单位提报的工程结算是对是错就有了一个衡量尺度，否则判断对错高低没有一个根据和尺度，施工单位没有理由证明自己编制的结算是正确的，同样，审计人员也没有理由去证明施工单位提报的结算是错误的。只有有了统一的尺度，用一个统一的尺度去度量同一对象，才有一个正确的结果，才能据此判断事物的对错，这道理和法官判案（先有宪法）和足球裁判判罚（先有比赛规则）一样。这样，拿审计对象的具体行为和事先制定的法律法规去比较，符合法律法规的就是正确的，不符合法律法规的，就是错误的，如果说没有了这种尺度和依据，那么法官判案，裁判制罚就没有一个统一的尺度，就会带有很大的主观随意性。为了保证工程结算的编制有法可依，国家建设部及各省市地定额站，都制定了自己的定额，并颁布了一些相关的地方性法规，但这些定额和法规，仅仅对定额编制提供了一个尺度和依据，为了保证有法必依，执法必严，还必须由中介机构对这些结算进行审计，为了保证审计的规范性和有效性，国家财政部、建设部也颁布了一些审计程序、依据等方面法规，制定这些审计法规是为了保证审计有法可依，其最终目的也只是保证工程结算有法可依，执法必严（至于违法现象，则由国家有关部门来执行处罚）。下面分别从两个方面来说明工程结算编制和工程结算审计方面的法规：

1.审计的判断依据——定额编制方面的法规制度。为了保证定额编制有法可依，各省市地都制定了自己的定额，并颁布了一些相关地方性法规，这些法规都是编制工程结算应遵循的法律依据。山东省的定额主要有：《山东省建筑工程综合定额》《山东省安装工程综合定额》《山东省建筑工程费用定额》及山东省安装工程综合定额解释和补充规定和各市地单价估价表、《山东省消耗量定额》《山东省房屋修缮工程预算定额》等。大家在使用时应注意这些定额是有一定的地域性和时效性的。在编制和审计工程结算时，应依据当时当地有效的法规制度，否则依据不正确，编出来的结算肯定不正确。

2.审计本身遵循的审计依据——审计程序及法规。如果仅仅编制工程结算，了解以上法规之后就足够了，但如果开展审计，就不一样，开展审计时，了解以上法规仅仅是问题的一个方面，就像财务审计一样，仅仅了解财务会计规定是不行的，必须了解审计本身的有关规定，这也像人们经常说的那样"有不懂财务审计的会计，但是没有不懂会计的财务审计"，同样道理，有不懂审计的结算人员，但没有不懂结算的审计人员。审计依据法规主要有《中华人民共和国审计法》《工程造价咨询单位管理办法》等。

3.关于审计依据需要说明的几个问题

（1）无论是施工单位编制工程结算也好，还是造价咨询公司对工程结算进行审计也好，都要以国家法律、定额规定为前提和依据，即使这个法律有缺陷和弊漏，也不能自行更改，而应提出自己的看法，向定额站进行请示，待定额站答复后再据答复结论进行编制或审计。你不能自己认为定额编得不恰当而自己调高或调低，那样就降低了法律的尊严和权威性，同时也把建设单位、施工单位和造价咨询公司之间不容易建立起来的统一尺度给破坏了，导致审计无从下手。因为法律法规是随着人们对事物的不断认识了解进行修订、不断完善的，法规总是滞后于客观现实，你不能因为目前法律落后而不遵守它，有意见可以向法规制定部门提出，但在批复以前，仍应执行现行法律规定。

（2）定额本身的综合性很强，有的定额可能算低了，有的算高了，你不能单挑出一个定额来说定额本身是否有问题，况且定额的编制和制定考虑的是在社会市场条件下、平均工资和平均生产能力，你不能以个别否定全部，你不能认为某国法律没有死刑，而认为法律本身不对，就像安乐死，虽然很多人要求安乐死，但在法律修订以前，这是不对的，比如报纸上报道丈夫帮痛苦的妻子结束了生命，还是被判刑。

（3）大家通过上述依据可以看出，有几项属于建筑工程结算编制本身的规定，而另外一些则是在有了建筑工程结算规定以后，如何执行落实的法规、规定，二者相辅相成，共同构成了一个整体，不可分割，前者是判罚尺度和依据，而后者则是有了这个依据尺度如何去判罚，判罚的过程需要遵守的制度、法规。仅仅有尺度而没有正确的实施程序，也不会出现正确的结果。这样有了工程结算编制的依据——定额以后，还必须有如何执行工程结算法规的监督性规定，以保证结算按工程定额及有关规定合理编制，保证工程造价公平合理。

（四）审计程序

审计程序就是审计的工作步骤问题。目前，中国的工程结算审计业务一般由建设单位委托具备造价咨询资格的中介机构来进行。下面以造价咨询公司的审计为例说明从受托审计到出具审计报告的工程结算审核的大致流程。

1.考虑自身业务能力和能否保持独立性，决定是否承接该业务。

2.接受建设单位委托，与建设单位签订合同书，明确双方的委托、受托关系，确定审计范围、审计收费、双方的责任和义务等。

3.了解建设单位和施工单位的基本情况：

（1）询问建设单位施工代表和内部审计人员，了解施工单位内部控制的强弱及管理机构、组织机构的重大变化，了解施工单位的实际建筑能力、管理水平、质量信誉和经营状况等方面的情况。

（2）了解建设资金的来源，对工程的管理形式和过程，对施工单位的选择及合同的订立、执行情况，听取对施工单位的意见和对审计的看法。

（3）施工单位与建设单位关系（更加侧重于施工单位怎么承揽到业务，靠的是关系还是信誉，是招标还是投标等）。

（4）首先检查送来的资料是否齐全（对送审资料应在送审资料明细表中进行登记并附于报告后），然后根据项目大小、繁简程度，有选择地组成审计小组，小组内部进行分工，进行审计前准备。

（5）执行分析程序。审计人员应分析工程造价的重要比率，重视特殊交易情况。分析程序主要有三种用途：

①在审计计划阶段，帮助审计人员确定其他审计政策的性质、时间与范围。

②在审计实施阶段，直接作为实质性测试程序，以收集与各单位项目和各种交易有关的特殊认定的证据。

③在审计报告阶段，用于对被审计的工程结算的整体合理性做最后复核。第一、三阶段都必须执行分析程序，第二阶段的使用则是任意的。重要的比率有单位平方造价，又可细分为土建平方造价、装饰平方造价、安装平方造价等。在审计开始前，分析一下比率，审计完毕后，再分析一下，看是否和自己预计的一样，从整体来看这个结果是否合理，例如，普通平房的造价为1500元/m^2，一看就不合理，不用审也知道有问题。

（6）考虑审计风险。

（7）编制审计计划，确定审计程序，审计人员在做好一系列准备工作后，应结合建设项目的特点编制审计计划，并初步了解施工合同、施工单位和施工现场等情况。

（8）设计实质性测试。确定是详细审计还是抽样审计，若抽样怎么个抽样法等。对工程造价审计，一般情况下应采用详细审计，因为不进行详细审计就不可能全面细致地确定合理的工程造价，对一栋宿舍楼进行审计，你不可能只审计部分项目而不审计其他项目，这样很容易出问题。但有时对于特殊项目，也可以实行抽样审计，实行抽样审计的项目一般应满足如下条件：

①施工单位内部控制制度量好且信誉较高，无不良记录。

②工程预算已经建设单位内审人员审计，工程造价复核无误，或已按建设单位的建议予以调整。

③工程造价比较低，且大部分项目施工内容一样，例如，某宿舍楼防水工程全部要更换。甲、乙双方已签好合同，确定平方造价（价格已定死），我们仅审计工程量，工程业经建设单位有关负责人现场测量，双方都做了记录，这样施工项目单一且造价低，建设单位已经把关，审计人员就可以从这几十座宿舍楼随机抽样，选几座进行抽审，依据抽查的结果推论整体的金额。

（9）实施实质性测试，取得审计证据，编制审计工作底稿。

①审计人员根据委托人提供的审计材料，在规定的时间内实施审计，并将审计情况和结果在审计工作底稿中详细记录。

②这里所述取的审计证据，不单单包括甲、乙双方提供的图纸、资料，还包括审计过程中三方形成的记录、计量公式、达成的协议（必须用钢笔书写，不能用铅笔或圆珠笔）。

③这个阶段是最重要的阶段，在这个阶段中，应把握审计重点，关于审计重点后面专门重点叙述。

（10）进行联合会审，提请施工单位调整工程预算或工程结算。审计人员在初审结束后，应和委托人、施工单位三方联合会审，一一核对，各方都可以提出对工程预算或工程结算的调整意见，经三方认可后予以调整，该增的增，该减的减，一切按规定办事，使建设单位满意，施工单位信服，最后由施工单位出一套完整地反映工程造价情况的调整后结算书。

（11）出具基建工程预（结）算审计报告。

（五）工程结算审计对象（资料）

工程结算审计对象就是与工程结算有关的所有资料及其反映的有关内容。在不同计价方式下，需要提供不同材料。下面以定额计价公式为例说明结算审核需要提供的资料。

1.一般情况下，在定额计价方式下，需要提供的审核资料如下：

（1）工程项目批准、建设、监理、质量验收等有关文件；

（2）有关招投标文件、标底、中标通知书；

（3）建筑安装工程施工合同、施工协议书、会议纪要；

（4）施工组织设计计划或施工方案；

（5）全套建筑竣工图、结构竣工图、设备安装图纸、图纸会审记录；

（6）所索引的建筑配件标准图、结构构件标准图；

（7）建设单位书面签字认可的设计变更资料；

（8）建筑工程结算书（加盖送审、编制单位公章、预算员专用章）；

（9）隐蔽工程记录、吊装工程记录、隐蔽工程量计算书等隐蔽工程资料；

（10）有关影响工程造价、工期等的书面签证资料；

（11）工程量计算书；

（12）施工单位自购材料及施工单位代购设备报价明细表（附采购合同、原始发票及运杂费单据，并有建设单位认可签字）；

（13）建设单位供料明细表及转账处理原则说明（经建设单位甲施工单位书面签字认可）；

（14）人工费单价的认可资料；

（15）其他影响工程造价的有关资料。

2.收集审计资料时需要注意的问题。

（1）在收集了资料以后必须由委托单位和施工单位核实，资料是否齐备，并检查资料是否真实、有效，是否加盖了公章或经有关人员签字。

（2）提供真实、合法、完整的资料是建设单位的责任，而造价咨询公司的责任则根据建设单位提供的资料进行审计，并对报告的真实性、合法性负责。也就是说委托单位应保证提供的资料的真实、合法、有效，如果资料不真实、不合法，得出错误的结论，其责任应由提供资料的单位负责，与造价咨询公司无关，这是因为造价咨询公司主要针对资料进行审计，而不是破案；如果资料真实、合法，而审计程序出了问题，导致错误的结论，则由造价咨询公司负责。

（六）工程结算审计的重点（要点）和审计方法

开展工程结算审计，要根据基本建设主管部门颁布的预算定额、工程量计算规则、定额的施工程序和范围、各项间接费用的取费标准，全面审查结算的内容是否合规、合法，在审计时，为了有的放矢和抓住重点，应明确一下审计要点：

1.首先认真审查工程施工合同

（1）审查合同的合法性，按照合同法的要求予以审查，确认合同的有效性；

（2）明确合同对签约双方的约束力；

（3）对文字含义不清的条款，约请甲施工单位明确条款含义；

（4）对双方争论较大且不能协调的内容，应提请甲、乙双方由仲裁机构仲裁后作为审计的依据；

（5）审查合同外的补充条款、契约的真实性、合法性和有效性。这里还要提请大家注意几个问题：

①甲、乙双方最好在合同中约定施工单位的取费等级、系数、人工费单价等特殊事项，免得最后发生争执，造成不必要的争议，现在是卖方市场，在施工前签订合同时明确取费等级，一般施工单位都降一级，若不明确，待竣工后，施工单位就很难让步。

②合同中最好明确拨款进度和依据，别干到一半，施工单位拿的款多，反而占据主动，你不拨款，他不干活。

③对于小型的装饰工程不要因为造价低、工期短而忽略施工合同的签订，这也极易使甲乙双方权利、义务不明确而发生纠纷，使双方利益得不到合理合法的保护。

2.审查施工单位是否虚报施工项目

有些施工单位把没有施工的项目列入工程结算，特别是多家队伍交叉施工时，各家都抢着把不是自己干的揽至自己头上。这里要看现场施工签证并了解是否存在同一施工项目出现在多家施工单位提报的结算中的情况。

3.审查工程量

工程量是编制工程结算最基本的内容，多计重计工程量就会导致整个工程造价不实，很多基建工程高估冒算，多结工程款，虚报工程量是其常用手段之一，尤其是那些工程数量大、单价高，对工程造价有较大影响的项目。因此，工程量审计是核定工程价款结算款项内容与建设项目实际完成工程是否相符，是否存在多报、虚报的首要问题。对于是否多计重计工程量的审计主要有以下几种方法：

（1）熟悉了解工程量计算规则，使每一种规则烂熟于胸，这样计算工程量时不会因规则使用不当而算错工程量。

（2）审计前一定要拿到加盖了竣工图章的竣工图纸，并以竣工图纸为准进行审计，若没有竣工图纸，也可以施工图纸加变更签证方式来审计，此时应注意对于变更项目施工单位是否只提供了使工程量增加的签证，而未提供减少工程量的签证，这时要与建设单位核对变更签证是否齐全；同时要核对变更签证是否真实、合法、有效。

4.审计定额套用是否合理合法

在工程结算审计中，定额的套用也很关键，在工程量一定的情况下，定额的套用，会直接影响工程造价。

（1）利用新旧定额交替时期项目内容变化，旧定额高就套旧定额，新定额高就套新定额。对这类审计要求审计人员必须掌握新定额的生效时间、适用范围及工程的形象进度，正确计算各期完工的工程量，套用相应的定额，避免高估冒算。

（2）同类定额，套高不套低。结算定额单价套用应与工程设计和施工内容和要求一致，而很多施工单位编制工程结算，在套取定额基价时，不是按设计要求和施工做法套取而是人为高套。对此类问题审计时应把握以下几点：

①审计人员应精通各种定额的名称、含义及其包含的施工程序和工程结构，了解定额中包含的工作内容，计算规则并与实际情况相对照。

②注意定额在各种不同情况下的使用换算问题。

③注意定额说明中的注意事项。

④审计时应该注意不允许换算的基价是否换算，同时也要注意允许换算基价的项目换算是否正确。

（3）定额内容重复套计。在实际工作中经常查出内容重复套计的问题，所以要熟悉定额项目中包括的工作内容，例如，山东省建筑工程综合定额——装饰定额中第四章例：墙抹灰面刷乳胶漆项目，定额中包含了满刮泥子项目，而施工单位在套取了刷乳胶漆后又套取满泥子子目，重复套计。

（4）审查补充定额。审查补充定额就是审查补充定额单位估价费的编制依据和编制原则。审查人工、材料、机械费消耗量的取定是否合理，审查人工、材料、机械预算单位是否与现行预算定额单位估价表中人工、机械、材料预算价相符，不得直接以市场价格进入补充定额的单位估价表，而应以预算价格进入，市场与预算价的差额，在税前进行调整。

5.材料用量及议价差的审计

在建筑工程中材料费约占工程造价的70%～80%，由于当前市场经济体制还不完善，法制也不太健全，加之材料采购的时间、地点、渠道不尽相同，虚报材料价格，人为多计材料费用便有机可乘。这里大家注意两个公式：

材料用量=工程量×材料损耗系数

材料议价差额=（材料市场价–各市地予算价）×材料用量

下面结合两个公式说明审计重点和方法：

（1）审查应计差价的材料范围。严格分清定额或有关文件中允许计取和不允许计取材料价差的材料的范围，严防施工单位利用一定"活口"，鱼目混杂，扩大或缩小计取材料价差的范围，多计材料费用。存在的问题是施工单位对于市场价大于预算价，应计正差的材料就扩大计取范围；而对于市场价小于预算价，应计负差的材料就缩小计取范围，甚至不计取，即计增不计减，使应退还建设单位的材料款未予退回，对于这种情况审计人员应了解有关规定，防止施工单位高估冒算。

（2）审查材料市场价的确定是否符合规定的程序，市场价是否合理。

①定额中规定允许计取的材料差价应以市价为准，市价的确定应以材料发票为准。现阶段中国发票管理混乱，施工单位采取拿回扣和假发票的手段高报材料价格；另一种情况是同一施工单位同时承建多个工程，建筑材料交叉使用，吊换使用频繁，施工单位以次充优、以劣充好，人为抬高材料价格，因此，应在施工前将工程用材清单拟出，由建设单位组织人员，货比三家后定货付款，施工单位仅负责提货；如果施工单位供应材料，建设单位应跟踪监理，由建设单位参与谈判确定材料原价，材料差价凭当时的购货发票，经建设单位指定代表验证后书面签证作为调价依据。

②对于施工周期较长，而施工期间材料市场价变化较大且建设单位资金缺口大，施工单位只能随工程进度多次采购材料情况，审计人员应向甲、乙双方询问是否统一价格，还是按完工进度找差价，防止施工单位仅提供价格高时发票，而不提供价格低时发票，造成价格一刀切，从而扩大了工程造价，这时在编制结算时，应注意是否套用当期价格，不得跨期高套。

③很多建设单位施工代表不了解确定采购价格是自己的权利或建设单位人员力量不够，大放手让施工单位去采购，施工单位也不尊重建设单位的权利，以什么价格购进事先也不与建设单位商量，而在结算时，双方就材料价格达不成一致意见，此时可以采取下面补救办法：

a.由甲乙双方协商，按当时当地定额站发布的信息价格作为施工单位实际采购价格，进行调差，有的信息价高于市场而有的可能低于市场，最终相抵与市场价差不多。

b.集体协商研究商定法。对于施工单位提供的发票没有按规定填写，发票不合法情况，可由甲乙双方各派代表一块去市场重新询价；然后根据询价结果，并参考有关资料进行集体研究商定，确保工程造价的客观准确性。

（3）注意了解材料找差时是按成品找差还是按主材找差，对于不同情况应区别对待，例如，铝合金门窗、无框玻璃门差价等，注意成品与主材的区别。

（4）审查公式中预算价的使用是否取自各市地估价表中预算价是否存在调低的情况。在计算材料的议价差时，一定要注意省预算价与各市地预算价的区别。因为各市地材料买价、运费都不一样，所以各市地可根据本市地的具体情况，编制本市地的估价表和预算价，作为调整市价的基础，这时应防止施工单位擅自降低定额的预算价，以加大价差的单价，从而提高价差，例如，施工单位将省定额与各市地定额预算价相比较，在找补议价差时，哪个低就用哪一个套入公式。

（5）最后审计材料实际用量。定额中主材含量不一定等同于工程量，以装饰定额为例，定额中主材含量=定额工程量×材料损耗系数，而材料损耗系数有的大于1，有的小于1，而施工单位对于市场价大于预算价，找正差材料，乘以损耗系数，甚至加大损耗系数，而对于市场价小于预算价应找负差的材料，不乘损耗系数甚至低乘损耗系数，扩大或缩小应计材料价差的数量，达到抬高造价的目的。在找议价差时逐一计算材料用量，工作量比较大，有的人不仔细审查，给施工单位以可乘之机，对于此类问题审计人员应不怕麻烦，逐一列表，计算出实际用量，在利用软件和计算机分析时，会更加准确和简便。

6.间接费及取费标准的审计

由于间接费、利润、税金等各项费用是按工程的专业（土建、安装、装饰、市政、人防、园林防古等）和工程类别（即施工的难易程度分一、二、三、四等）、施工单位取费资质分别规定了不同的取费程序、取费基数、取费标准，稍一忽略就会因费率不同而得出不同的工程造价，因此对各种取费的审计不可忽视。

（1）审查取费标准是否与所用定额相匹配。在编制决算时，主体工程选用某专业定额，则取费标准必须选用与该专业配套使用的取费标准。

（2）审查施工合同中规定的竣工日期与竣工日期是否一致，并注意合同中对此是否有相关的规定，对最后总造价是否有影响。在施工单位不能按时竣工时，要注意不能竣工的原因及处理的原则：

①因不可抗力自然灾害等因素停工的，经建设单位批准，可按实际停工和处理的天数顺延工期；

②属于建设单位不按合同规定日期提供施工条件或建设单位其他原因造成的拖延，

工期可以顺延，且由建设单位承担经济责任；

③停工责任在施工单位，施工单位承担发生的费用，工期不予以顺延。

（3）计费基数的审查。按现在的规定，工程取费基数一般有两种：一是以人工费为基数取费，二是以定额直接费直接取费，有的利用省合价，有的则用市合价，不同专业定额规定各不相同，审计时要严格区分，防止施工单位混淆取费基数，低级高套，扩大取费基数，虚增工程项目。

（4）审查工程类别。有些定额对间接费用的计取采取按工程本身的类别来计取。不同专业工程，工程类别划分标准也不一样，对此类费用审计时，应首先审查工程规模（规模、跨度、面积、层数等）及工程类别划分标准表，确定工程类别；然后审查是否按确定的工程类别计取费用，防止施工单位提高工程类别，扩大取费费率，从中渔利。

（5）税金的审查，审查税金的取费时应注意取费标准有的以工程所在地为准，有的以施工单位所在地为依据来确定，而且不同的地点、不同的区域的费率不同。

（6）审查施工单位有无自立名目、自行定价另行取费等问题，并且审查政策性调整取费费率是否符合有关文件规定，有无不按执行日期，任意调整，从而扩大取费费率的情况。

（7）对于单项分包工程，要注意是建设单位分包还是施工单位分包，不同委托方式对工程造价有不同影响，例如，铝合金工程一般由厂方制作、安装，但由建设单位还是施工单位委托却有很大的差别。如由建设单位委托对铝合金工程部分，施工单位仅计取一定比例的配套费，而由施工单位委托，则铝合金工程部分进定额直接费并参加综合取费。

7.施工过程中经济签证资料的审计

工程施工过程中所涉及的经济签证，一般是指发生在施工图纸以外的设计变更或对工程造价有调节作用，又必须经过设计、建设、施工或监理单位的签证认可的一种有经济价值的证明性材料文件，它包括：工程量签证、材料价格签证、费用签证及零星用工签证等。经济签证是正确确定工程造价，合理评价投资效益，科学核定经济技术指标的一种有力补充，但通过几年来的审计，我们发现经济签证成为一些施工单位或个人获取暴利、侵吞国家财产、逃避监督的一种途径，并且在施工过程中很多问题都出现在签证上，这里单独列出来阐述足以可见审计中经济签证的重要性。

（1）在实际中经济签证存在的问题主要有以下几个方面：

①隐蔽工程签证的盲目性。基建工程中隐蔽工程部位较多，特别是在一些结构和地质比较复杂的情况下，甲乙双方串通起来，共同签字或建设单位未实地查看就认可，给工程审计带来了难度，例如，科学院院内砼厚度比设计上厚了不少，甲乙双方虽然签字，但通过钻孔检查审减了十几万元。再一个就是装饰中，墙面墙裙内侧刷不刷防火涂料。工程量签证中存在另一个问题是，施工单位计增不计减，虚增工程造价。

②材料价格签证的随意性。甲、乙双方串通起来共同提高材料单价，或建设单位不调查市场就随意签字。这一部分事后很难调查，审查难度非常大，一般情况下感觉有点高，也找不到合理的审减理由，除非高得太多（因为材料价格的不断波动性及材料质地等级难以确定性）。

③"标外"及零星工程签证的漏洞性。可通过现场测量解决。

④费用及零星用工的签证的矛盾性，对费用及零星工签证数额较大时，应考虑实际发生的可能性及合理性。

（2）在审计时还应注意经济签证是否齐全，是否存在只提供计增的签证而不提供计减的签证的可能性。

（3）注意经济签证的手续是否齐备，对于手续不齐备的经济签证，不予认可，在甲、乙双方补齐手续后，方可进入结算。

对于施工签证一定要建设单位或其指定代表在签证上表达意见，意见要写明原因、责任、计算原则等事项，以防事实不清、理解发生歧义，导致纠纷。

例如，对变更设计资料时应注意是否有经甲、乙双方实地勘测的记录和经甲、乙双方同意的有关设计变更文件，洽商记录、施工签证、有关会议纪要，即是否经原设计部门签证认可。

同时提醒建设单位施工人员一定要加强现场施工管理，严格把好现场签证关，对于隐蔽工程，建设单位一定要现场监督，实地察看后再签字，施工人员不能怕苦怕累，而只听施工单位单方之词而签证认可。

（4）审计人员在审计时应持怀疑的态度，但也不能否定一切、打倒一切，要充分相信建设单位的签证人员，除非特殊的情况，一般情况下应尊重建设单位意见，因为审计人员只根据资料审计，资料的真实性、合法性由建设单位负责，审计人员乱怀疑一切，越俎代庖，会为审计人员带来不必要的麻烦，也影响审计质量的提高。

8.审计过程中需注意的其他问题

（1）计算建筑工程量时，小数点留位的问题不容忽视。定额中不同子其工程量单位不一样，有时施工单位就混淆10米与100米，10平方米与100平方米，使工程量相差十倍，有时人为地把小数点错，使工程造价相差10倍甚至千倍。

（2）在确定工程量后套用定额后，要注意计算的机械准确性。在基本数字确定后，施工单位故意在横乘竖加上犯一些低级错误，一旦查出来就改，查不出来就赚，审计时应内部交叉复核，以保证结算的机械准确性。

（七）审查方法

1.坚持结算书图纸审核与实地勘查相结合的原则。根据工程图纸，变更签证资料，深入建筑工地和现场，实地查看，并进行现场测量，把审查的"触角"及时延伸到工程建设的每一个环节，严格监督，增强工程结算审核的广度、深度和力度。

2.双重审核制度的原则。先进行初审，完毕后，由造价咨询公司另一个人进行复审，事先不指定由谁复审。

3.坚持事实求是的原则。

第三节　工程量清单计价方式下的造价审核

在工程量清单方式下，应该和西方一样，采用全过程的跟踪审计，对工程造价采取全过程、全方位的控制，具体的控制原理和方法前面已经进行了详细介绍，这里不再重复，下面主要介绍一下工程量清单方式下结算审计的内容和我国目前跟踪审计的现状。

一、工程量清单计价方式下的全过程跟踪审计

中国成立专业的工程造价咨询机构已经有十几年的历史，这些专业咨询机构成立后，通过工程结算审核等专业咨询方式在为业主节约投资，提高项目投资效益方面发挥了不可替代的作用，但这种事后的结算审计也存在固有的局限性和不足。由于这种结算审计在竣工后进行，工程项目已经既成事实，无法更改，审计人员只能根据竣工的工程项目的实际情况和工程施工过程中产生的书面签证记录来审核，即使某些地方不合理，也无法通过合理化建议来为业主节约成本，事后的结算审计发挥的作用受到了限制，尤其是随着工程量清单报价方式的推广，事后的结算审计发挥的作用更是越来越小。

近几年来，随着中国工程造价体制改革的深入，业主控制成本意识的提高以及国外一些先进的管理方法和管理理念的引进，业主不再仅仅满足于工程竣工后的结算审核，工程项目成本控制的重心也逐步由事后的静态控制向事中、事前的动态的控制转移，全方位、全过程地控制成本的观念越来越深入人心，而业主由于人员、能力等多方面原因，本身无法进行全过程的动态的成本控制，在这种情况下，专业的造价咨询机构推出的工程项目跟踪审计受到了业主的普遍欢迎。

所谓跟踪审计就是工程造价咨询单位作为专业的工程造价咨询机构，受雇于业主，对工程造价从项目决策开始到项目竣工结算及项目后评价阶段进行的全过程的动态的跟踪过程，造价咨询单位通过提供合理化建议、造价专业咨询、方案设计、可行性研究、数据审核等方法，控制工程项目建设及运营成本，节约资金，提高投资效益。

应该说，跟踪审计的出发点是非常好的，也确实受到了业主的欢迎，但是需要注意的是，由于中国跟踪审计起步较晚，跟踪审计的经验积累和理论研究都远远不够，跟踪审

计在实务操作中也存在诸多不尽如人意的地方，要想走向成熟，中国的跟踪审计仍然有很长的路要走。

二、工程量清单计价方式下的结算审核

（一）与定额结算方式需要的区别问题

1.在清单方式下，对图纸的要求更严格，需要提前出具详细的施工图纸。

2.要求不但关注投标中施工单位的总价，更要关注各单项报价中是否存在不平衡报价。

3.最好配合跟踪审计，让中介机构提供专业服务，以便及时、合理地处理双方的索赔事宜。

4.施工过程中不可避免发生的索赔事宜，要以合同为依据进行处理，双方签订的合同内容必须明确，建设单位要对合同进行合理审核，维护建设单位的合法权益。

5.在清单方式下，建设单位要主动加强内部控制和管理，尽量减少工程索赔的发生，以降低投资，减少工期。

6.对施工过程中的变更事宜保持必要的关注，及时、合理地对施工单位进行反索赔，维护建设的权益。

7.工程量清单方式下的工程量计算和传统的定额方式下工程量计算有很大区别：

（1）招标方算量，投标方审核；

（2）招标方为编制工程量清单算量，投标方为组价内容算量；

（3）招标方按图示尺寸计算，投标方按施工方案实际发生量计算；

（4）招标方的工程量清单中要包括项目编码、数量和单位。

（二）清单结算方式下结算审计需注意的问题

1.严格执行国家颁布的工程量清单计价规范，按照规范要求编制清单。

2.在编制清单前应该具备完备的施工图纸。中国目前往往存在施工图纸设计不细、深度不够的问题，在这种情况下，采用清单方式，结合最低价中标，是没有意义的。

3.工程量清单方式下选择施工队伍时，最好进行公开招标。

4.招标前，应该委托具备资格的工程造价咨询公司编制工程量清单。要求各施工单位在同一工程量、同一质量要求、同一工期要求、同一用料要求下进行报价，便于对比衡量。现实的情况是工程量由施工单位自己计算，自己报价，导致最终的报价缺乏可比性。而且，施工单位提报的工程量存在问题，施工单位会在图纸没有任何变更的情况下进行索赔，此时，可以约定本合同价款包含完成图纸要求的全部项目，在图纸没有变更的情况下，合同价款不得变化。

5.对于建设单位管理人员力量不能够满足管理需求时，最好聘请中介机构进行跟踪审计，以便提供及时的咨询服务。包括：专业咨询，对施工过程中变更的项目价格提供作价参考，为项目变更从经济角度进行分析，并对施工单位提出的索赔要求按照国家规定的时

限要求及时地进行处理。

6.跟踪审计下,对建设单位和监理的要求进一步提高,建设单位和监理要及时处理施工单位提出的要求和建议,及时处理施工单位索赔示意,并及时向施工单位提出反索赔。

7.对施工单位提供的材料进行验收,保证材料的质量、规格、型号、产地、等级等符合清单中的约定。现实的情况是招标文件和合同约定不清,最好在招标文件中就约定材料的质量、规格、型号、产地、等级,并在合同中规定,施工单位变更主材时,须征得建设单位的书面认可,并事先取得建设单位对价格的批准。

8.对施工进行过程验收。竣工验收最好聘请专业验收机构验收,验收要全面、细致,对不合格的地方待整改完毕再验收付款。

9.清单方式下,合同、招标文件、清单成为结算和处理双方纠纷的主要依据,对以上文件的制定、签订要非常慎重。

10.在处理索赔和反索赔时,一定注意国家明确的时限要求,在时限内处理问题。

11.施工合同中特别明确变更项目的结算方式和原则,合理维护自身的权益。

12.在工程量清单方式下,施工单位需要有企业定额,以便完成报价。所谓企业定额(企业的真实成本:企业定额是清单计价环境下的企业竞争要求,是施工单位综合水平的表现,代表着企业的核心竞争力)不是一个固定的结果,它是通过工程造价全过程管理中各种历史因素的不断循环积累、分析的动态结果。所以,真正的工程造价全过程管理的意义在于:不断循环,形成积累资料,并作用于下一个工程,从而提升面对每一个工程的竞争能力。

13.在多个项目同时招标的情况下,建设单位为了节约资金、时间,可以对其中1~2个项目进行单价招标(例如平方米造价),然后按此单价分包所有项目。

三、清单结算方式下审计的重点

一般而言,清单方式是不需要进行结算审计的,但是,由于中国在定额结算方式下的习惯做法及惯性思维,建设单位内部控制的缺位、薄弱和事前、事中工作的不足,以及目前单价包死的不规范现状,在目前情况下,对单价包死方式进行结算审核仍然具有一定的价值(当然,随着清单方式的普及、规范,基于特殊时代产生的定额方式下的结算审核必将消亡)。在目前不规范的清单结算方式下,审核的重点如下:

(一)合同的审核

1.是否为综合单价包死,单价中是仅为成本价还是包含了全部的成本、利润、税金等;

2.合同中是否详细约定每一个项目的具体特征(包括是否约定所用材料名称、规格型号、厂家、单价等,以及需要说明的事项);

3.对于工程变更是否约定结算原则及变更项目结算处理原则;

4.非规范清单方式下是否约定施工做法、施工内容和工程量计算规则;

5.以上项目都是单价包死方式下必须约定的内容，若以上内容约定不清，应由甲乙双方进行明确。

(二) 结算的审核

1.施工单位供应材料是否由建设单位专门对规格型号、厂家、配件、质量等进行验收（查阅有无验收资料）；

2.实际工程项目有无变更（让建设单位提供变更签证并进行现场观察）；

3.实际工程量是否按合同施工，数量是否和合同约定一致（让建设单位提供签证并进行现场测量）；

4.实际施工做法是否和合同约定一致（让建设单位提供签证并进行现场观察）；

5.实际施工用主材和设备是否和合同约定一致（让建设单位提供签证并进行现场观察）；

6.对于工程变更是否经建设单位认可并书面签证；

7.若清单编制不规范，施工单位的工程量清单是自己计算并提供的，出现问题应该由自己承担责任，而且在这种情况下，施工单位往往是因为总价最低才中标，可以理解为合同价为总价包死，总价为完成图纸全部项目的总价，图纸不变，总价不得变更。

结束语

随着我国市场经济体制的建立和经济法规的逐步发展,建筑工程管理和工程造价的管理日益完善,建筑工程管理已成为建筑施工企业管理的中心环节。经过多年的实践和总结,我国在建筑工程管理和工程造价方面基本上形成了一套较为系统的理论、经验和方法,造就了一支庞大的建筑工程项目管理队伍,建成了一大批建筑工程项目管理成功的重大项目,为我国的建筑工程做出了巨大贡献,大大提高了我国建筑工程的国际竞争力。

但是,目前的建筑工程项目管理仍制约着施工企业管理水平和工程经济效益的提高。在许多建筑工程招投标,特别是国际工程的招投标中,出现了许多工程失误和争执问题,通常都是因为工程管理水平较低或管理不到位而造成的,我国在公路工程项目管理方面仍需要更加深入地研究和探讨。

参考文献

[1] 孙雅明.工程项目管理[M].北京:机械工业出版社,2013.
[2] 韩桢祥.建筑工程项目管理[M].北京:化学工业出版社,2013.
[3] 李先彬.施工项目质量管理[M].北京:中国建筑工业出版社,2014.
[4] 商国才.土木工程项目管理[M].长沙:中南大学出版社,2013.
[5] 葛新亚,郭志敏,张素梅.工程项目管理[M].武汉:武汉理工大学出版社,2011.
[6] 吴智勇,刘翔.施工组织设计[M].北京:北京理工大学出版社,2010.
[7] 李继业,刘福臣,盖文梯.工程概算定额[M].北京:化学工业出版社,2012.
[8] 石珍.施工项目管理[M].上海:上海科学技术出版社,2012.
[9] 蔡丽朋,赵磊,闻韵.合同管理[M].北京:化学工业出版社,2013.
[10] 向才旺.公路施工组织设计[M].北京:中国建筑工业出版社,2014.
[11] 李继业,司马玉洲.工程造价计划与控制[M].北京:化学工业出版社,2012.
[12] 张中.工程造价管理基础[M].北京:化学工业出版社,2011.
[13] 孙武斌,邬宏,梁美平,等.工程项目造价管理[M].北京:清华大学出版社,2010.
[14] 吴祖慈.建筑工程造价[M].南京:江苏科学技术出版社,2010.
[15] 王受之.建筑工程造价案例分析[M].上海:上海科技出版社,2013.
[16] 田静.建筑工程造价管理[M].西安:西安交通大学出版社,2016.
[17] 李晓娟.建设工程技术与计量[M].北京:北京工业大学出版社,2016.
[18] 蒲加升.造价工程师[M].上海:上海交通大学出版社,2016.
[19] 黄立依.建筑工程管理与实务[M].北京:国防工业出版社,2016.
[20] 吴雪峰.市政工程造价[M].北京:北京希望电子出版社,2016.